물리,
춤을 만나다

PHYSICS & DANCE

에밀리 코츠 & 사라 데머스 지음 | **오기영** 옮김

물리,
춤을 만나다

 북스힐

옮기면서

이 책에서 물리학자와 무용가인 두 저자는 고전 물리학에서 현대 물리학에 이르는 광범위한 물리학 내용과 고전 발레부터 스트리트 댄스와 비디오 아트에 이르기까지의 춤의 역사와 의미를 명쾌하게 설명하고 있을 뿐 아니라, 두 분야 사이의 관계성과 그 의미를 간결하고 우아하게 해석하고 있다. 두 분야가 '움직임' 또는 '동작'이라는 공통분모를 통해 연계되어 있음은 쉽게 짐작할 수 있지만, 그 연계성을 씨줄과 날줄 엮듯 치밀하게 분석하고 이를 쉽게 설명하는 것은 그리 만만한 작업이 아니다. 이런 측면에서 학제적 연구의 위용을 새삼 느낄 수 있으며, 두 저자의 협업 정신과 노력에 박수를 보내고 싶다.

물리학과 연계해서 소개된 예체능 관련 분야의 교양 서적은 즐비하다. 음악, 미술, 사진, 축구, 골프 등의 분야를 대표적인 예로 들 수 있다. 이제 이 책을 통해 춤이 추가된 것이다. 주목할 점은, 정도의 차이가 있기는 하지만, 전자는 주로 해당 분야의 기능과 관련된 내용의 해설적 도구로 물리학이 활용됨으로써 파동 역학이나 광학 또는 뉴턴 역학 등의 내용이 중점적으로 이용된다. 이에 반해 이 책은 춤 동작의 기능적 설명뿐 아니라 춤의 형식과 의미와 사조에까지 물리학의 내용과 의미를 접목시키려는 시도를 통해 물리학 전 분야를 고루 활용하고 있다. 이 책이 매력적인 이유가 여기에 있는 것이다. 이 소개서를 통해 이질적으로 보이는 두 분야인 물리학과 춤을 통합적 시각으로 관조함으로써 운동과 인간, 그리고 우주에 대해 다시 한 번 생각해 볼 수 있는 기회를 가져보길 바란다.

옮긴이 오기영

들어가며

어떤 면에서는 물리학과 춤을 함께 가르치는 것이 명백해 보인다. 물리학자와 무용수 모두 움직임을 상상하고, 실행하고, 모델링하고, 평가하는 데 시간을 보내기 때문이다. 물리학자는 움직이는 신체에 작용하는 힘을 식별하고 정량화하며, 무용가는 물리 법칙을 따르는 세상에서 움직인다. 자연의 힘에 대해 알면 알수록 무용가는 춤 기법을 더 완벽하고 수월하게 이해할 수 있고, 움직임은 물리학자가 상상의 나래를 펴는 데 도움이 된다.

그러나 물리학과 춤은 기본적인 주안점을 공유하는 만큼이나 많은 면에서 다르다. 두 분야는 연구의 방법과 결과, 평가 방식, 결론 주장에 있어서 접근 방식이 매우 다르다. 물리학자와 무용가는 주어진 안무 프로젝트나 물리 실험에서 탐구 방침에 따라 다각도의 수학적, 경험적, 이론적 그리고 체화된embodied 훈련을 통해서 전문 기술과 지식을 습득한다. 두 분야가 탐구하는 공간 규모가 항상 나란한 것은 아니다. 예를 들어 미시 세계의 운동 법칙은 안무가의 상상력이 살아 있고 인간의 지각을 이용할 수 있는 세계의 운동 법칙과는 완전히 다르다. 물리학과 춤의 차이점을 해결하려는 노력은 새로운 관계나 예기치 않은 발견으로 이끌 수 있다. 춤 연습실이 실험실이 될 수 있고, 행성 운동의 원리가 안무 악보가 될 수 있다.

이 책의 독자는 물리학과 춤 사이의 다양한 상호작용을 접하게 될 것이다. 1부에서는 고전 물리학의 입문 주제들을 춤 기술의 기본 원리 및 이와 관련된 춤의 역사와 결합시킨다. 중력, 힘, 운동, 마찰, 운동량, 회전과 같이 두 분야에서 공통으로 사용되는 용어에 따라 각 장을 구성한다. 여기에서는 두 분야의 연관성이 상당히 직접적이다. 예를 들어 물리학자는 마찰을 정지 마찰과 운동 마찰로 구분하고 이에 따라 힘을 정량화하기 위해 서로 다른 계수와 공식을 적절히 사용한다. 무용가는 이러한 마찰이 동작을 방해하거나 증진시키는 힘이라는 것을 촉각적으로 인식하고, 춤에 텍스처와 의미를 부여한다. 물리학과 춤의 결합을 통해 물리학에서 기술되는 자연의 힘과의 신체적 만남으로 독자를 인도하는 한편, 그러한 힘과 무용가를 연관시키는 몇 가지 훈련 사례를 소개한다. 우리의 관심은 동일한 것을 인식하는 다양한 방법의 결합을 통해 다각적인 이해력을 계발하는 데 있다.

2부에서는, 모든 물리학과 춤의 바탕이 되는 세 가지 폭넓은 개념인 에너지, 공간, 시간에 대한 탐구를 시작하고, 이를 통해 현대 물리학과 안무 연구에 대해 더욱 깊이 있게 살펴볼 것이다. 두 분야 모두 에너지, 공간, 시간에 대한 우리의 인식을 근본적으로 변화시켰지만, 두 분야에서 사용된 방법과 조건은 상당히 다르다. 인간은 현대 물리학이 예측하는 실체를 지각할 수 없다. 예를 들어 빛 속력으로 여행하거나 입자를 감각적으로 느낄 수 없다. 그러나 안무가는 실황 공연에서 마치 상대론적 조건을 재현하는 것처럼 꾸밈으로써 공간과 시간에 대한 청중의 경험적 지식을 바꿀 수 있다. 연구가 이루어지는 방식이 극적으로 갈라지기 때문에 각 장에서 물리학과 춤의 연관성은 1부에서보다 덜 직접적이며 경우에 따라서는 모호하기까지 하다. 그럼에도 다양한 주제를 살펴보면서 공통점을 유추하거나 추적함으로써 두 분야 사이의 연결고리를 만들 것이다. 또한 독자에게도 자신만의 상관관계와 통찰력을 만들 수 있는 여지를 의도적으로 제공할 것이다.

이 책은 독자들에게 물리학과 춤을 소개하는 것 외에도 학제적 연구의 입문서 역할을 한다. 지난 7년 동안 두 저자는 공동강의에서부터 다양한 매체를 통한 글쓰기와 예술 창작까지 다양한 형식을 통해 협력해왔다. 그 과정에서 두 분야 사이의 연결고리의 본질이 명시적인 것에서부터 암묵적인 것까지, 유사한 것에서부터 억지스러워 보이는 것까지 다양할 수 있음을 인식하게 되었다. 유사성이 빠르게 무너지는 경우도 있고 놀라울 정도로 잘 버티는 경우도 있다. 학제적 연구의 요점은 단독 학문으로는 답에 접근할 수 없는 질문을 위해 세상을 이해하는 다양한 방법을 모으는 것이다.

이 책에서는 문제 해결하기, 동작 연습, 안무 연구를 위계적 구분 없이 동등하게 강조할 것이다. 이들은 모두 시간이 지날수록 심화되고 강화되는 훈련이자 사고력의 형태이다. 미학적, 수학적 그리고 체화된 추론 사이의 경계는 많은 사람들이 생각하는 것보다 더 흐릿하다. 춤 연습은 정량적 연구의 한 형태일 수 있으며, 계산은 종이 위에서 하는 일종의 안무적 추론일 수 있다. 이 책에서 일관되게 관통하는 개념은 '동작movement'이다.

우리의 접근 방식은 물리학과 춤에 대해 가르치는 일반적인 방법과 다르다. 물리학 교과서에서는 일반적으로 개념을 설명하기 위해 가상의 물체를 고려한다. 가상의 물체에는 마찰 없는 경사로, 질량 없는 도르래, 이상적인 용수철, 상자 안의 입자, 공, 대포가 포함되며, 때로는 운동선수, 커피 메이커 그리고 발레리나까지 포함될 수 있다. 완전한 구球 또는 정육면체와 같은 단순화된 모양을 사용하면 학생들에게 새로운 아이디어를 조금 더 명확하게 소개할 수 있다. 실제 경험과 동떨어진 현대 물리학의 개념은 사고 실험을 필요로 할 수 있다. 예를 들어 앨버트 아인슈타인Albert Einstein의 특수 상대성 이론에 대해 설명하는 교사는 달리는 기차의 천장에 붙어 있는 거울에서 반사되는 섬광을 이용할 수 있다.

이상화된 가상의 물체를 통해 동작을 상상하면 계산이 간단해질 수 있다. 그러나 이 방법은 독자로 하여금 힘을 경험하는 것이 아니라 단순히 힘을 관찰하도록 만드는 경향이 있다. 표준 물리학 교과서에서는 상자에 작용하는 힘과 동일한 힘이 인체에도 작용한다는 것에 대한 인식이 자주 누락되곤 한다. 인간의 경험적 지혜를 형성하는 수많은 정치 · 문화적 영향력과 더불어 물리학에 대한 인식이 높아진 분야가 바로 춤에 대한 연구이다.

춤은 지식이 책을 통해서 공급되거나 전달될 수 있다는 생각에 동의하지 않는다. 예술 형식은 그보다는 오히려 체화된 전송 과정에 의존한다. 춤은 개인과 공동체 사이에서 신체에서 신체로 전달된다. 이 과정은 본질적으로 활동적인 과정이다. 춤을 배우려면 움직여야 한다. 한 사람에게서 다음 사람에게 이어지는 과정에서, 근육 기억에 인지적으로 연결된 춤에 대한 체화된 지식은 서서히 확산된다.

지식은 동작의 표현 형식과 운동 철학을 보존하는 스타일이나 장르인 춤 형식으로 성문화되며, 그 세부 사항은 춤 형식이 지리적 거리와 역사적 시간에 걸쳐 이동하면서 지속적으로 진화한다. 이에 대한 사례로는 인도 북부에서 수백 년 전에 발생해서 오늘날에도 상연되고 있으며 물리적 스토리텔링을 특징으로 하는 인도 전통 춤의 한 형태인 카타크Kathak의 다양한 변종을 들 수 있다. 다른 사례로는 19세기 러시아 제국과 20세기 중반의 미국, 특히 뉴욕시의 문화적 영향을 종합한 조지 밸런친George Balanchine의 신고전주의 발레를 들 수 있다. 우리 행성의 물리 법칙은 변하지 않는다. 그러나 이러한 물리 법칙에 대한 무용수의 육체적, 심리적, 정서적 관계는 누가 춤을 추고, 누가 바라보고, 어떤 춤을 추고, 어디에서 춤을 추는지에 따라 변한다.

춤은 무용가와 학자들이 쓴 다양한 형태의 글을 통해 아카이브에 나타난다. 안무 표기법은 수 세기에 걸쳐 생겨났으며, 많은 경우에 당시의 생체역학적 지식에 기반을 두고 있다. 그러나 이러한 표기법은 춤의 모든 세부사항을 활자체로 효과적으로 보존하기에는 항상 부족했다. 춤은 영화와 비디오로도 기록되어 왔으며, 이에 따라 이 매체들이 전달 수단이 되어 왔다. 그럼에도 불구하고 여전히 공연과 무용학자들은 예술 형식의 찰나적인 성격과 씨름하고 있다. 많은 실험적 검증을 견디는 물리학의 표준화된 모델과 달리 춤은 결코 같은 방식으로 재생되지 않는다.

물리학 지식과 춤 지식의 특성에 이와 같은 두드러진 차이점이 있음에도, 두 분야를 하나로 묶어서 연구함으로써 얻을 수 있는 이득은 무엇일까? 이에 대한 답은 독자의 관점에 달려 있다. 과학 교사가 상자와 도르래를 춤으로 연마되는 육체적 실험 작업으로 대체하면 학생은 힘에 대해 새롭게 접근할 수 있다. 이를 통해 학생은 자신이 아는 것(공간을 이동하는 것)에서 자신들이 모르는 것(동작에 대한 과학적 분석)으로 옮겨갈 수 있게 된다. 춤 동작을 분석하기 위해서는 상자 운동을 분석하는 것보다 더 정교한 물리학에 대한 이해력이 필요하다. 무용수에게 있어서, 물리적 조건에 대한 보다 미묘한 이해력은 무용수에게 새로운 인식을 불어 넣어주는 춤 기술을 전달할 수 있다. 물리학에서 끌어낸 이미지 또한 운동감각적 상상력을 자극할 수 있다. 예를 들어 뉴턴의 운동 제3 법칙을 설명하는 데 빗대어 사용하는 용수철 사이의 상호작용으로 바닥과의 접촉을 상상하면 관객이 동작을 보는 방법과 무용수가 동작을 느끼는 방법이 바뀔 수 있다.

창의적이고 과학적인 다른 혜택도 누릴 수 있다. 물리학을 이용하면 안무가는 운동을 시작할 새로운 출발점과, 안무 구성에 있어서 에너지, 공간, 시간을 실험할 확장된 프롬프트 박스를 얻을 수 있다. 한편, 과학자는 에너지, 공간, 시간의 기본 개념에 대해 보다 다각적인 견해를 얻을 수 있다. 공간과 시간 속에서 질량에 대한 사고방식인 안무 상상력을 높이면 사람들이 물리학을 어떻게 생각하는지에 영향을 줄 수도 있다. 각각의 분야에서 개발된 기술은 상보석이다. 안무 연구는 관찰, 계산, 문제 해결 능력을 강화시킨다. 정량적 추론은 안무적 사고의 핵심인 비례 및 관계에 관여하는 능력을 키워준다.

학제적 대화가 진행되는 동안 물리학과 춤에 대해 항상 동시에 생각할 필요는 없다. 직접 "유레카!"를 외치는 데 따른 보상은 크겠지만, 대부분의 경우 이러한 분야들을 통합하는 작업은 다른 분야를 따라가면서 한 분야로 깊숙이 들어가야 하므로 결국 초점이 다른 방향으로 이동하게 된다. 탐구는 끊임없이 자신의 관점을 바꾸는 과정을 통해 움직인다. 각 분야는 다른 분야를 볼 수 있는 렌즈를 제공한다. 목표는 가설에 도전하고 새로운 것을 보기 위해 언제, 어떤 렌즈로, 무엇을 관찰해야 하는지를 알아내는 것이다. 이 작업은 깨달음의 외침보다 더 미묘한 무언가로 우리를 인도하여 물리학과 춤을 이해하는 우리의 방식을 조용히 바꾼다.

우리 모두는 우주의 물리적 조건에 신체적 영향을 받는다. 공과 도르래의 움직임을 돕는 자연의 힘은 우리에게도 동일하게 작용한다. 우리는 상대성 이론만큼이나 정치 및 문화적 영향력이 제공하는 공간과 시간을 체화한다. 이 책의 물리학과 춤에 대한 탐구는 세상을 이해하는 다양한 방법을 결합시켜서 우리가 움직이는 방식과 원인에 대해 더 잘 이해하도록 도와줄 것이다.

차례

1부 동작의 원리

1. 중력 ··· 19

2. 힘 ··· 41

3. 운동 ··· 67

1부

동작의

원리

1. 중력

움직이는 것으로 중력에 대한 연구를 시작하자. 다리를 길게 뻗고 엉덩이 폭보다 약간 넓게 벌린 채 바닥에 등을 대고 누워서 시작하자. 두 팔은 옆구리에서 45°의 각도로 뻗어라. 누운 상태로 주변 환경에 주의를 기울여보자. 부드럽고 유연한 표면 위에 누워 있는가, 아니면 단단한 나무나 시멘트 위에 누워 있는가? 바닥은 따뜻한가, 아니면 차가운가? 어떤 소리가 들리는가? 소리가 먼 데서 들리는가, 아니면 가까이에서 들리는가? 건물 안에 누워 있다면, 1층에 있는가, 아니면 더 높은 층에 있는가? 이런 환경이 당신의 감각에 어떤 영향을 미치는가? 신체에 작용하는 피할 수 없는 아래쪽으로의 끌림에 주목하라.

중력은 우리를 지면에 붙들어 놓는다. 침대 밖으로 나오려면 몸을 일으켜야 한다. 걸어 다니기 위해서는 지면을 밀쳐내야 한다. 땅바닥과 같이 지탱할 것이 아무것도 없다면 우리는 지구 한가운데로 떨어질 것이다. 도약을 하면 지면에서 잠깐 동안 탈출할 수 있지만, 높게 도약할 수 있는 무용수조차도 우주로 뛰어 올라갈 수는 없다. 이는 다행스러운 일이다. 우리가 호흡하는 공기도 동일한 중력 끌림 때문에 지구를 끌어안고 있기 때문이다. 중력을 통해 우리는 지구에 끌리고 지구는 우리에게 끌린다.

춤은 다양한 방식으로 중력을 다룬다. 중력의 영향을 궁극적으로 피할 수 없음에도 어떤 기술은 중력을 무시하려고 하고, 어떤 기술은 동작을 연출하기 위해 중력을 받아들이고 순응하는 선택을 한다. 중력과 함께 춤추는 방법을 선택하는 것은 자아와 세계관을 형상화하는 것이다. 개개의 춤 형식은 결국 인간과 자연 법칙의 상호작용에 대한 특별한 비전을 표현하고 있는 것이다.

이 장에서는 중력을 인간의 동작을 형성하는 힘과 수학적으로 모델링할 수 있는 자연 법칙으로 간주할 것이다. 우리는 두 분야 모두에서 기본 도구를 구축해 나갈 것이다. 수학적 능력은 훈련을 통해 향상시킬 수 있고, 가장 기본적인 춤 도구의 일부를 이 세상에서 단지 움직이는 것만으로도 사용할 수 있다.

중력에 맞추기

동작 연습으로 돌아가서 신체에 작용하는 힘에 맞추기 시작하자. 신체가 바닥을 누름에 따라 바닥은 신체를 위쪽으로 밀어내고 있다.

신체의 여러 부위를 살펴보자. 한 발을 바닥에서 살짝 들어 올려서 잠시 유지한 다음 천천히 내려놓아라. 다른 발도 살짝 들어 올려 멈추었다가 내려놓아라. 발을 들어 올릴 때 다리가 약간 떨릴 수도 있다. 이제 팔과 머리를 바닥에서 1 cm 정도 들어보자. 팔다리를 들어 올릴 때 중력에 대한 느낌이 어떻게 변하는가? 팔이나 다리를 공중에 띄우기 위해 어떤 근육이 수축해야 하는가? 집중력을 유지하면서 신체와 지구 사이에 교환되는 힘을 이와 같이 독립된 방식으로 탐색하는 것이 당신의 임무이다.

이제 일어서라. 그러나 침대에서 나올 때처럼 생각 없이 일어나지 말고, 동작을 보다 체계화 해보자. 타이머를 8분에 맞추어라. (시간의 길이는 임의적이지만, 시간 제약을 하는 것은 동작을 구성하는 데 도움이 된다.) 8분에 걸쳐 일정한 속력으로 발을 들어 올려라. 신체를 지탱하기 위해 근육과 골격이 쓰는 노력에 반응하여 체중이 서서히 그리고 목적의식을 가지고 이동하는 것을 발견할 것이다. 여기서 핵심은 평소 수없이 해왔을 행동인 상승하기에 대한 관심을 높이는 것이다.

가끔씩 멈춰 서서 신체에 작용하는 중력에 대한 느낌을 관찰해보자. 서서히 움직이면서 불필요하게 조여지는 근육을 풀어라. 머리를 바닥 쪽으로 떨어뜨린 편안한 자세에서 그 무게를 느껴보라. 신체를 위로 끌어올리지 않는 지점까지 팔을 들어 올린 후, 두 팔도 이완시켜라. 멈출 때마다 근육을 살피고 불필요하게 움켜쥔 근육을 풀어주면 팔다리와 몸통의 무게감이 충분히 느껴질 것이다. 아래로 잡아당기는 중력의 속성과 방향을 느껴보라. 서서히 그리고 신중하게 움직여라.

이러한 동작 연습으로부터 중력에 대한 정보를 얻을 수 있다. 우리는 지금 행동을 통해 중력이 인체 역학에 미치는 영향에 대해 탐구하고 있으며, 자연의 힘에 반응하는 개인의 심리와 선호도에 주의를 기울이고 있다. 이전의 신체적 훈련, 과거의 상처나 부상 또는 다른 개인사적 기억은 일어서는 방식에 영향을 줄 수 있다. 동작 연구를 통해 얻은 정보는 때로는 말로 표현될 수 있으나, 때로는 말로 표현될 수 없는 물리적, 정신적 인식의

육체적 표현으로 남는다.

중력은 가족을 역동적으로 흔들 수 있는 탁월한 능력을 지닌 외향적인 친척처럼 강력하며 어디에나 존재한다. 인간은 중력을 인식하고 그에 따라 조정한다. 자궁 속에서부터 평생토록 중력과 함께 살아왔기 때문이다. 대부분의 사람들은 일어설 때 로켓처럼 위로 발사하지 않는다. 원하는 성과나 결과를 위해 어느 방향으로 얼마나 많은 힘을 가해야 중력을 극복할 수 있는지를 신체가 알기 때문이다. 춤에서 이러한 지식은 근육 기억의 한 측면, 즉 친숙한 조건하에서 특정 행동을 느끼고, 반복하고, 기록하는 신체의 명민한 능력이다.

무용수는 춤을 기억하기 위해 근육 기억에 의존하는 것만큼이나 새로운 방식으로 움직이기 위해 오랜 습관을 버리고 신체가 배웠던 것을 다시 프로그래밍 하는 방법을 찾는다. 동작을 느리게 하는 것과 같이 접근 방식에 미묘한 변화를 줌으로써 무용수는 가장 익숙한 행동에서 새로운 정보를 발견할 수 있다. 무용수는 일상의 동작을 미적 표현이나 예술로 변형시키기 위해 이 동작들을 이화異化하는 것이다.

앞의 첫 번째 동작 연습은 지침이 행동을 구성하는 **안무 악보**chore-ographic score로 간주할 수 있다. 이 연습에서 악보에는 재량껏 일시 정지하여 신체 반응을 관찰하면서 8분에 걸쳐 바닥에서 일어나라고 지시되어 있다. 즉 악보에는 시간 구조(8분), 벡터(위쪽), 지시(때때로 일시 정지)가 들어 있는 것이다. 일어나는 동작을 실행하는 동안 관찰한 모든 것, 즉 의식 속으로 들어온 자세한 정보와 감각 및 이에 대한 응답으로 내린 선택 사항을 이 요소들에 추가하라. 춤 기술을 위해서는 자신과 주변 환경의 내부 작용, 그리고 이들 사이의 상호 연결에 대한 관심을 선명하게 할 필요가 있다.

방금 완료한 동작 연습은 행성의 물리적 조건에 따라 조정이 불가피하다. 중력장이 더 약한 달에서는 모든 것이 지구에서 잰 무게의 1/6만큼만 나갈 것이다. 이에 따라 동작은 매우 다르게 보이고 느껴질 것이다. 그러나 인간이 지구 아닌 다른 곳에서 살 수 있는 순간이 오기 진까지 모든 춤 형식은 우리의 고향 행성인 지구의 자연 법칙과 씨름해야만 하고, 안무가는 지구와 무용수 사이의 중력 끌림에 대한 세심한 관계를 발전시켜 나가야만 한다. 이 관계가 바로 춤의 주제이다.

만유인력 법칙

왜 우리는 지구에 붙어 있을까? 무엇이 우리를 아래로 끌어당길까? 이 힘은 얼마나 강할까? 물리학을 통해 인체에 미치는 중력의 영향을 이해하기 위해서는 우리 자신만 따로 떼어 생각할 수 없다. 지구 전체 질량을 고려해야만 한다.

수 세기에 걸쳐 면밀하게 관찰한 결과, 과학자들은 두 물체 사이에 작용하는 중력이 두 물체의 질량과 두 물체 사이의 거리에 달려 있다는 것을 발견했다. 목성이 지구보다 300배 이상 무겁지만, 목성이 지구에 있는 사람에게 작용하는 중력이 미미한 이유는 수백만 킬로미터 떨어져 있기 때문이다. 한 사람이 자신의 옆에 서 있는 무용수로부터 받는 중력 또한 미미한데, 그 이유는 무용수가 불과 몇 센티미터 떨어져 있을지라도 중력 척도에 있어서 사람의 질량이 상대적으로 매우 작기 때문이다. 충분히 강하다고 느낄 수 있는 중력을 경험하기 위해서는 질량이 커야 할 뿐만 아니라 가까이 있어야 한다. 지구는 이 두 가지 조건을 모두 충족한다.

중력은 어떻게 작용할까? 우리는 자연계에서 물체를 밀어내는 힘에 대해 이미 알고 있다. 서로 가까운 두 양전하 사이 또는 두 음전하 사이에 작용하는 전기력의 경우가 그렇다. 반대 전하를 띤 두 전하에서처럼 "극과 극은 통한다"는 문구를 물리적으로 해석하게 하는 끌어당기는 힘에 대해서도 알고 있다. 중력은 다른 이유로 항상 끌어당기는 힘으로 작용한다. 질량이 서로 반대이기 때문이 아니라 이것이 중력이 작동하는 유일한 방법으로 보이기 때문이다.

뉴턴의 만유인력 법칙으로 임의의 두 물체 사이에 작용하는 중력(F_G)을 계산할 수 있다. 계산을 위해 두 물체의 질량을 각각 m과 M이라고 하자. 물체의 질량이란 그 물체 안에 있는 물질의 양이다. 두 물체 사이의 거리는 r이다. 명심해야 할 중요한 점은 거리 r는 두 물체의 표면 사이의 거리가 아니라 두 물체의 질량 중심이라고 부르는 두 점 사이의 거리라는 것이다. 이에 따르면 당신과 지구 사이의 거리는 구두 밑창의 두께가 아니라 당신의 질량 중심과 지구의 질량 중심 사이의 거리로, 약 6,400 km이다.

두 물체 사이에 작용하는 중력의 크기를 알기 위해서는 G라는 상수가 필요하다. 질량을 킬로그램 단위로 측정하고 거리를 미터 단위로 측정하면, G는 $6.67 \times 10^{-11} \, \text{Nm}^2/\text{kg}^2$ 또는 $0.0000000000667 \, \text{N}$(뉴턴)에 제곱미터를 곱하고 제곱킬로그램으로 나눈 매우 작은 상수이다. N은 힘의 단위이다. 미국 독자는 이 단위보다는 lb(힘 파운드) 단위가 더 친숙할 것인데, 1 N은 대략 0.22 lb에 해당한다.

뉴턴의 만유인력 법칙에 대한 식은 다음과 같다.

$$F_G = \frac{GMm}{r^2} \tag{1}$$

이 식으로부터 물체의 질량이 커지거나 질량 중심 사이의 거리가 감소할수록 힘이 증가한다는 것을 알 수 있다. 만유인력 상수 G의 값은 우주 어느 곳에서나 동일한데, 그 덕택에 중력의 본질적 특성에 접근할 수 있다.

두 개의 질량이 관여되어 있지만 단지 하나의 힘만 계산하는 것에 주목하자. 그 이유는 각 질량은 동일한 크기의 중력으로 서로를 잡아당기기 때문이다. 인체와 지구 사이에 작용하는 중력을 생각할 때, 자신을 과소평가하지 말자. 질량이 작음에도 불구하고 우리는 지구와 동등한 파트너이다. 지구가 사람을 잡아당기는 중력의 크기인 몸무게는 사람이 지구에 작용하는 중력과 같다. 우리 개개인의 질량이 지구의 질량에 비해 상대적으로 작기 때문에 지구는 우리의 운동에 영향을 주지만 우리는 지구의 운동에 거의 영향을 미치지 못하는 것뿐이다. 그럼에도 지구를 우리의 중력 춤 파트너로 간주하는 것은 더할 나위 없이 정확하다.

또 다른 중요한 질문을 던져보자. 어떻게 한 물체가 주변의 다른 물체의 존재를 인식하고 반응할 수 있을까? 과학자들도 아직 모른다. 한 이론에 의하면, 아직까지 발견되지 않은 입자인 중력자graviton가 이 정보를 전달한다고 한다. 중력이 작동하는 방법에 대해서는 아직 과학자들이 밝혀야 할 것들이 많다. 중력에 관한 연구인 일반 상대론은 활발한 연구 분야로, 이에 대해서는 공간과 시간에 관한 장에서 다룰 것이다.

만유인력에 의하면, 우리는 우주의 다른 모든 물체에 중력 끌림을 작용하고, 다른 모든 물체는 우리에게 중력 끌림을 작용한다. 우리가 우주의 모든 물체와 이런 식으로 연결되어 있다는 것은 꽤 스릴 넘치는 생각으로, 우리와 지구 사이의 중력 춤을 우주적 규모로 나가게 한다. 그런데 중력은 우리의 동작에 어떤 영향을 미칠까? 춤에는 또 어떤 영향을 미칠까?

균형 잡기

다음의 기본 동작 연습은 중력에 대해 더 깊게 이해하는 데 도움이 될 것이다. 두 발을 발 너비 정도의 간격으로 벌린 채 평행한 자세로 서보자.

눈을 감아라. 엉덩이 위에 위치한 어깨를 느껴보라. 척추를 지나는 경로가 지붕을 통해서는 하늘까지 연장되고 바닥을 통해서는 지구 중심까지 연장되듯, 척추의 길이에 주의를 기울여라. 머리를 좌우로 부드럽게 돌려 목 근육을 이완시켜라. 눕고 일어나는 과정에서 이미 중력에 익숙해진 당신은 이제 새로운 자세인 서 있기를 하고 있다. 근육과 골격은 중력과의 새로운 관계에 적응한다. 많은 현대 무용 기술은 이러한 평행 자세를 준비 운동에 포함시키고 있다.

이 자세에서 작용하는 힘에 대해 의식을 집중하면서 체중 이동을 시도해보자. 양쪽 발을 바닥에 댄 채 체중을 오른쪽으로 옮겼다가 원래 자세로 돌아가라. 그 다음 왼쪽으로 몸을 흔들었다가 돌아가라. 몸을 앞뒤로 몇 센티미터씩 기울여보라. 아직까지는 허리가 앞으로 구부러지지 않도록 주의하라. 자신을 땅속의 작은 판이 움직이는 방향으로 조금씩 조정되는 탑이라고 생각하라. 무릎이 고정되지 않도록 하라. 1940년대의 뮤지컬 「도시에서 On the Town」에서 무릎이 뻣뻣한 선원과 같은 인물을 연기하지 않는 한, 팔다리를 고정시켜서는 좋은 춤을 출 수가 없다.

이 연습을 해보면 넘어지지 않기 위해 신체가 세심하게 근육을 계산한다는 사실을 발견할 것이다. 체중 분배를 어떻게 하느냐에 따라 양쪽 발의 압력이 달라지고, 그에 따라 근육도 긴장한다. 몸을 기울이면 아래쪽으로 당기는 중력이 그에 따라 이동하는 것처럼 보일 수 있으며, 기울이는 방향에 따라 등, 엉덩이, 머리, 또는 옆구리에서 눈에 띌 수 있다. 이러한 동작들을 자연의 힘에 저항하는 것이 아니라 대화하는 것으로 생각하라.

무용수가 신체적 균형을 이루는 자세에는 문화, 지리, 역사적 태도가 드러난다. 방금 시도했던 연습은 확실히 유럽계 미국인의 현대 무용 전통에 속한다. 춤 형식과 문화 사이의 미묘한 차이는 물리학의 렌즈를 통해 바라볼 때 놀랄 수 있기 때문에 또 다른 자세를 추가해서 살펴보도록 하자.

서아프리카 바마나Bamana 부족의 언어인 **sigi** 또는 '앉기'의 개념은 많은 서아프리카 전통 춤의 기초를 이룬다. 무용수는 엉덩이 폭 정도로 벌린 두 발을 평행하게 유지한 채 앉을 것처럼 무릎을 구부린다. 골반이 뒤로 이동함에 따라 이를 수용하기 위해 몸통은 약간 앞으로 기울어지고 척추가 이완된다. 이 자세를 시도해보면서, 몸통을 곧추세운 첫 번째 자세와 몸통과 골반을 기울인 이 자세 사이의 차이점을 느껴보라. **Sigi**는 리드미컬한 율동을 할 준비도 가능하게 하지만, 일상적인 행동인 앉기를 나타내기도 한다.[1] 몸통을 앞으로 얼마나 기울이느냐와 이에 따른 골반의 반작용 사이의 미묘한 상호작용을 느낄 수 있는데, 이는 균형 유지에 도움이 된다. 중력이

동일하게 작용하더라도 무용수의 자세는 힘과의 관계를 변화시킬 수 있다.

무용수는 춤 형식에 따라 변하는 다음과 같은 성문화된 규칙에 따라 균형 잡는 훈련을 한다. 몸통은 똑바로 서 있는가, 아니면 기울어져 있는가? 팔은 몸에서 멀리 떨어져 있는가, 아니면 가까이 있는가? 머리는 어떤 상태를 유지하는가? 무용수는 두 발로만 균형 잡는 것에 제한을 두지 않는다. 때때로 손, 머리, 어깨 그리고 발가락으로 균형을 잡을 수도 있다. 회전하는 무용수는 한 곳에 정지한 채로 있는 무용수의 도전과는 다른 도전에 직면한다. 머리를 중심으로 회전하는 무용수에게는 또 다른 도전이 있다. 팽팽한 밧줄 위에 머리를 대고 회전하는 무용수의 모습을 상상해보라!

선 채로 균형을 잡는 것은 스텝을 밟는 것과 관련된 첫 번째 순간이다. 걷기란 일련의 불균형 전방 체중 이동, 즉 사람들이 한 장소에서 다른 장소로 이동할 수 있게 하는 중력에 의한 낙하의 연속에 지나지 않는다. 이제 방 안을 걸어보자. 뒤꿈치로 걸어보라. '발바닥의 둥근 부분ball of foot'*으로 걸어보라. 몸을 앞으로 기울이고 걸어보라. 몸을 뒤로 기울이고 걸어보라. 눈을 떠서 주위를 보면서 뒤로 걸어보라. 물리학이 느껴지는가?

질량 중심

고전 물리학의 질량 중심 개념을 이용하면, 균형 잡는 방법을 분석하고, 불균형 상태에 있을 때 일어날 수 있는 일을 예측하며, 이를 수치로 뒷받침할 수 있다. 질량 중심은 균형에 대해 정량적으로 이해하는 데 결정적일 뿐만 아니라 뉴턴의 만유인력 법칙을 이용해서 물체에 작용하는 중력을 계산하는 데에도 필요하다.

---

* 엄지발가락과 발바닥 곡면 사이의 동그란 부분

질량 중심을 가장 간단하게 찾을 수 있는 물체는 단위 부피당 질량으로 정의되는 밀도가 균일한 물체이다. 이러한 물체는 물체의 중심이 질량 중심이 된다. 예를 들어 구의 질량 중심은 구의 중심에 있다. 밀도가 균일한 정육면체의 질량 중심에 대해서도 같은 말을 할 수 있다.

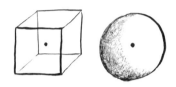

물론 인체는 간단한 기하 도형도 아니고 밀도도 균일하지 않다. 이와 더불어 인체는 경직되어 있지도 않다. 팔다리, 머리, 몸통의 상대적 위치는 언제든 바뀔 수 있다. 이 시점에서 우리는 두 손을 들고 인체의 질량 중심에 대한 계산은 너무 복잡해서 계속할 수 없다고 선언할 수도 있다. 그러나 사람이 균형을 잡는 데 필요한 조건과 마찬가지로, 춤과 물리학의 상호작용의 기본 개념도 인체의 질량 중심 위치에 의존한다.

인체의 질량 중심에 대한 일반적인 공식을 개발하기 위해서는 인체를 모델링하는 시스템을 개발해야 한다. 우선 일련의 질량이 모두 일직선에 배열된 간단한 경우에 대해 생각해보자. 질량이 배열된 직선을 x축이라 하고, 양(+)과 음(−)의 방향을 지정한다. 원점으로 설정할 지점도 필요한데, 여기서는 $x = 0$이다. 이에 따라 질량의 위치는 직선을 따라 오른쪽으로 뻗어 있는 양의 값과 왼쪽으로 뻗어 있는 음의 값을 가질 수 있다.

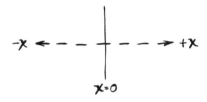

일직선에 배열된 질량들의 질량 중심은 다음 식으로 계산할 수 있다.

$$x_{CM} = \frac{x_1 m_1 + x_2 m_2 + \cdots + x_n m_n}{m_1 + m_2 + \cdots + m_n} \tag{2}$$

여기서 x_{CM}은 x축 상의 질량 중심의 위치이다. x_1, x_2 등의 값은 각각 질량 m_1, m_2 등의 위치에 해당한다. 질량 중심의 위치를 찾는 공식의 분자(분수의 상반부)에는 물체의 위치와 그 물체의 질량을 곱한 값의 합이 주어진다. 국제단위계(SI 단위계)를 사용하면, 분자의 단위는 미터 곱하기 킬로그램이다. 분모(분수의 하반부)에는 물체의 질량의 합이 주어진다. 분모의 단위가 킬로그램이므로 질량 중심의 최종 결과는 미터 단위로 주어지며, 그 값이 x축 상의 질량 중심의 위치이다.

인체와 같은 3차원적 질량 분포를 가진 계의 질량 중심을 계산하려면 3차원 좌표계를 구성하는 나머지 두 축에 대해 앞의 계산을 반복할 수 있다.

$$y_{CM} = \frac{y_1 m_1 + y_2 m_2 + \cdots + y_n m_n}{m_1 + m_2 + \cdots + m_n} \tag{3}$$

$$z_{CM} = \frac{z_1 m_1 + z_2 m_2 + \cdots + z_n m_n}{m_1 + m_2 + \cdots + m_n} \tag{4}$$

서로 다른 차원에서의 계산을 서로 독립적으로 할 수 있는 것은 편리한 점이다. 이에 따라 계의 위치를 하나의 축을 따라서만 움직이도록 제한하는 경우, 다른 차원에서의 질량 중심의 위치를 바꾸지 않고 해당 축을 따라 질량 중심의 위치를 바꿀 수 있다.

물론 인체는 공간상의 몇몇 지점에 응축된 질량 덩어리가 아니라 공간상에 퍼진 질량 분포를 갖는다. 신체 각 부분을 독립적으로 취급함으로써 인체의 질량 중심에 대한 계산을 간단하게 할 수 있다. 먼저 신체의 각 부위의 질량 중심을 계산하고 나면, 각 부위의 전체 질량이 해당 부위의 질량 중심에 위치한 것처럼 취급함으로써 인체의 질량 중심을 계산할 수 있다. 따라서 다음과 같은 식을 갖는다.

$$x_{CM} = \frac{x_{CM원팔}m_{원팔} + x_{CM머리}m_{머리} + x_{CM몸통}m_{몸통} + \cdots}{m_{원팔} + m_{머리} + m_{몸통} + \cdots} \tag{5}$$

신체를 위의 공식에서 결합될 수 있는 질량과 위치를 가진 부위들로 이루어진 계로 생각할 수 있다.

인체의 질량 중심을 계산하는 것은 얼마나 현실적일까? 연구를 통해 남성과 여성의 평균 질량과, 신체 각 부위의 평균 크기와 질량을 알 수 있다. 따라서 조직적이고 신중하게 계산한다면, 이 자료를 이용해서 특정 자세를 취하고 있는 평균적인 사람의 질량 중심의 위치를 계산할 수 있다. 물론 계산은 금방 어려워질 뿐만 아니라 '평균적인' 사람이 움직이지 않고 있는 동안에만 적절하다. 그러나 이와 같은 계산을 어떻게 하는지 이해한다면 우리가 움직일 때 질량 중심이 어떻게 변하는지에 대한 통찰력을 얻을 수 있다.

함께 균형 잡기

임의의 계의 질량 중심을 계산해보자. 구체적으로, 두 사람이 하나로 합쳐진 계의 질량 중심은 어디에 위치할까? 이 질문에 도움이 될 하나의 연습을 고려해보자.

이 연습에는 파트너가 필요하다. 파트너와 서로 마주보고, 파트너가 자신의 팔을 뻗어 손바닥을 위쪽으로 향하게 하고 그 위에 당신의 손바닥이 아래쪽을 향하게 하여 올린 채 손을 잡아라. 그 상태에서 당신의 손을 파트너의 팔을 따라 밀어 올려 두 사람이 서로의 팔뚝을 부드럽게 잡도록 하라. 접촉 지점이 편안하게 느껴져야 하므로 너무 세게 잡지는 말자. 잠시 후 당신에게 힘이 보태질 것이다.

두 사람 모두 두 발을 평행 자세일 때보다 더 넓게 벌려야 한다. 서 있는 경우, 무릎과 발이 안쪽으로 좁아지거나 바깥쪽으로 벌어지지 않고 나란하게 유지하는 것을 확인하면서 무릎을 구부려라. 몸통은 앞쪽으로 내민다. 공이나 다트를 잡을 준비가 된 운동선수의 기본자세를 상상하라. 허벅지 근육이 사용되고 있다. 평소보다 무릎을 더 많이 굽히는 자세를 취하라. 이 자세는 마치 무릎이 충격 흡수장치인 듯 두 사람 사이의 긴장을 조절할 수 있게 하며, 각자가 중력과 파트너 모두를 감지할 수 있게 한다.

파트너로부터 떨어지기 시작하자. 너무 힘차게 하지는 말고, 그저 손을 떼면 두 사람이 균형을 잃을 정도로만 하자. 허리의 곡선을 유지하라. 두 사람 사이의 반발 스트레칭 장력을 유지하면서, 차례대로 자신의 질량 중심을 바꾸는 방식으로 움직여라. 상대방은 두 사람이 함께 만든 계가 한 방향 또는 다른 방향으로 넘어지지 않기 위해 이러한 변화들을 수용하는 것에 적응해야 한다. 한 사람은 팔, 발, 다리의 위치 이동의 가능성에 대해 탐구하고, 다른 사람은 앞뒤로 움직이거나 무릎을 굽히는 등의 노력을 통해 계의 균형을 유지시켜야 한다. 교대로 질량 중심의 변화를 이끌고 수용하라.

이러한 활동에 익숙해지면, 나란히 서서 한쪽 팔만 잡고 서로 잡아당기기와 같은 다른 구성에 대해서도 탐색해보라. 파트너와 대화하려고 하지 말고 신체적 교섭을 통해 소통하려고 노력하라.

　　이 연습을 통해서 하나의 계로 합쳐진 두 계 사이의 균형 조건을 탐색할 수 있다. 물론 사람은 무생물과는 다르므로 동작 연구는 당신과 파트너 사이의 물리적, 사회적 교섭을 획득한 정보의 한 측면으로 고려해야 한다. 그러나 물리학을 이용해서 이 연습을 모델링할 때에는, 두 사람 사이의 사회적 상호작용은 잠시 제쳐두고 두 사람의 신체와 지구 사이의 상호작용에 초점을 맞추도록 한다.

버팀 면적

임의의 계의 질량 중심이 버팀 기반base of support을 넘어서면 그 계는 쓰러지게 된다. 그런데 버팀 기반의 한계는 어떻게 정량화할 수 있을까? 두 발이 엉덩이 바로 밑에서 한 발의 너비만큼 떨어진 채 서 있는 사람의 경우, 버팀 면적area of support은 얼마나 될까?

길이가 25 cm이고 최대 너비가 10 cm인 발을 가진 사람이 평행 자세로 서 있을 때, 버팀 면적은 길이가 25 cm이고 너비가 30 cm인 직사각형으로 근사할 수 있으며, 이에 따라 총 면적은 다음과 같다.

$$25 \, cm \times 30 \, cm = 750 \, cm^2$$

버팀 면적의 중심 바로 위에 질량 중심을 둔 채 서 있는 사람은 넘어지지 않고 좌우로 15 cm, 앞뒤로 12.5 cm만큼 몸을 기울일 수 있다. 그러나 파트너와 같이 움직이는 경우, 두 사람이 똑바로 선 채 서로의 팔뚝을 움켜쥔 상태에서 서로의 질량 중심이 1 m만큼 떨어져 있다면, 버팀 기반의 면적은 대략 길이 1.250 m, 너비 30 cm로 확장되며, 이에 따라 결합된 버팀 면적은 다음과 같다.

$$125 \, cm \times 30 \, cm = 3,750 \, cm^2$$

파트너와 함께 작업할 때가 혼자일 때보다 더 큰 버팀 면적을 구축할 수 있다. 따라서 파트너가 당신을 받아들인다고 가정할 때, 당신은 균형을 잃지 않고도 훨씬 더 앞이나 뒤 또는 옆으로 몸을 기울일 수 있다. 당신과 파트너가 함께 상상하는 조형 형태는 두 사람의 전개를 돕기 위한 약간의 물리학 분석을 통해 구현될 수 있다.

미래의 춤

지구의 중력은 수십억 년 동안 일정하게 유지되어 왔다. 그러나 물리학에서 춤으로 렌즈를 다시 한 번 되돌려보면 중력의 본성, 더 정확하게는 중력에 대한 무용수의 관계는 더 큰 논쟁의 대상이 되어 왔음을 알 수 있다. 예를 들어 20세기 전반기의 미국 현대 무용의 발달에서, 중력은 무대 위의 권력에 대한 논쟁으로 나타났다.

1903년에 무용수이자 안무가인 이사도라 던컨Isadora Duncan은 나중에 '미래의 춤The Dance of the Future'이라는 제목의 선언서로 출간한 강연을 했다. 던컨의 미래의 춤은 자연의 힘으로 되돌아감으로써 그녀가 고전 발레의 기교로 보았던 것을 제거했다. 자신의 비전에 대한 초석으로, 던컨은 중력과의 새로운 관계를 주장했다.

춤은 단순히 개인 의지의 자연스러운 경향이어야 하며,
결국 우주의 중력에 대한 인간의 번역 그 이상도 이하도 아니다.[2]

던컨의 견해에 따르면, 움직임에 대한 강렬한 충동인 개인 의지는 만유인력 법칙에 맞추어져 있다. 중력에 대항하기보다는 함께 일함으로써 그녀의 춤은 강력한 우주의 힘을 전달할 수 있었다.[3]

20세기로 접어들면서 남성 책임자가 주도하는 대형 발레단이 서양 공연 무용 세계를 주도했다. 던컨의 선언문은 자신이 느끼기에 훈련에서부터 의상과 가부장적 문화에 이르기까지 무용수, 특히 발레리나에게 제약을 가하는 고전 발레를 직접 논박한 것이다.

고전 발레 기술이 무용수들에게 **풀업**pull up을 요구할 때 던컨의 현대 무용은 **풀다운**pull down을 요구함으로써 그녀의 혁명은 기술적인 측면에서 진행되었다. 던컨은 지구로부터 멀어지는 대신 지구를 향할 것을 주장했던 것이다. 저자들은 무용가와 물리학자이기에 우리가 새로운 중력장 속으로 들어갈 수 없다는 것을 알고 있다. 발레와 현대 무용은 모두 궁극적으로 같은 물리적 조건을 다루고 있는 것이다. 던컨이 구상한 대립對立의 정의는 그녀가 선언서를 출간한 이후 100년 동안 훨씬 더 명확하게 정의되지는 않았다. 그녀가 상상했던 것보다 발레 기술은 기초가 더 단단했고 현대 무용은 더 미묘하기 때문이다. 그러나 그녀가 발레와 현대 무용 각각의 중력에 대한 관계에 기초해서 발레와 현대 무용 사이를 식별했던 개념적 분열은 오늘날까지도 지속되고 있다.

자신이 창시한 지면에 유착된 동작을 믿을 수 없을 만큼 간단해 보이는 행위로 수행함으로써, 던컨은 공연에서 여성의 신체에 부과된 제한으로부터 벗어났다. 던컨이 춤 예술을 새로운 사회정치적 시대로 전환시키는 데 있어서 중력은 육체적 만큼이나 상징적으로 그녀에게 도움을 주었다. 그녀의 이러한 혁신 때문에 역사가들은 던컨을 현대 무용의 어머니로 인정하고 있다.

50년을 빠르게 감아 무용수이자 안무가인 펄 프리머스Pearl Primus의 작품을 생각해보자. 그의 작품에서 중력과 무용수의 관계는 또 다른 정치적 중요성을 갖게 된다. 프리머스는 인류학자로서, 자신의 춤에 야외 연구를 결합시켰다. 그녀는 조라 닐 허스턴Zora Neale Hurston과 캐서린 던햄Katherine Dunham을 포함하는 인류학 교육을 받은 안무가 중 한 명으로, 이들은 유럽계 미국인 현대 무용과 아프리카의 디아스포라 양식diasporic form을 융합하는 데 있어서 관심을 공유했다. 이들은 아프리카주의 문화와 미학을 장려하는 미래의 춤에 대한 새로운 비전을 제시하면서, 인종 차별주의와 싸우고, 아프리카계 미국인 문화와 역사의 복잡성을 옹호했다.[4]

프리머스는 자신의 춤에 리듬, 유동성, 대담한 높은 점프, 두려움 없는 낙하를 도입했다. 던컨과 마찬가지로 그녀는 중력에 대항하는 대신 중력과 함께 춤을 추었다. 그러나 그녀의 몸짓은 자신이 1940년대 후반 아프리카 대륙의 골드 코스트, 앙골라, 라이베리아, 세네갈 그리고 벨기에령 콩고에서 연구해온 춤에 연관시켰다.[5] 그녀의 아프리카 춤에서 지구는 '하늘로 팅겨나갈 수 있는 고무로 된 무대이자 그 위에서 구르고 보호받을 수 있는 부드러운 침대와 같은, 무용수의 발의 연장'으로 묘사되었다.[6] 프리머스는 자신의 안무에 지구와의 일체一體라는 아프리카주의 비전을 그렸다.

1950년에 자신의 독무獨舞 「영가Spirituals」를 공연하는 프리머스를 조사해서 그러한 비전의 힘을 눈으로 확인해보라.[7] 프리머스는 도약해서 다리를 V자형으로 벌리고, 하늘을 향해 팔을 벌린 후, 땅에 떨어져서는 숨 멎을 만큼 놀라운 일련의 앞구르기를 실행한다. 팽팽한 원을 그리며, 얼굴을 무대 바닥에 떨어뜨리고, 몸을 굴린 후 빠르게 등을 무릎 높이까지 밀어 올린다. 마치 깊은 곳에서 올라오는 것처럼 그녀의 질량 중심은 바닥까지 낮아지고, 가슴은 높이 올라간다. 그녀는 반복해서 이 동작을 수행한다. 이것은 동작으로 표현된 구원救援의 이미지이며, 중력은 그녀의 안내자이다.

학제적 사고

알다시피, 물리학과 춤은 중력과 질량 중심을 이해하는 방식도 다르고, 두 분야가 항상 깔끔하게 일치하는 것도 아니다. 사실, 탐색적 동작 연습과 정성적 연구로부터 수학적 문제 풀이로 옮겨가면서, 두 분야를 나란히 놓는 것은 어색할 수도 있다. 그러나 이와 같은 어색함은 학제적 전개에 내재된 특성이다. 놀랍게도, 단어나 숫자를 사용하지 않고 두 몸이 함께 균형을 유지하는 하나의 계를 만드는 방법을 알아낼 수 있다. 뉴턴의 만유인력 법칙으로 무장한 채 자신의 신체 운동을 이용해서 지구 질량을 계산할 수 있다는 사실 또한 놀랄만하다.

이 장에서는 서로 다른 분야의 방법론을 종합하는 과정과 각 분야에 대해 더 깊게 이해하는 방법을 접하고 있다. 계속 진행하면서 다음과 같은 비교 지식 습득에 대한 질문을 계속 주시할 것이다. 지식은 어떻게 생성되고, 어떤 형태를 취하며, 이와 같은 서로 다른 지식의 조합은 하나의 분야만으로는 발견할 수 없었을 것이라는 것을 어떻게 말해줄 수 있을까?

우리 모두에게 영향을 미치는 자연의 힘을 이해하는 두 가지 다른 방법이 나란히 배치되어 있다. 물리학은 운동을 분석하고 예측할 수 있는 틀을 제공한다. 춤은 이런 운동이 우리의 삶에 미치는 영향에 대해 이해하는 데 도움을 주는 인식을 제공한다. 자연계와 상호작용하고 있는 인체는 매우 복잡한 계이다. 지금까지 보았듯이, 책에서 수식을 사용해서 자연의 힘을 기술하는 방법을 배울 때조차 동작 훈련을 통해서 자연의 힘에 대한 인식을 높일 수 있다.

2. 힘

앞 장의 연습들을 통해 만들어냈던 '중력과의 듀엣'은 자연의 힘과 관련된 집중적인 방법을 제공했다. 지면으로부터 서서히 상승하면서 신체에 작용하는 중력의 감각에 대한 더 큰 지식을 습득했고, 인체의 해부학적 구조가 중력에 저항하거나 순응할 수 있는 일부 방식에 대한 지식도 구축했다. 중력에 굴복하는 경험을 하기도 했고 중력이 우리의 행동에 동기를 부여하고 신체 구조를 형성하도록 허용하기도 했다. 또한 넘어지지 않는 자세를 만듦으로써 균형을 유지하기 위한 기본 조건, 물리학 용어로는 신체의 질량 분포에 대한 인식도 키웠다. 춤은 이러한 기본 동작에 대한 탐구 실험에 기초한다. 춤을 자연의 힘, 이 힘에 대한 우리의 인식 그리고 이에 반응하는 우리의 육체적 상상력과 능력 사이의 삼중 상호작용으로 생각하라.

　플라멩코에서 축구에 이르기까지 이전에 했던 어떤 육체적 훈련도 중력에 대한 경험을 알려주는 운동이었다는 것을 발견했을 것이다. 이러한 신체적 기술을 연마함으로써 습득한 정보는 체화된 문화적 지식의 한 측면으로, 이는 신체에 작용하는 또 다른 형태의 '힘'이다. 지구, 화성, 또는 그 너머 어디에서든 중력은 중력이지만, 이러한 자연의 힘에 대한 우리의 육체적, 운동감각적, 심리적 관계는 춤의 형식에 따라 변하며, 이에 따라 동작의 특성도 변하게 된다.

자연의 힘과 문화적 힘은 우리가 어떻게 움직이는지를 결정하는데, 문제는 이 힘을 어떻게 가시화하느냐에 있다. 모든 춤 관습에는 전체적인 문화적 신념 체계, 즉 자연계와 관련된 작용과 반작용에 대한 우주론이 구체화되어 있다. 물리학은 이론, 공식, 도형을 통해서 자연의 힘을 탐색한다. 과학적 관점과 문화적 관점의 협력을 통해 우리는 인간 존재에 대한 보다 완전한 그림을 구성할 수 있을 것이다.

어떻게 운동을 측정할 수 있을까? 그리고 무엇이 인간의 동작 형태를 유도할까? 이에 대한 답은 힘이다.

뉴턴의 운동 제1 법칙

바닥에 앉아 있는 무용수는 움직이기 위해서는 일을 해야 하고, 움직임을 유지하기 위해서는 더 많은 일을 해야 한다. 이로부터 자연스러운 상태는 정지해 있는 상태라고 생각하기 쉽다. 그러나 뉴턴의 운동 제1 법칙에서 볼 수 있듯이, 물체의 자연스러운 상태는 좀 더 복잡하다. 속도를 늦추거나 올리기 위해서는 힘이 필요하지만, 움직임을 유지하기 위해서는 힘이 필요하지 않다. 뉴턴의 운동 제1 법칙은 다음과 같다.

**알짜 외력 또는 합력이 작용하지 않는 한 정지한 물체는
계속 정지해 있고 운동하는 물체는 계속 운동한다.**

힘에는 척력과 인력이 있다. 힘은 작용 방향과 크기를 가지고 있는 벡터량이다. 알짜 외력 또는 합력을 계산하려면 각 힘이 작용하는 방향을 고려하면서 힘들을 더해야 한다. 당신 옆에 서 있는 두 사람 중 한 사람은 당신을 왼쪽으로 밀고 다른 사람은 당신을 오른쪽으로 밀고 있는 모습을 상상해보라. 당신에게 작용하는 합력을 계산하기 위해서는 두 힘이 서로 반대 방향으로 작용하고 있다는 것을 고려해야 한다. 왼쪽으로 가해지는 10 N의 힘과 오른쪽으로 가해지는 8 N의 힘의 합력은 왼쪽으로 가해지는 2 N의 힘이다.

중력과 마찰로 인해 매번 움직일 때마다 그 움직임을 유지하기 위해서는 일을 해야 하기 때문에 운동하는 물체가 운동을 유지하는 것이 자연스러운 상태가 아닌 것처럼 보일 수 있다. 뉴턴의 운동 제1 법칙을 이해하는 데 있어서 장애물 중 하나는 우리가 움직일 때 끊임없이 힘과 상호작용한다는 것이다. 뉴턴 법칙을 확신하기 위해서는 운동에 대한 직관을 바꾸어야 할 필요가 있다.

우주 공간과 같이, 작용하는 힘이 거의 없는 장소를 상상하는 것으로 시작해보자. (이 책을 계속 읽다보면 물리학자가 종종 무용수를 우주로 보내는 경우를 접하게 되는데, 이는 지구의 중력과 지표면의 마찰력으로 인해 지표면의 환경이 우주 공간에 비해 너무 복잡하기 때문이다.)

중력의 영향이 무시될만한 아주 멀리 떨어진 곳에서 산소가 충분히 공급되는 편안한 우주복을 입고 있다고 가정하자. 그 공간의 한 지점에서 어떻게 움직이기 시작할 수 있을까? 선택의 여지가 많지 않다. 움직이기 시작

하려면 몸을 밀거나 당겨야만 한다. 우주 공간에서 일단 움직이기 시작하면 운동을 늦추거나 멈추게 할 수 있는 것은 아무것도 없다. 마찰도 없고, 공기 저항도 없기 때문이다. 이런 맥락에서, 외부 간섭이 없는 한, 정지해 있거나 움직이던 상태를 유지하는 것이 자연스러운 상태라는 것이 명백해 보인다. 이것이 바로 뉴턴의 운동 제1 법칙이 의미하는 바이다.

뉴턴의 운동 제1 법칙을 만족하는 상태는 중력과 마찰이 모두 작용하는 지표면에서도 자연스러운 상태일까?

사고 실험을 계속하면서 중력을 도입하되 마찰에 의한 힘은 최소를 유지하도록 하자. 예를 들어 견인력을 얻을 수 없는 미끄러운 아이스링크 안에 놓여 있다고 하자. 중력이 당신을 지구 중심으로 끌어당기지만, 이 힘은 당신을 밀어 올리는 얼음에 의해 정확히 균형을 이루기 때문에 당신은 지구 중심으로부터 고정된 거리를 유지한다. 당신이 정지해 있다면 스스로 움직일 수 없다. 얼음 위에서 발을 움직이려고 하면 발바닥이 미끄러질 것이다. 이와는 반대로, 밀거나 당기는 어떤 것이 당신을 움직이게 한다면, 움직임을 늦추는 마찰에 의한 힘이 매우 작기 때문에 한동안 움직임을 유지할 수 있다. 다시 말하지만, 이는 뉴턴의 운동 제1 법칙과 일치한다.

이제 무도장에서 양말을 신고 움직이거나 길거리에서 운동화를 신고 움직여보자. 마찰력 때문에 운동을 유지하기 위해서는 에너지를 계속 공급해야 한다. 이런 경험이 뉴턴의 운동 제1 법칙을 받아들이기 어렵게 만든다. 이러한 외력 때문에 자연스러운 상태는 정지해 있는 상태인 것처럼 보이는 것이다. 그러나 움직임을 유지하기 위한 끊임없는 노력은 아이스링크나 우주 공간에서는 필요하지 않다는 것을 기억하라. 외부 환경이 물체의 운동을 방해하는 마찰력을 만드는 것이다.

속도를 늦추기도 하고 일을 하도록 요구하기도 하는 마찰이 운동을 방해하는 요소로 작용한다는 결론을 내리기 전에, 마찰은 운동 방향과 속력을 엄청나게 통제할 수 있다는 것을 명심하라. 마찰에 대해서는 4장에서 자세히 살펴볼 것이다.

뉴턴의 운동 제2 법칙

뉴턴의 운동 제1 법칙은 제2 법칙의 부분 집합이다. 제1 법칙은 물체에 알짜 외력이 작용하지 않을 때 어떤 일이 일어나는지 알려준다. 즉 정지해 있던 물체는 계속 정지 상태를 유지하고, 운동하던 물체는 운동 상태를 유지한다. 제2 법칙은 외력으로 인한 가속을 통해 운동이 어떻게 변하는지를 계산할 수 있게 한다. 제2 법칙을 표현하는 문장과 공식은 다음과 같다.

물체에 작용하는 알짜 외력은 물체의 질량과 가속도를 곱한 값과 같다.

$$\Sigma F = ma \tag{6}$$

여기서 Σ 기호는 합 기호이다.

이 식의 좌변에서 고려하는 힘들을 더할 때, 벡터량인 각각의 힘은 크기뿐만 아니라 방향까지 고려해야 한다는 것을 명심해야 한다. 이 식의 우변은 물체의 질량 m과 벡터량인 가속도 a의 곱이다. 질량은 변화시키지 않은 채 힘의 크기를 바꿀 때 가속도가 어떻게 될 지 상상해보라. 힘의 크기가 증가할수록 가속도도 증가할 것이다. 반대로, 힘을 고정한 채 질량을 증가시키면, 가속도는 감소하게 된다.

이 식이 이치에 맞는 이유는 질량이 가벼운 물체보다 큰 물체를 움직이는 것이 더 어렵기 때문이다. 일정한 알짜 외력에 대해, 질량이 증가할수록 가속도는 감소한다. 또한 질량이 큰 물체가 작은 물체보다 속도를 늦추는 것이 더 어렵다. 이 식은 임의의 외력이 작용하는 물체의 가속도를 정량화할 수 있기 때문에 믿을 수 없을 정도로 유용하다.

가속도에 초점을 맞출 때, 뉴턴의 운동 제2 법칙을 통해 가장 보편적인 춤 동작 중 하나로, **플리에**plié라고 불리는 무릎 굽힘 동작에 대한 통찰력을 얻을 수 있다.

플리에

선 채로 무릎을 굽히면 신체가 더 짧아진 것처럼 보일 것이다. 그러나 '더 짧아진 것'이 힘이 줄어들었다는 것을 의미하는 것은 아니다. 실제로 이 동작은 이후의 어떤 동작도 대비할 수 있다. 조정 능력, 에너지, 이전에 있었던 동작 유형에 힘입어, 믿을 수 없을 정도로 간단한 무릎 굽힘은 춤을 추는 데 필요한 자원을 모으는 데 도움이 된다. 이 동작을 물리학 용어로 모델링하면, 먼저 아래쪽으로 가속하고 난 다음에 위쪽으로 가속한다는 것을 이해할 수 있다. 가속하는 양은 무용 기법에 따라 달라진다.

고전 발레 기술에서는 이 행동을 '구부리다' 또는 '접히다'를 의미하는 프랑스어 단어인 **플리에**라고 한다. 이 용어는 일부 현대 무용 형식에도 이어지고 있다. 무릎을 굽히면 몸의 질량 중심이 낮아지고, 골반이 낮아져서 중력과의 관계를 더 잘 인식할 수 있다. 플리에는 반응성을 더 크게 한다. 깊은 플리에deep plié란 회전 속도를 높이는 데 사용할 수 있는 더 큰 힘을 갖는 것과 무릎이 잠긴 정지 상태로부터 도약하려는 것 사이의 차이를 의미할 수 있다.

무용수가 이 단순한 무릎 굽힘을 수행하는 방법은 무용 기법에 따라 역동적으로 달라진다. 일부 서아프리카 춤 양식에서는 무릎을 신속하게 구부려 신체의 질량 중심을 빠르게 낮춘다. 플리에는 지구와 연결되는 추진 작용보다는 쿠션 역할을 한다. 이렇게 낮아진 자세로부터 무용수는 상승, 리듬 등을 제어한다. 반면, 인도 전통 춤의 가장 오래된 형식 중 하나인 바라타나티암Bharatanatyam에서 무용수는 턴아웃 자세로 무릎 굽힘을 유지하는 경우가 많다. **아드함만달라**ardhamandala라고 알려진 이 자세로부터 무용수는 이 형식의 특징적인 리듬의 발놀림을 이끌어낸다. 이와 같이 다양한 학파가 세계를 움직이고 세계와 관련시키는 방법에 대한 행위 규범에 대해 표현하고 있다.

동일한 춤 형식 안에서조차도 플리에에 대한 서로 다른 학파가 존재하며, 때때로 이 형식을 가르치는 개별 교사들 사이에서도 매우 다르다. 러시아 발레 안무가이자 뉴욕 시티 발레단의 설립자인 밸런친은 자신의 무용수들에게 충격 흡수 장치를 적용하는 것처럼 플리에의 시작을 강조한 다음 동작을 완화할 것을 주문했다. 깊은 플리에의 바닥에 도달한 후, 무용수는 다리를 다시 끌어 올리면서 서 있는 자세로 빠르게 복귀해야 한다. 따라서 플리에의 첫 번째 카운트는 일종의 끝없이 깊은 원천이며, 두 번째 카운트는 무용수를 시작 자세로 되돌리거나 또는 놀랄만한 행위인 피루엣pirouette, 공중 점프, 푸앵트pointe로의 상승을 이끈다.

밸런친의 아메리칸 발레 스쿨의 전설적인 교사로 활동했던 스탠리 윌리엄스Stanley Williams는 또 다른 접근법을 택했다. 그는 수수께끼 같은 비유적 묘사를 사용했다. 플리에에 대해 그는 "그리고 네가 그 **안**에 있어And you're in"라고 말하곤 했다. 윌리엄스는 몸을 위아래로 움직이고, 무릎을 안팎으로 구부리는 등의 개별적인 대립의 연속으로 플리에를 생각하는 대신 순환성circularity을 원했다. 끌어당기는 것은 아래로 내려가는 것의 일부였고, 아래로 누르는 것은 위로 올라가는 것의 일부였다. 마찬가지로, 바깥쪽으로 구부러진 무릎에는 이미 곧게 펴는 과정 '안in'에 들어 있었다. 고전 발레에는 15세기와 16세기의 유럽 귀족 사회로부터 현재까지 유전되고 변형되어온 정해진 자세에 대한 표현법이 따라온다. 궁극적으로, 윌리엄스는 이질적인 행동을 보고 싶지 않았다. 그의 플리에는 무용수들이 순수 발레 형식으로 춤추는 것을 방해했을 수도 있는 자세와 자세 사이의 전환을 원활하도록 도와주었다. 윌리엄스의 감독하에 춤추는 사람들은 그의 플리에 동작에는 일종의 실존적 진리가 있다고 느꼈고, 그의 비전을 수행하기 위해 시도하는 데 많은 시간을 보냈다.

　우리의 목적을 위해 윌리엄스의 '안에in'를 '중력이 당기는 방향으로' 또는 '행성의 중심을 향해 안쪽으로'로 이해할 수 있다. 플리에에 대한 그의 비전은 무용수들이 표면에서 미끄러지듯 나아가는 것을 막았다. 바라타나티암, 서아프리카 춤 그리고 많은 다른 춤 형식과 마찬가지로, 플리에와 이의 수많은 변형은 춤을 추는 데 있어서 기본적이다. 모든 무용수는 자신이 움직이는 땅에 단단히 연관시키는 방법을 알아내야 하기 때문이다.

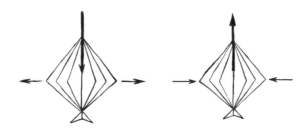

하강과 상승

우리는 운동 제2 법칙에 대한 식 $\Sigma F = ma$를 뒤로 하고, 무릎 굽히기에 대한 철학과 춤에서 다양한 학파가 지구와의 관계를 어떻게 형성하느냐로 화제를 전환했다. 그런데 이러한 것들이 물리학과는 어떻게 연관되어 있을까? 사실 우리는 결코 물리학을 뒤에 남겨둔 적이 없다. 플리에를 할 때마다 뉴턴의 운동 제2 법칙에 의해 기술되는 현상이 관여하고 있기 때문이다.

무릎을 구부리는 간단한 행동에서 $\Sigma F = ma$가 작동하는 방식을 이해하기 위해, 박자에 맞춰 플리에를 실행함에 있어서 세 가지 변형을 수행해 보자. 플리에의 각 변형을 수행할 때마다 수직축을 따른 가속도가 서로 다름을 명심하라. 뉴턴의 운동 제2 법칙이 귀에 속삭일 것이다.

한 발의 너비만큼 간격으로 두 발을 평행하게 벌린 채 서 보라. 어깨는 엉덩이 위에, 무릎은 발가락 위에 있어야 함을 상기하자. 척추가 천장의 갈고리에 매달려 있는 것처럼 위쪽으로 곧고 길게 늘어지는 느낌을 받도록 하라. 이는 발레와 현대 무용 훈련에서 흔히 보이는 모습이다. 다리를 잠그지 않도록 주의하여 무릎에 부드러운 탄력성을 유지하게 하라. 신체에 작용하는 힘을 감지하고 반응하는 능력은 중력과의 상호작용에 크게 의존한다.

이제 박자에 맞춰 플리에를 구성할 것이다. 앞 장에서 바닥으로부터 일정한 속도로 8분 동안 상승하는 것을 구조화한 것을 기억할 것이다. 이번 동작 연습에서는, 그 구조를 더욱 세밀히 조정하고 춤에서 반복적이고 규칙적인 시간 간격으로 정의되는 '박자'로 동작을 설정할 것이다. 재량에 따라 박자가 느리거나 빠를 수 있지만, 기억해야 할 중요한 점은 박자는 행동에 시간적 틀을 부여한다는 것이다. 이것을 더 큰 동작을 만들기 위한 지원 체계로 생각하라. 박자는 음악의 기초적인 구성 요소로서, 많은 춤이 발생한다.

이 연습에는 메트로놈을 이용하는 것이 도움이 될 것이다.[*] 똑딱거리는 메트로놈을 이용해서, 무릎을 굽히는 데 두 박자가 걸리고, 다시 일어나는 데 두 박자가 걸리도록 하라. 무릎을 굽힐 때 무릎이 발가락에 맞추어져 있고 어깨는 엉덩이 위에 있는지 확인하라. 머리를 고정하고 시선은 꾸준히 앞쪽에 집중하라.

이것이 현대 무용 기술에서 가장 기본적인 자세 중 하나인 평행 플리에이다. 카운트의 균등함, 즉 두 번 똑딱거리는 동안 내려가고 두 번 똑딱거리는 동안 올라가는 것은 기름칠이 잘된 피스톤처럼 운율적 규칙성을 갖는다.

이제 두 번째 예로, 뒤꿈치를 모으고 무릎을 발가락 위에 유지하면서 발가락은 약간 바깥쪽으로 향하게 하라. 이 자세는 고전 발레의 제1 자세이다. 이 자세로부터, 뒤꿈치를 바닥에 붙인 채 척추를 길게 늘이고 골반을 아래로 밀어 넣으면서 내려갈 수 있는 가장 낮은 자세를 의미하는 드미demi 플리에를 시도해보라. 다른 타이밍으로 이 플리에를 시도해보라. 즉 강하의

첫 박자에 악센트를 두자. (느슨하게 말하자면, 악센트를 '빠르게 시작하고 천천히 진행하는' 타이밍으로 생각하라.) 첫 박자가 끝날 무렵 플리에의 가장 낮은 자세에 도달하라. 그런 다음 두 번째 박자가 끝날 무렵부터 다리를 곧게 편 자세로 돌아간다. 몇 번 시도해보면 느낌이 올 것이다.

마지막으로, 이 턴아웃 자세에서 세 번째 접근법을 시도해보자. 플리에의 가장 낮은 자세를 취하고, 무릎 굽힘과 턴아웃을 유지하면서 앞쪽으로 나아가라. 뒤꿈치를 먼저 전진시켜라. 이는 뒤꿈치가 먼저 바닥에 닿아야 한다는 뜻이다. 무릎 굽힘을 유지하면서 움직이다가 방향을 바꾸어보라. 허벅지가 불타듯 할 것이다. 춤추는 것이 쉽다고 말한 사람은 아무도 없다.

좋은 교사는 플리에 동작을 암기 훈련이 아니라 음악과 힘, 자신과 세계를 발견하는 행위로 가르칠 것이다. 플리에 동작에 대한 수업은 교사가 직접 신체로 전달하는 것이 가장 좋다. 그 이유는 각 기술은 무용수가 터득하는 데 여러 해가 걸리는 세밀한 언어이기 때문이다. 확실히, 하나의 춤 스텝에는 매우 많은 정보가 포함되어 있어서 동작에 대한 종합적인 설명은 이 페이지의 한계를 훨씬 초과할 것이다.

우리는 지금 세 가지 유형의 플리에를 통해 춤에서 다양한 기술적 접근법이 어떻게 작동하고 느껴지는지를 연구하고 있다. 또한 뉴턴의 운동 제2 법칙에 대해서도 살펴보고 있는데, 그 이유는 타이밍, 리듬, 의도와 같은 많은 기술적 세부 사항이 중력과 관련한 특유의 가속도를 이끌어내기 때문이다. 자유 물체 도형 free body diagrams 과 힘 판 force plate 을 이용하면 관련된 힘의 범위와 방향에 대해 깊이 있는 탐구를 할 수 있다.

자유 물체 도형

뉴턴 법칙을 이용해서 플리에의 세 가지 변형을 분석하기 위해 자유 물체 도형을 만들어보자. 자유 물체 도형을 만들기 위해서 우선 분석하려는 물체의 그림을 그린 후, 물체에 작용하는 모든 힘을 화살표로 나타낸다. 이것이 바로 뉴턴의 운동 제2 법칙으로 계산하기 위해 추적해야 하는 힘들이다. 플리에 동작을 하는 무용수를 예로 들어 분석해보자.

신체가 작용하는 힘과 신체에 작용하는 힘을 명확히 구분하라. 신체가 작용하는 힘에는 발이 땅을 누르는 힘과 중력 끌림을 통해서 신체가 지구를 끌어당기는 힘이 포함된다. 반면에 신체에 작용하는 힘에는 신체의 질량 중심에 대한 지구의 중력 당김과 발을 밀어 올리는 바닥이 포함된다. 신체의 가속도는 신체에 작용하는 힘에 의해서만 결정되기 때문에 자유 물체 도형에는 이들 힘만 포함시킨다.

각 힘이 작용하는 방향을 나타내는 화살표를 그리고, 힘의 크기를 수치 또는 고유하게 정의된 변수로 표시하라. 신체에 작용하는 모든 힘을 자유 물체 도형에 포함했다면, 벡터량인 힘을 더함으로써 뉴턴의 운동 제2 법칙을 적용해서 가속도를 계산할 수 있다. 다음의 플리에를 하는 무용수에 대한 자유 물체 도형의 예에서, 지구의 중력에 의한 힘을 F_G, 땅에 의한 힘을 F_N으로 나타냈다.

자유 물체 도형은 신체에 작용하는 자연의 힘을 분석하는 데 있어서 강력한 도구인 동시에 분명한 한계점도 가지고 있다. 예컨대 자유 물체 도형은 과거를 알려주지 못한다. 자유 물체 도형은 임의의 순간에 선행 동작에 대한 아무런 정보도 없이 신체의 상태를 포착한 동결 프레임에 대한 연구를 하는 것이다. 예를 들어 공중에 떠 있는 신체에 대한 자유 물체 도형은 신체가 위로 올라가고 있는지, 점프의 최고 높이에 도달해 있는지, 아니면 아래로 내려가고 있는지에 관계없이 동일하게 보인다. 각 경우에 작용하

는 유일한 힘은 중력이다. 자유 물체 도형을 이용해서 그 순간의 가속도를 계산할 수 있는데, 이로부터 물체의 현재 속도가 어떻게 변할 것인지를 알 수 있다. 그러나 이 계산만으로는 물체가 현재 얼마나 빠르게 움직이는지 알 수는 없다.

플리에의 경우, 아래쪽으로 가속을 시작하는 순간의 자유 물체 도형은 중력에 의한 힘이 바닥에 의한 힘보다 크다는 것을 보여준다. 반면, 위로 가속하는 순간의 자유 물체 도형은 바닥에 의한 힘이 더 강하다는 것을 보여준다. 속도가 일정한 동안에는, 위 또는 아래 중 어디로 움직이든 두 힘은 완벽하게 균형을 이루고 가속은 일어나지 않는다.

자유 물체 도형은 인간의 동작을 알려주는 문화적 맥락과 같은 정보도 반영하지 못한다. 춤에 영향을 주는 문화적 힘cultural force을 강조하려면 사회과학, 인문학 그리고 무용학에서 제공되는 것과 같은 다양한 모델링 시스템과 이론 체제가 필요하다.

문화적 힘 도형

자유 물체 도형을 이용해서 플리에 동작의 특정 순간에 인체에 작용하는 자연의 힘을 나타내보았다. 문화적 힘이 작용하는 상황을 분석할 목적으로 자유 물체 도형의 개념을 빌리면 어떻게 될까? 주어진 춤 형식에 내재된 체계적 규칙과 자신이 살고 있는 정치 및 사회적 환경을 반영하는 개인적 동작 이력을 모두 설명하기 위해 '문화'의 개념을 광범위하게 사용하자.

앞에서 논의한 플리에의 변형 중 하나를 사용해서 자신만의 플리에 동작에 대한 새로운 도형을 만들어보자. 이번에는 자신의 플리에의 경험에 영향을 미쳤던 것으로 생각하는 동작 훈련의 영향에 유의하자. 무릎이 안쪽과 바깥쪽 중 어디를 향하길 원하는가? 척추를 길고 똑바르게 유지하는 자세를 원하는가, 아니면 바닥에 대해 각을 지거나 구부정한 자세를 원하는가? 걸음을 걸을 때 왜 두 발은 그렇게 움직일까? 왜 머리를 똑바로 세우거나, 머리를 떨어뜨려 중력에 반응하도록 하는가? 손을 잡고 있는 방법으로부터 알 수 있는 것을 무엇인가? 이전의 신체 훈련과 사회적 조건에 따라 춤 기술의 세부 사항과 당신이 선호하는 움직임 사이의 차이, 심지어 갈등을 경험할 수 있다.

자신의 개인적 배경 및 훈련과 관련된 동작의 세부 사항을 확인하고 주목하도록 노력하라. 자신이 점유하는 공간 유형에서부터 문화적으로 물려받는 내면의 감각 시간까지의 광범위한 신체 훈련과 환경적 영향이 포함될 수 있다. (소셜미디어 시대에 물려받은 문화적 힘으로서 '조바심'도 포함될 수 있다!) 여기서 목표는 자신이 움직이는 방식에 영향을 미치는 동작 문화movement cultures를 발견하는 것인데, 우리가 움직이는 방식은 우리가 누구인지 보여주기 때문이다.

힘 판과 플리에

　　　　　　　　자유 물체 도형과 문화적 힘 도형을 통해 춤 동작에 작용하는 다양한 형태의 힘을 스케치해보았다. 힘 판의 도움을 받으면 이를 더 자세히 분석할 수 있다. 힘 판으로 판의 표면에 작용하는 힘을 시간에 따라 측정할 수 있다. 힘 판은 저울처럼 계속해서 압력을 가하는 힘을 읽어 내지만, 일반적인 욕실 저울보다 판독 값이 더 정확할 뿐만 아니라 추후 분석을 위해 컴퓨터에 출력 값을 저장할 수 있다. 당신이 힘 판 위에 가만히 서 있는 경우, 힘 판은 무게를 읽는데, 이 값은 신체의 질량에 중력 가속도를 곱한 값과 같다. 당신에게 작용하는 힘이 바로 중력이기 때문이다.

$$\Sigma F = ma = mg \qquad\qquad (7)$$

여기서 g는 지표면에서의 중력 가속도이다.

가만히 서 있을 때 중력에 의해 가속되지 않는 이유는 바닥이 크기가 같고 방향이 반대인 힘으로 신체를 밀어 올리기 때문이다. 바닥에 대한 신체의 질량 중심이 움직이지 않는 한, 신체에 작용하는 힘들은 균형을 이룬다. 그렇다면 플리에 동작에서 무릎을 굽혀서 질량 중심을 낮췄던 것처럼, 어떻게 하면 질량 중심을 낮출 수 있을까? 당신이 무릎을 구부리기 시작할 때, 바닥이 당신에게 가할 수 있는 힘은 감소한다. 최소한 잠시 동안이라도 바닥 쪽으로 가속할 것이다.

플리에의 다양한 변형은 다양한 가속을 일으키고, 이에 따라 힘 판도 다양하게 반응한다. 플리에 동작의 대부분의 시간 동안 유지되는 일정한 속도에 도달할 때까지 빠르게 가속하는 것을 상상해보자. 신체가 일정한 속도로 움직이는 동안, 신체를 아래로 잡아당기는 중력과 신체를 위로 밀어 올리는 마루의 힘은 완벽하게 일치한다. 가속도가 0인 등속도 운동이기만 하면, 이런 상황은 지면을 향한 움직임에서도 발생할 수 있다. 그러나 속도를 변화시키면, 신체에 작용하는 힘은 균형이 깨지기 때문에 0이 아닌 알짜 힘이 발생하고, 이에 따라 뉴턴의 운동 제2 법칙으로 계산할 수 있는 가속도가 생긴다. 힘 판 위에서 다양한 플리에 기술을 시도해서 언제 가속이 생기는지를 명확히 보고, 이 정보를 자신의 운동에 매핑하는 것은 대단히 유익할 것이다. 힘 판을 마련할 수 없다면, 욕실 저울로 시도해보라. 욕실 저울은 힘 판처럼 민감하지는 않지만, 신체가 바닥 쪽으로 가속될 때에는 자신의 체중보다 작은 값을 읽고, 위로 가속될 때에는 자신의 체중보다 높은 값을 읽을 것이다.

플리에 동작이 힘 판에서 어떻게 나타날지에 대한 예가 운동의 다양한 구성 요소를 나타내는 표시와 함께 다음에 주어져 있다.

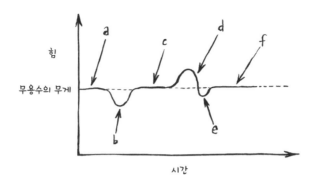

a: 무용수가 힘 판에 올라서고, 힘 판이 그의 무게를 읽는다.

b: 무용수가 플리에를 시작하기 위해 무릎을 구부리고 아래로 가속하
기 시작한다.

c: 무용수가 일정 시간 동안 일정한 속도로 바닥을 향해 내려간다.

d: 플리에의 바닥 지점에서 무용수가 아래쪽으로 내려가던 운동을 멈
추고 일정 시간 동안 가속하며 위로 올라간다.

e: 무용수가 운동 방향을 바꾸는 데 필요한 힘보다 더 많은 힘을 가한
다. (이 단계가 항상 일어나는 것은 아니다.)

f: 무용수의 질량 중심이 일정한 속도로 바닥에서 멀어지며 위로 올라
간다.

뉴턴의 운동 제3 법칙

플리에의 밀어 올리는 동작을 포함해서 무용
수가 수행하는 다양한 동작에서 작용하는 힘을 규명하는 데 도움을 주는
운동 법칙이 하나 더 있다. 바로 뉴턴의 운동 제3 법칙이다.

이 법칙은, 중력을 통해 상호작용하는 행성들이나 접촉한 채 움직이는

무용수들과 같이, 서로에게 힘을 작용하는 두 물체에 대해 언급하고 있다. 이 법칙으로 발과 바닥 사이의 상호작용이나 춤 연습실 또는 칠판 벽에 압력을 가하는 손을 설명할 수도 있다. 두 물체 A와 B가 상호작용할 때, 뉴턴의 운동 제3 법칙에 대한 표현은 다음과 같다.

$$F_{A \rightarrow B} = -F_{B \rightarrow A} \tag{8}$$

여기서 $F_{A \rightarrow B}$는 물체 A가 물체 B에 작용하는 힘을 나타내고, $F_{B \rightarrow A}$는 물체 B가 물체 A에 작용하는 힘을 나타낸다. 음의 부호는 두 힘이 서로 반대 방향으로 작용하는 것을 의미한다. (힘은 벡터량이기 때문에 크기와 방향을 모두 가지고 있음을 기억하라.) 제3 법칙은 이러한 두 힘은 크기가 같고 방향이 반대라는 것을 알려준다.

만유인력 법칙에서 크기가 같고 방향이 반대인 힘의 예를 살펴보았다. 지구가 사람에게 작용하는 힘과 똑같은 힘을 사람도 지구에게 작용한다. 지구는 사람을 지구의 중심으로 끌어당기고 사람은 자신의 중심으로 지구를 끌어당기므로 두 힘은 서로 반대 방향을 가리킨다. 만유인력을 통해 상호작용하는 물체들은 제3 법칙의 예이다.

접촉하고 있는 물체들에 제3 법칙을 적용할 때, 처음에는 당혹스러울 수 있다. 손을 벽에 대고 누를 때, 제3 법칙에 의하면 벽은 크기가 같고 방향이 반대인 힘으로 '대응한다.' 벽에 가하는 압력의 크기를 바꾸면, 벽도 사람에게 가하는 압력을 바꾼다. 어떻게 벽은 사람이 가하는 힘이 얼마인지를 알고 즉각적이고 적절하게 반응할 수 있을까? 크기가 같고 방향이 반대인 두 힘은 어디에서 오고, 무엇이 힘들에게 제3 법칙을 강요하는가?

연습실에서 움직이는 무용수를 생각할 때, 중력이 유일한 힘이 아니라

는 것을 기억하라. 무용수와 바닥을 구성하는 원자들 사이의 전기력도 고려해야 한다. 전기력에 관해서는 '극과 극은 통한다'라는 흔한 속담, 즉 두 반대 전하는 서로를 끌어당긴다는 것을 기억하는 것이 도움이 된다. 중력과 마찬가지로 두 전하가 작용하는 힘의 크기는 두 전하가 서로 얼마나 멀리 떨어져 있는지에 달려 있다. 중력의 크기는 질량에 의존하는 반면, 전기력의 크기는 전하량에 의존한다. 양전하와 음전하는 크기가 같고 방향이 반대인 힘으로 서로를 끌어당긴다. 두 개의 양전하 또는 두 개의 음전하가 서로를 향해 움직일 때, 이들은 서로를 밀어내는데, 이때 작용하는 두 힘은 크기가 같고 방향이 서로 반대이다. 두 상황 모두 제3 법칙이 적용된다.

벽에 댄 손이나 바닥 위의 발과 같이 두 물체가 접촉할 때, 이들 사이에 작용하는 힘을 어떻게 이해할 수 있을까? 세부 사항은 여기에서 설명하는 것보다 훨씬 복잡하지만, 자기 자신, 바닥, 벽, 신발 등과 같은 모든 것들의 표면이 이에 관여하는 전기력에 대한 은유적 표현인 용수철로 덮여 있다고 상상하자. 손과 벽을 포함한 모든 물질을 구성하는 원자들은 전하를 띠고 있다. 두 전하를 가까이 가져가면, 상호작용하는 전하가 두 표면을 서로 밀어낸다. 두 표면을 더 가깝게 가져가면, 마치 용수철을 압축시키며 접촉하는 두 물체에 크기가 같고 방향이 반대인 힘을 주는 것처럼 보인다. 손으로 벽을 밀면, 이와 관련된 전기력이 갖는 용수철과 같은 특성 때문에 제3 법칙이 적용되므로 벽은 크기가 같고 방향이 반대인 힘으로 손을 뒤로 민다. 다른 무용수의 손끝과 부드럽게 접촉하는 순간에도 제3 법칙에 의해 크기가 같고 방향이 반대인 힘이 주어진다.

어떻게 움직일 수 있나

뉴턴의 운동 제3 법칙에 관한 흔한 혼란이 일어날 수 있다. 모든 힘이 크기가 같고 방향이 반대인 상대방을 갖는다면 어떻게 물체가 움직일 수 있는가? 상자를 밀면, 상자도 똑같이 당신을 뒤로 민다. 어떻게 방을 가로질러 미끄러질까? 이에 대한 해답은 물체의 운동을 결정할 때 단지 알짜 **외력**만 계산된다는 것이다. 연습실을 가로지르는 무용수의 가속도를 계산하기 위해서는, 무용수가 다른 표면에 작용하는 힘이 아니라 무용수**에게** 작용하는 힘만 알면 된다. 고려 대상인 물체에 작용하는 힘만 정확히 포함한 자유 물체 도형은 이러한 계산에 도움이 된다.

춤 연습실에 서 있는 무용수가 움직이고 싶을 때 어떻게 하면 움직일 수 있을까? 바닥에 서 있을 때에는 적어도 무용수와 지구 사이의 상호작용에 의한 중력과 바닥이 무용수에게 가하는 힘이 작용하고 있다. 가속도가 0인 정지 상태에 있으면, 두 힘은 완벽하게 균형을 이룬다. 발바닥과 바닥면에 있는 '용수철'은 압축되어 있다.

그렇다면 움직이기 위한 알짜 힘을 어떻게 얻을 수 있을까? 한 가지 방법은 누군가가 무용수를 조심스레 밀어주는 것이다. 그렇게 하면 움직일 수 있다. 그러나 무용수 스스로 움직이고 싶다면 어떻게 해야 할까?

필요한 것은 무언가와 접촉하는 것뿐이다. 이 경우, 무용수는 바닥과 접촉하고 있다. 무용수가 바닥을 밀면, 바닥은 크기가 같고 방향이 반대인 힘으로 무용수를 밀어내는 것 외에는 선택의 여지가 없다. 무용수에게 작용하는 힘만 고려한 자유 물체 도형을 그리면, 어떻게 무용수가 바닥에 가한 힘의 방향과 반대 방향으로 무용수를 움직이게 하는 알짜 힘이 생기는지 알 수 있다. 앞으로 나가려면 바닥을 뒤로 밀고, 왼쪽으로 이동하려면 바닥을 오른쪽으로 민다. 무용수가 미는 힘이 커질수록 반대 방향으로 무용수의 가속도가 커진다.

뉴턴의 운동 제3 법칙은 단 하나의 간단한 공식만으로 인간 동작의 역학을 밝혀준다. 우리가 미는 표면이 실제로 우리를 반대 방향으로 밀어내며, 이것이 모든 형식의 춤을 만들어낸다. 이와 같은 거래를 환경과의 끊임없는 춤으로 생각하라. 우리는 결코 혼자 춤추고 있는 것이 아니다.

일상적인 행동

뉴턴의 운동 제3 법칙으로 기술되는 힘들 사이의 관계 덕택에 모든 일상적인 행동인 앉기, 서기, 걷기, 달리기, 뛰어넘기, 높이뛰기가 가능해진다. 물리학자는 이러한 행동들과 관련된 평균적인 힘을 예측할 수 있지만, 그 값에서 어떤 일관성을 제시하면서 안무가가 그러한 동작들을 어떻게 구성하느냐에 따라 그 의미는 완전히 바뀔 수 있다.

무용수이자 안무가인 브론델 커밍스Blondell Cummings가 1981년 자신의 획기적인 독무인 「치킨 수프Chicken Soup」에 포함시킨 행동인 부엌 바닥을 손과 무릎으로 짚은 자세로 북북 문지르는 행동을 생각해보자. 커밍스는 공연자가 긴 팔로 브러시를 멀리 밀어냈다가 몸 쪽으로 가져오는 반복적이고 리드미컬한 문지르기와 물결 모양의 활기차고 자유분방해 보이는 춤을 번갈아 하는 춤을 안무했다. 커밍스의 구성은 형식적인 면에서 인식 가능한 문지르기 동작과 직립 춤의 모호한 의미 사이를 오간다. 독무가 진행됨에 따라 그녀는 요리와 관련된 동작도 춤으로 표현한다. 리듬, 반복, 다각적인 실행을 통해 동작이 안무가 되는 것이다. 세트는 최소한의 방식으로 테이블과 의자가 있는 부엌을 재현한다. 커밍스는 아프리카계 미국인인 자신의 가족 배경뿐 아니라 문화를 초월하는 여성에 대한 보편적 가정사에 대해 이야기하는 여성과 음식에 대한 독무를 창작하고 싶어 했다.

커밍스의 동작에 수반되는 힘은 무엇일까? 물리학 관점에서 그녀의 행동에 대해 정량적으로 생각할 수 있다. 뉴턴의 운동 제1 법칙에 의하면 그녀를 움직이기 위한 힘이 필요하다. 여기에 생체 역학이 관여한다. 음식은 커밍스가 바닥에 엎드려 앞뒤로 흔들고 문지르는 근육의 에너지가 된다. 뉴턴의 운동 제3 법칙으로부터 그녀가 바닥에 가하는 힘과 바닥이 그녀에게 가하는 힘의 크기를 계산할 수 있다. 또한 4장에서 보듯이, 이러한 힘들의 방향도 결정할 수 있다.

뉴턴의 운동 제2 법칙을 적용해서 팔 근육의 힘과 바닥이 브러시에 작용하는 힘을 계산하면 브러시의 가속도를 계산할 수 있다. 그러나 상황에 따라 바닥 문지르기에 대한 비교 연구를 수행해보면, 그녀의 힘과 브러시와의 결합은 독특한 강렬함을 지녔음을 알 수 있을 것이다. 왜냐하면 그녀는 행동을 춤추고 있기 때문이다. 그러나 $F = ma$ 스냅 사진으로부터 그녀가 문지르는 동작을 춤으로 바꾸는 리드미컬한 구조를 구성하는 힘의 차고 이지러짐을 반드시 알아차릴 수 있는 것은 아니다.

문화적 힘도 관여하고 있다. 이것은 사회적으로 결정된 성 역할에 관한 춤으로, 미국 역사에 의해 규정된 성 역할이 부엌이라는 가정의 공간과 커밍스의 작업으로 표현된 것이다. 관객들의 인종에 대한 비판적 해석 또한 두드러진다. 커밍스는 여성에 관한 보편적 표현을 의도했지만, 자신이 흑인 여성이었기 때문에 그녀의 독무는 종종 흑인 저항 작품으로 해석되곤 했다.

언제 걷기가 걷기 이상의 의미를 가질까

공연 무용에서의 일상적인 행동은 무용수, 시간대, 관객에 따라 다른 의미를 지닌다. 브론델 커밍스는 이사도라 던컨이 신체에 대한 고전 발레 훈련의 가혹한 책략이라고 믿었던 것에 격렬하게 반발하여 더 자연스럽다고 생각되는 춤 기법을 고안했던

1900년대 초반까지 거슬러 올라가는 미학적 계보 안에서 작업을 했다. 던 컨의 동작이 문명화 이전의 존재로부터 끄집어낸 것은 정확히 아니다. 그녀에게 준 심미적 영향에는 니체Nietzsche 철학과 고대 그리스 조각이 포함되어 있다. 그럼에도 그녀는 대중 앞에서 새로운 춤 기법, 즉 부분적으로는 다수의 관객이 따라할 수 있는 동작들을 포함하는 백인 여성으로서의 독무의 수문을 열었다.

1920년대 독일 바이마르의 안무가이자 이론가인 루돌프 폰 라반Rudolf von Laban은 보행 동작들을 통합했을 뿐만 아니라, 수백 명의 참가자로 대규모 공연단을 만들었을 때 훈련받지 않은 사람들에게도 춤을 개방했다. 그는 일상적 행동을 대규모 춤의 장관으로 연출했다.

1960년대 뉴욕에서는 모험심 넘치는 젊은 안무가 그룹이 그러한 보행 동작을 조직하기 위한 새로운 안무 구조를 고안함으로써 부분적으로 춤에 더 많이 포함될 수 있는 행동 유형과 범위를 확장했다. 그들은 걷기와 달리기에서부터 매트리스 움직이기와 사과 먹기에 이르기까지의 모든 것을 포함하는 철저히 공간적이면서 시간적인 악보를 만들었다. 이 그룹은 저드슨 댄스 극단Judson Dance Theater에서 작품을 발표했으며, 이후 포스트모던 춤의 개척자로 알려지게 된다.

커밍스는 1960년대 후반에 저드슨 극단의 영향권에서 공연자로 부상했다. 그녀는 일상적인 행동으로 작품을 구성하는 과정에서 자신만의 독특한 스핀spin을 개발했다. 저드슨 극단의 예술가들이 작품에서 일상적인 행동의 문맥을 **해체**한 반면, 커밍스는 친숙한 부엌을 연상시키는 여분의 세트처럼 일상적인 행동의 설정을 암시하고 이에 따라 이 행동에 자신만의 사회적 논평을 부여함으로써, 일상적인 행동을 원래의 문맥으로 되돌렸다.

보행 동작을 사용함으로써 무용가는 고전 발레의 엘리트주의적 지배

력에 도전하고, 대중에게 수준 높은 예술을 선사하고, 대중 공연 장소를 민주화하며, 소외된 체험담에 관심을 기울였다. 무대 위의 동작이 거장의 기술적 묘기보다 더 일상생활과 비슷하게 보일 때 계층 구조는 무너지기 시작한다.

걷기가 특별한 표현력이나 운동감각적 몸짓 없이 걷는 것으로 표현된다면, 걷기를 예술 영역으로 밀어 넣는 것은 대체 무엇일까? 이 질문에 답하는 한 가지 방법은 예술가가 어떻게 구성을 선택하는지를 고려하는 것인데, 그 이유는 시간 구조, 공간 조직, 동작 표현법은 동작이 화려하든 평범하든 모두 동작에 대한 관객의 인식에 영향을 미치기 때문이다. 예를 들어 커밍스의 형식 혁신의 경우에서 설명적인 춤에 대항하는 문지르기 행동과 같이, 걷기 패턴을 미묘하게 배열하거나 동작을 서로 나란히 놓음으로써 안무가는 친숙한 것을 친숙하지 않게 표현할 수 있다. 이와 같은 이화異化, 즉 낯설게 하기를 통해 우리는 세상을 새롭게 볼 수 있다. 전도서에 있는 한 구절에서 영감을 얻은 작곡가 존 케이지John Cage를 차용한 안무가 이본 레이너Yvonne Rainer의 말을 빌리자면, 태양 아래 새로운 것은 아무것도 없으며 오직 새로운 구성 방법만 있을 뿐이다.[8]

ㅋ. 운동

대부분의 사람들은 매우 좁은 범위의 발 활동으로 하루를 보낸다. 사람들의 발은 보통 걷거나 달리기를 통해 여기저기로 서서 이동하는 것을 도와준다. 그러나 발은 이와 같은 제한된 레퍼토리보다 훨씬 더 많은 것을 말한다. 발이 움직일 수 있는 다양한 방법에 대해 생각해보자. 춤을 출 때, 발은 미끄러지고, 부딪히듯 놓고, 가볍게 두드리고, 구르고, 구부리고, 퉁기고, 누그러뜨리고, 가리킬 수 있다. 두 발은 무용수가 도약하는 것을 돕고, 착지할 때 충격을 흡수하는 것을 도와준다.

물리학에서 도약하기 leaping 에 관해서는 사람이 움직이기 위해 지구를 밀어낼 때 지구는 사람을 반대 방향으로 밀어낸다는 뉴턴의 운동 제3 법칙으로 설명한다. 사람이 충분히 세게 밀면, 지구는 아주 짧은 시간 동안이나마 사람을 공중으로 발사할 수 있다. 새로운 방정식 집합은 점프 현상에 숨어 있는 강력한 대칭성에 접근할 수 있게 한다. 무용수의 점프 방법의 세부 정보에 대한 조사와 결합된 이 방정식들은 무용수가 어떻게 춤의 표현력을 얻는지를 이해하는 데 도움을 줄 수 있다.

물리학자는 일반적으로 포물선 운동과 관련된 변수를 계산하는 방법을 설명하기 위해 무생물인 물체를 사용하는 가상의 상황을 설정한다. 이 장에서는 물체를 사용하는 상황을 무용수 및 무용수의 육체적 기술로 대체한다. 물리학 개념을 이해하는 한 가지 방법은 인체의 운동을 통해 이루어지는데, 인체에 작용하는 물리적 힘에 대해서 무용수보다 더 적격인 사람은 거의 없을 것이다. 물리학이 얼마나 높이, 멀리, 오래 날 수 있는지를 알려 주듯이, 무용수의 지식은 점프의 특성, 높이, 타이밍에 영향을 미친다.

춤추는 발

무용수는 발을 특별한 방식으로 사용한다. 쾅 내리치거나 구르고, 부드럽게 밟거나 지면을 파고들 듯 내딛고, 음악성과 리듬을 만들어내고, 분위기를 전달한다. 춤을 출 때, 발은 말을 한다.

발놀림에 대한 정교한 지식을 습득하는 데에는 오랜 연습 시간이 필요하다. 춤 형식에 따라 무용수의 발은 다른 습관을 기르게 된다. 발레 무용수는 발이 바닥을 떠날 때마다 발가락을 뾰족하게 하는 경향이 있다. 다른 무용수들은 '이완 지점relaxed point'이라 부르는 곳을 이용하는데, 이 지점은 발목을 가리키고 적극적으로 발목을 구부리는 중간쯤에 있다. 탭댄스를 추는 무용수는 전략적으로 발목을 이완시키는 반면, 인도 전통 춤 무용수는 발목을 수축시킨다. 볼룸 댄서는 바닥에서 발이 만드는 패턴의 선명도에 의해 평가받는다. 포스트모더니즘 안무가는 평범한 걸음걸이와 춤추는 동작의 특별한 프레이즈phrase를 혼합한다. 멤피스 주킨Memphis jookin*을 추는 무용수들은 모드를 혼합하고, 심지어 운동화 끝을 빙빙 돌리기도 한다. 무용수가 발을 사용해서 움직이는 방법은 무용수의 개인 이력뿐 아니라 춤 형식에 대한 더 큰 문화사까지 보여준다.

그런데 우리는 무용수가 뉴턴의 운동 제3 법칙의 도움을 받아 수평으로 이리저리 다니는 방법에 대해서만 이야기를 하는 것이 아니다. 이 장에서 우리는 또 다른 흥미진진한 춤의 차원, 즉 땅을 떠나는 것을 향해 나아가고 있다. 땅을 떠나는 방법에는 연직 위로 뛰어오르는 것뿐만 아니라 위로 오르면서 '밖으로' 나가는 것도 있다. 무용수는 어떤 수단을 사용해서 날아오를 수 있을까?

도약과 착지

춤에서 점프 동작은 일반적으로 세 가지 구성 요소인 발, 무릎, 팔로 이루어진다. 플리에 자세에서, 발과 무릎은 비행의 엔진 역할을 한다. 무용수가 두 발로 밀면 용수철이 감겼다가 풀리는 것과 같이 점프에 앞선 플리에가 점프 높이를 결정한다. 플리에는 하강의 충격도 완화한다. 팔도 중요한 역할을 한다. 멀리뛰기 선수가 공중에서 전략적으로 팔을 회전하는 것에 주목하라. 무용수들도 마찬가지로 점프 높이와 비거리를 늘이기 위해 팔을 휘두른다.

발에 대해 집중해서 생각해보자. 음악성, 타이밍, 반응 능력은 모두 무용수가 발을 어떻게 사용하느냐에 달려 있다. 무용수는 춤 형식에 따라 다

---

* 스트리트 댄스의 일종

양한 방식으로 발을 사용해서 점프를 한다. 어느 학파의 무용수는 플리에 자세로부터 공중으로 올라갈 때에는 발을 '구르고', 내려올 때에 순서를 거꾸로 바꾼다. 발을 '구르는 것'이란 플리에 동작에서 다리가 거의 곧게 펴지면, 뒤꿈치가 먼저 바닥을 떠난 다음 발바닥의 둥근 부분이 바닥을 누르고 마지막으로 발가락이 신체를 밀어 올리는 것을 의미한다. 내려올 때에는 이 과정을 뒤집는다. 즉 발가락이 바닥에 먼저 닿은 후 발바닥의 둥근 부분과 발뒤꿈치가 차례로 닿는다.

직관적인 생각과는 반대로, 점프 기술은 높이 올라가는 것보다 착지에 더 많이 집중한다. 발을 구르는 것은 무용수에게, 특히 착지 과정에서, 엄청난 통제권을 준다. 계산대에서 땅으로 뛰어내리는 고양이를 상상해보라. 고양이는 어색하게 쓰러져서 일어나려고 애쓰지 않는다. 그렇기는커녕 곧장 다음 행동으로 옮긴다. 무용수는 고양이처럼 우아하게 착지하는 데 필요한 힘을 키우기 위해서 반복적으로 발을 구르는 연습을 한다.

다른 학파에서는 발바닥의 둥근 부분으로 착지하거나 평평한 발로 착지하는 것이 포함될 수 있다. 때때로 상승은 높이 올라가는 것보다는 곧장 내려오면서 바닥에 의도적으로 무게를 가해야 하는 접지 리듬 grounded rhythms을 실행하는 것과 더 관련이 있다. 중력과의 듀엣에 또 다른 차원을 추가하는 착지는 종종 점프보다 더 중요하다.

얼마나 다양한 방법으로 무용수가 두 발로 도약하고 착지할 수 있는지 잠시 생각해보자.

두 발로 도약 / 두 발로 착지

두 발로 도약 / 왼발로 착지

두 발로 도약 / 오른발로 착지

왼발로 도약 / 두 발로 착지

왼발로 도약 / 왼발로 착지

왼발로 도약 / 오른발로 착지

오른발로 도약 / 두 발로 착지

오른발로 도약 / 왼발로 착지

오른발로 도약 / 오른발로 착지

발을 이용해서 도약하고 착지하는 데에는 아홉 가지 방법이 있다. 무용수의 해부학적 구조와 안무가의 관계는 운율과 시인의 관계와 같다. 소네트를 쓸 때 시인은 하나의 행마다 정해진 운율로 글을 쓴다. 마찬가지로 안무가는 인간의 형태에 의해 제한된 한계 내에서 안무를 한다. 아직까지 우리는 손, 등, 어깨, 심지어 머리가 관여될 수 있는 도약과 착지 방법에 대해서는 다루지 않았다. 안무가는 많은 사람들이 상상할 수 없었던 방식으로 인체의 잠재력을 증가시킬 수 있다.

착지의 기본적인 역학을 이해하기 위한 연습을 시도해보자. 평행 자세를 확인하라. 위에서 설명한 발을 통해 구르는 훈련을 하면서, 부드럽게 네 번의 점프를 연속적으로 수행하라. 메트로놈을 설치하면 박자를 유지하는 데 도움이 될 것이다. 바닥에서 1~2 cm 정도 점프하는 것으로 충분하다. 천장까지 닿을 필요는 없다. 남다른 신체 능력을 가진 무용수의 경우, 도약할 때의 누르기 효과와 하강할 때의 완충 효과를 조사하기 위해 허벅지나 벽에 손을 대고 이 연습을 할 수도 있다.

발사체 운동

한숨 돌리고 점프에 대한 조사에서 벗어나면 물리학은 우리에게 더 많은 놀라움을 안겨준다.

운동 분석에서 가장 강력한 착상 중 하나는 어느 한 축 상의 운동은 다른 축 상의 운동과 독립적으로 분석될 수 있다는 것이다. 우선적으로 해야 할 일은 공중으로 도약하는 무용수의 운동을 좌표계 안에 위치시키는 것이다. 그러면 x축을 따르는 수평 성분과 독립적으로 y축을 따르는 도약의 수직 성분을 분석할 수 있다. 각 축 상의 운동 사이의 연결 고리는 시간이 동일한 비율로 흐른다는 것이다.

물리학에서 운동을 모델링할 때 조작할 변수부터 소개하자. 주어진 시점에서 움직이는 사람의 위치를 추적할 변수가 필요하다. 따라서 먼저 운동을 좌표계 안에 놓아야 한다. 그러면 좌표 x, y, z를 사용해서 무용수의 질량 중심이나 손 또는 발의 위치를 추적할 수 있다. 이는 이 축들이 정렬된 방향과 $x = y = z = 0$인 점이 정해졌다는 것을 의미한다. 임의의 주어진 순간에 세 좌표의 값을 알면 물체의 위치를 파악할 수 있다.

관례대로 y축과 중력의 방향을 일렬로 맞추도록 좌표축을 설정하자. 지구 중심을 향하는 아래쪽 방향은 음의 y방향이고, 하늘을 곧장 가리키는 방향은 양의 y방향이다.

연습실이 정사각형이거나 직사각형이면, x축과 z축을 벽과 일렬로 맞추는 것이 편리할 것이다. 분석 중인 운동에서 무용수가 움직이는 방향을 x축으로 설정할 수도 있다. 계산을 가장 간단하게 할 수 있는 위치를 $x = y = z = 0$인 점으로 설정하라. $y = 0$인 위치를 바닥으로 설정하거나 무용수의 질량 중심의 초기 위치 또는 최종 위치로 설정하면 편리할 것이다. 이와 같은 결정을 더 잘 내리려면 문제를 풀어보는 연습이 필요하다. 한 문제 내에서 좌표계를 일관성 있게 정의하면, 계산은 올바른 답을 준다.

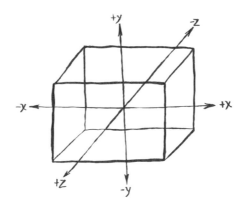

사람이나 물체의 위치를 예측하거나 추적하는 것 외에도 우리가 알고 싶은 것은 위치의 변화율을 의미하는 **속도**velocity 이다. 위치는 거리 단위인 미터 단위로 주어지며, 속도는 시간의 함수로 위치의 변화를 다루기 때문에 미터 나누기 초, 즉 m/s의 단위를 갖는다. x, y, z축 상의 속도는 각각 v_x, v_y, v_z를 사용해서 추적할 수 있다.

마지막으로, 우리가 관심 있는 또 다른 것은 물체의 속도가 시간의 함수로 변하는 비율인 **가속도**acceleration 이다. 가속도는 속도를 시간으로 나눈 것이므로 미터 나누기 초 나누기 초, 즉 m/s^2의 단위를 갖는다. x, y, z축 상의 가속도는 각각 a_x, a_y, a_z를 사용해서 추적할 수 있다.

적당한 동작 분석을 시도하되, 춤 동작이 얼마나 복잡한지를 고려할 때, 하찮은 작업이 아닌 무언가 재미있게 할 수 있은 방식으로 시도하자. 가속도가 일정한 경우에 유용하게 사용할 수 있는 식들이 있다. 공중에 떠 있는 무용수의 동작을 분석하는 경우에 무용수에게 작용하는 유일한 힘은 중력으로, 좌표계의 $-y$ 방향으로 일정한 가속도를 제공한다. 무용수가 지표면 근처에 있다고 가정하자. 지표면 근처에서 중력에 의한 일정한 가속도는 변수 g로 표시되며, $-y$ 방향으로 $9.8\,\mathrm{m/s^2}$의 값을 갖는다.

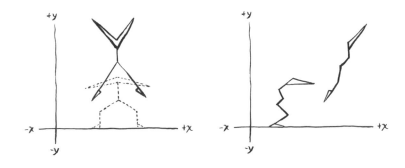

단순화된 그림에서 일정한 중력의 영향만 받는 무용수가 점프하는 방법은 두 가지가 있다. y 방향 운동으로 제한되어 연직 방향으로 곧장 오르내리거나, 점프의 수직 성분뿐만 아니라 수평 성분까지 갖고 연직선 바깥으로 나아가는 것이다. 작업을 단순화하기 위해, x축을 수평 운동 방향으로 맞추는 좌표계를 설정하자. 그러면 z축에 대해 신경 쓸 필요 없이 x축과 y축 좌표로만 작업할 수 있다.

힘에 대한 장에서, 임의의 순간에 물체에 작용하는 힘에 대한 자유 물체 도형과 가속도에 대한 정보만 알 수 있었다는 것을 기억하라. 점프가 어디에서 시작되었고, 어디로 가고 있는지를 모형에 포함시킴으로써 이제 적절하게 과거와 미래를 도입하자. 다시 말해, 시간에 따라 위치와 속도의 변화를 볼 수 있는 새로운 모형을 만드는 것이다. 주어진 임의의 문제에서, i로 표시된 초기 상태 집합과 f로 표시된 최종 상태 집합을 고려할 수 있다.

초기 상태를 정의하는 시작 시간과 최종 상태를 정의하는 최종 시간을 설정해야 한다. 이 시간들을 분석하려는 순간과 일치하도록 선택하라. 그러면 동작의 시작에 대한 다음과 같은 변수들을 갖게 된다.

변수	설명
x_i	x축 상의 초기 위치
y_i	y축 상의 초기 위치
v_{xi}	x방향의 초기 속도
v_{yi}	y방향의 초기 속도
t	초기와 최종 스냅 사진 사이의 시간

동작의 마지막에서 각 위치와 속도 변수가 반복되지만, 초기 i가 최종 f로 치환한다.

변수	설명
x_f	x축 상의 최종 위치
y_f	y축 상의 최종 위치
v_{xf}	x방향의 최종 속도
v_{yf}	y방향의 최종 속도

마지막으로 강조하자면, 일정한 가속도가 작용하고 있음을 인식하라. 이 가속도는 g와 같으므로 $a = g = 9.8 \text{ m/s}^2$으로 표현된다. 이것은 지표면 근처의 질량에 작용하는 중력에 의한 가속도로, 오직 y축을 따라 작용한다. x축을 따르는 가속도는 없다.

등가속도 운동 방정식

우리가 구축하고 있는 틀framework을 물리학에서는 발사체 운동projectile motion이라고 하며, 이와 관련된 운동 방정식은 포탄, 공중으로 던진 상자, 미사일 등에 사용된다. 공중에 자신을 던지는 일, 즉 점프를 꺼리지 않는다면, 무용수도 발사체로 간주될 수 있다. 이 경우 무용수의 질량 중심은 발사체의 운동 방정식을 따른다.

이와 관련된 모든 식을 소개하는 것으로 시작한 다음, 이 식으로 작업을 해보자.

$$x_f = x_i + v_{xi}t + \frac{1}{2}a_x t^2 \tag{9}$$

$$a_x = \frac{v_{xf} - v_{xi}}{t} \tag{10}$$

$$v_{xf}^2 = v_{xi}^2 + 2a(x_f - x_i) \tag{11}$$

식 (9)로부터 위치, 속도, 가속도 사이의 관계를 알 수 있다. 이 식을 다음과 같이 읽을 수 있다. 최종 위치(x_f)는 시작 위치(x_i)를 먼저 고려함으로써 계산할 수 있다. 주어진 시간이 지난 후의 위치를 예측하기 위해서는 시계가 작동한 때부터 얼마나 빠르게 움직였는지를 고려해야 하는데, 이는 초기 속력에 경과한 시간을 곱한 항($v_{xi}t$)으로 주어진다. 속도가 변하지 않는다면 여기서 계산이 끝난다. 속도가 변하는 경우 속도의 변화량인 가속도와 가속 지속 시간은 $\frac{1}{2}a_x t^2$으로 조정한다.

식 (9)는 고려하는 시간 t 동안 가속도가 일정한 경우에만 유효하게 작동한다. 상황이 더 복잡하면 더 복잡한 식이 필요하다.

계산을 시작하기 전에 초점을 단위에 맞춰 식 (9)를 다시 한 번 살펴보자. 좌변의 변수(x_f)의 단위는 거리 척도의 단위인 미터이다. 따라서 식의 우변의 모든 항도 미터 단위를 가질 것으로 기대한다. 그렇지 않다면 등호는 실수였을 것이다.

식 (9)의 첫 번째 항인 x_i는 미터 단위로 표시된다. 두 번째 항인 $v_{xi}t$는 속도에 시간을 곱한 값으로 구성된다. 속도의 단위는 초당 미터(m/s)이고 시간의 단위는 초(s)이므로, 속도와 시간을 곱하면 초(s)가 소거되고 미터만 남는 것을 볼 수 있다. 여기까지는 잘됐다! 세 번째 항인 $\frac{1}{2}a_x t^2$은 단위의 일관성을 검사할 목적에서는 무시할 수 있는 단위 없는 숫자($\frac{1}{2}$)로 시작한다. 남은 것은 m/s^2 단위의 가속도와 s^2 단위의 시간 제곱을 곱한 것이고, 여기서도 초가 소거되고 미터만 남는 것을 볼 수 있다.

식 (10)은 평균 가속도는 최종 속도와 초기 속도의 차를 시간으로 나눈 것과 같다는 것을 알려주고 있다. 여기서 단위를 빠르게 살펴보면, 속도 단위(m/s)를 시간 단위(s)로 나눈 식의 우변은 가속도 단위(m/s^2)를 갖는다는 것을 알 수 있다.

식 (11)은 최종 속도를 초기 속도와 비교할 수 있게 한다. 가속도가 0이면 두 속도는 동일하다. 그렇지 않다면, 초기 속도는 $2a$와 가속하는 동안의 총 거리($x_f - x_i$)를 곱한 양만큼 조정되어야 한다. 등호의 양변이 일관된 단위를 갖는지 확인하는 것은 연습 문제로 남겨둔다.

유사한 상황에서 유사한 변수들을 연결시키는 것으로 보이는 이 많은 식들이 왜 필요한지 궁금할 수도 있다. 한 가지 이유는 편의를 위해서이다. 첫 번째 식은 최종 속도 v_f를 알거나 신경 쓰고 있는지에 관계없이 사용할 수 있다. 반면에 두 번째 식은 위치나 이동 거리에 의존하지 않는다. 그리고 마지막 식은 시간을 사용하지 않는 방식으로 작성되었다. 발사체 운동에 관한 문제를 풀 때, 알고 있는 변수와 계산해야 할 변수를 먼저 이해하여 작업할 가장 적절한 식을 선택하는 것이 중요하다.

연직 운동과 포물선 운동

무용수를 물리학 분석에서의 물체로 대체하면, 무용수의 점프 기술을 고려해야 한다. 더 구체적으로 말하면, 무용수가 어떻게 '위로up'뿐만 아니라 '**위와 밖으로**up and out' 뛰어오르는가를 살펴볼 필요가 있다.

이 시점에서 우리는 직접 춤 기술로 번역할 수 있는 물리학 지식을 알고 있다. 뉴턴의 운동 제3 법칙에 의하면, 땅으로 향하는 무용수의 힘의 방향이 점프 방향과 각도에 직접적인 영향을 미친다. 바닥을 수직으로 밀면, 바닥은 무용수를 수직 위로 밀어 올린다. 바닥을 비스듬히 밀면, 바닥도 무용수를 그 각도에서 반대쪽으로 밀어내기 때문에 무용수가 이동하게 되는 것이다.

무용수는 바닥에 가하는 힘의 각도를 조절함으로써 동일한 도약을 다른 효과로 변조할 수 있다. 공중으로 더 높이 올라가려면 더 가파른 경사가 필요하다. 한 번의 도약으로 더 먼 거리를 가려면 더 얕은 각도로 바닥을 누를 필요가 있다. 발과 플리에의 사용에 있어서 동일한 원칙이 적용된다.

팔을 아래로 돌린 다음 위로 돌리면 약간의 힘을 추가적으로 더할 수 있지만 이런 동작이 왜 효과적인지는 그리 직관적이지 않다. 많은 춤 교사들이 점프를 가르치는 데 추진력이라는 개념을 사용하는데, 팔은 여분의 힘을 허용하는 만큼 많은 추진력을 증가시키지 않는다. 사실 팔을 위로 돌리면 바닥에 더 큰 힘이 가해진다.

저울 위에 서서 팔을 앞뒤로 흔들어보면 이 사실을 확인할 수 있다. 운동 지점마다 저울의 눈금이 체중보다 높거나 낮게 읽히는데, 이는 주어진

지점에서 팔의 가속도에 따라 바닥에 가하는 힘이 크거나 작은 것을 반영하는 것이다. 팔을 흔들면서 발과 바닥 사이의 압력 증가에 주의를 기울이는 것은 이 현상을 연구하는 또 다른 방법이다. 흥미롭게도 일정한 속력으로 스윙한다고 해서 바닥에 동일한 힘이 가해지는 것은 아니다. 팔이 가속될 때에만 아래쪽 방향의 힘이 증폭된다.

이 모든 아이디어를 시험해보기 위해 **스키핑** skipping 을 시도해보자. 스키핑이란 모험심 많은 아이들과 안무가들이 좋아하는 행동으로, '스텝, 점프!, 스텝, 점프!, 스텝, 점프!, ….'와 같이 리듬에 맞춰 걷기와 뛰기를 반복하는 동작이다. '점프'를 통해 연직 위로 오를 수도 있고, 멀리 뛸 수도 있다.

스키핑은 다양한 각도로 바닥을 미는 실험을 할 수 있는 이상적인 동작이다. 점프하기 전에 바닥을 수직 아래로 밀면 상당히 높게 도약할 수 있다. 하지만 바닥을 비스듬히 밀면 점프하는 동안 몇 피트를 이동한 후 내려오기 때문에 공간을 차지하는 효과를 낼 수 있다.

좌표계를 이 동작에 매핑하면, 연직 위로 점프하는 첫 번째 방법은 y축을 따라서는 어느 정도의 거리를 이동하지만 x축을 따라서는 거의 이동하지 않는다는 것을 알 수 있다. 비스듬히 바닥을 밀어 이동하는 두 번째 방법을 좌표계에 매핑하면 이 도약으로 x축을 따라서도 어느 정도의 거리만큼 이동했다는 것을 알 수 있다.

공간과 시간 속에서 신중하게 만들어지는 보행 동작은 많은 춤 형식과 안무가의 작품에서 찾을 수 있음을 기억하라. 예를 들어 걷기에 한 박자, 공중뛰기에 두 박자로 구성된 세 박자 시간 구조를 스키핑에 적용하거나, 아니면 발걸음 패턴을 '런, 런, 점프, 런, 런, 점프!'로 변경해서 다른 추진력을 줄 수도 있다. 각 스킵마다 공중에서 무릎을 얼마나 높이 올리느냐에 따라 특징이 달라진다.

어느 방향으로 스키핑을 하더라도, **아래로 곧장** 밀면 **위로** 올라가고 **비스듬히** 밀면 **멀리** 갈 수 있다는 것을 기억하라. 이 기본적인 개념이 춤에서 대부분의 점프의 핵심 개념이다.

점프 계산하기

y축만으로 모델링할 수 있는 연직 점프에서 발사체의 운동 방정식을 시험해보자. 문제는 지상에서 0.2 m 높이로 뛰어오르기 위해서 지면을 떠나는 순간의 속도가 얼마인지를 계산하는 것이다. 정확히 말하자면, 질량 중심이 y축을 따라 0.2 m 높이로 올라가길 원하는 것이다. 점프하는 동안 다리가 구부러질 수 있고 몸도 단단한 강체가 아니기 때문에 발과 지면과의 관계에 대해 생각하는 것이 복잡할 수도 있다. 따라서 이러한 세부적인 것들을 고려하기보다는 질량 중심의 움직임을 추적하는 것이

더 간단하다.

먼저 식의 각 변수를 사용해서 점프의 역학을 살펴보자. y축 상의 연직 운동으로 제한하기 때문에 y축 변수만 나열한다.

변수	설명
y_i	y축 상의 초기 위치
v_{yi}	y방향의 초기 속도
t	처음 스냅 사진과 최종 스냅 사진 사이의 시간
y_f	y축 상의 최종 위치
v_{yf}	y방향의 최종 속도
a_y	$-y$방향으로 9.8 m/s²의 값을 갖는 가속도

이제 $y = 0$인 위치를 선택할 차례이다. 바닥에 서 있을 때 또는 바닥에서 막 떠나려는 순간의 질량 중심의 y축 위치를 $y = 0$으로 설정하자. 이제 초기 스냅 사진과 최종 스냅 사진을 선택해야 한다. 발이 바닥을 떠나는 순간을 초기 시간으로 설정하자. 최종 순간의 스냅 사진은 점프 높이, 즉 $y_f = 0.2$ m로 설정하자.

점프하는 동안의 가속도는 $a_y = -9.8$ m/s²으로 주어진다. 중력은 항상 위쪽 방향의 운동 속도를 늦추거나 아래쪽 방향의 운동 속도를 높이는 역할을 한다. 알고 있는 변수의 세부 정보를 채우고 나머지는 물음표로 남겨두면서 다음과 같이 변수 목록을 다시 작성할 수 있다.

$$y_i = 0.0 \text{ m}$$
$$v_{yi} = \,?$$
$$t = \,?$$

$$y_f = 0.2 \text{ m}$$
$$v_{yf} = 0 \text{ m/s (점프의 정점 높이에서)}$$
$$a_y = -9.8 \text{ m/s}^2$$

위의 목록에서 두 개의 미지수는 y 방향의 초기 속도 v_{yi}와 점프의 정점에 도달하는 데 걸리는 시간 t이다. 둘 중 어느 것에 관심을 가져야 할까? 0.2 m 높이에 도달하기 위해 지면을 떠날 때 얼마나 빨리 가야하는지 계산하는 것이 문제이므로 v_{yi}를 계산해야 한다. 발사체의 운동 방정식 (9)~(11)을 되돌아보자. 알고 있는 정보를 고려할 때 v_{yi}를 계산할 수 있는 식이 있을까?

x 좌표 대신 y 좌표로 변환한다면 식 (11)이 유효하게 작동할 것이다.

$$v_{yf}^2 = v_{yi}^2 + 2a_y(y_f - y_i) \tag{12}$$

알고 있는 값을 대입하면 다음과 같이 쓸 수 있다.

$$(0 \text{ m/s})^2 = v_{yi}^2 + (2)(-9.8 \text{ m/s}^2)(0.2 \text{ m} - 0.0 \text{ m}) \tag{13}$$

이 식을 간단히 하면 다음과 같다.

$$0 = v_{yi}^2 + (-3.92 \text{ m}^2/\text{s}^2) \tag{14}$$

위 식의 양변에서 v_{yi}^2을 빼면 다음과 같다.

$$-v_{yi}^2 = -3.92 \text{ m}^2/\text{s}^2 \tag{15}$$

음의 부호가 소거되므로 3.92 m²/s²의 제곱근을 취하면 속도가 대략 2 m/s

라는 최종 답을 얻는다. 0.2 m보다 더 높이 뛰어오르려면 이 값보다 더 빠르게 출발해야 하고, 더 낮은 점프를 원한다면 출발 속도가 더 느려야 할 것이다.

완결을 위해 변수 전체 집합을 다시 나열해보자.

$$y_i = 0.0 \, \text{m}$$
$$v_{yi} = 2.0 \, \text{m}$$
$$t = ?$$
$$y_f = 0.2 \, \text{m}$$
$$v_{yf} = 0 \, \text{m/s}$$
$$a_y = -9.8 \, \text{m/s}^2$$

이제 점프의 정점에 도달하는 데 걸리는 시간을 계산할 수 있을까? 발사체의 운동 방정식을 다시 한 번 되돌아보자. 식 (9)와 (10) 모두를 계산에 사용할 수 있지만, 시간의 제곱이 주어지지 않았기 때문에 후자가 더 간단한 계산을 제공한다. 식 (10)을 택해서 시간에 대해 풀어보자. 이를 위해 다음과 같이 이 식의 양변에 시간을 곱한 후 a_y로 나눈다.

$$t = \frac{v_{yf} - v_{yi}}{a_y} \tag{16}$$

변수에 값을 대입하면 다음과 같다.

$$t = \frac{0.0 \, \text{m/s} - 2.0 \, \text{m/s}}{-9.8 \, \text{m/s}^2} = \frac{-2.0 \, \text{m/s}}{-9.8 \, \text{m/s}^2} \tag{17}$$

음의 부호가 소거되므로 시간은 다음과 같이 주어진다.

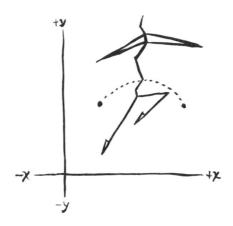

$$t = \frac{2.0 \, \text{m/s}}{9.8 \, \text{m/s}^2} = 0.2 \, \text{s} \tag{18}$$

각 예제에서 실제로 등호 양변에서 단위의 일관성이 유지된다는 것에 유의하라. 문제를 풀 때 발생할 수 있는 실수를 방지하기 위해 계산하는 동안 단위를 주의 깊게 추적하라.

공중 도약에는 계산에 활용할 수 있는 멋진 대칭성이 존재한다. 점프의 전반부는 최대 속도로 지면을 떠나는 것으로 구성된다. 중력은 무용수의 속도를 늦춰 정점에서 멈추도록 한다. 이 지점에서부터 착지할 때까지 중력은 도약할 때와 속력은 같지만 방향은 반대 방향인 지면으로 무용수를 끌어당긴다. 올라가는 데 걸린 시간만큼 내려오는 데도 시간이 걸린다. 따라서 공중에 떠 있는 총 시간은 올라가는 데 걸린 시간의 두 배이다.

$$2t = 0.4 \text{ s} \tag{19}$$

마지막 예제로, x 방향을 따르는 운동을 추가해보자. $+y$ 방향으로 2.0 m/s의 속력 외에도 x 방향의 초기 속도가 있다고 상상해보자. x 방향의 초기 속력 v_{xi}가 0.5 m/s라고 가정할 때, 이 점프 과정에서 x 방향으로는 얼마나 멀리 이동할까? 점프의 시작 위치를 $x_i = 0$ m인 지점으로 편리하게 설정한 도형으로 시작하자.

y축 성분을 전혀 수정하지 않았기 때문에 위에서 계산한 총 점프 시간인 $t = 0.4$ s를 이 문제에도 적용할 수 있다. 따라서 x축 변수의 전체 목록은 다음과 같다.

$x_i = 0.0$ m : x축 상의 초기 위치

$v_{xi} = 0.5$ m/s : x 방향의 초기 속도

$t = 0.4$ s : 총 점프 시간

$x_f = ?$

$v_{xf} = ?$

$a_x = ?$

더 이상의 정보는 없을까? 무엇보다, 공중으로 점프할 때 작용하는 유

일한 힘은 중력이며, 중력은 y 방향으로 작용한다. 이는 x 방향으로 가속도가 없다는 의미이다. 예외는 강풍 속에서 점프를 해서 공기 저항에 의한 힘을 고려해야 할 때이다. 그러나 이 힘은 춤 연습실이나 공연장에서 안전하게 점프할 때에 무시할 수 있는 힘이다. 따라서 a_x를 0으로 놓을 수 있다. x 방향으로 가속되지 않는다는 것을 감안할 때, 점프하는 동안 x 방향의 속도는 일정하게 유지되어야 함을 알 수 있다. 최종 순간의 스냅 사진은 착지할 때 발생하는데, 이는 v_{xi}와 v_{xf}가 모두 0.5 m/s와 같다는 것을 의미한다. 따라서 변수 목록은 다음과 같다.

$$x_i = 0.0 \text{ m}$$
$$v_{xi} = 0.5 \text{ m/s}$$
$$t = 0.4 \text{ s}$$
$$x_f = ?$$
$$v_{xf} = 0.5 \text{ m/s}$$
$$a_x = 0 \text{ m/s}^2$$

이제 미지의 변수는 x_f만 남았는데, 이것이 우리가 계산하려는 변수이다. 발사체의 운동 방정식을 다시 한 번 생각하면, 알고 있는 정보를 고려할 때 어떤 식을 사용해서 x_f를 계산할 수 있는지 알 수 있다. 첫 번째 식이 유일하게 유용한 식이다. 두 번째 식은 x_f를 변수로 포함하지 않으며, 세 번째 식은 0 = 0임을 증명하는 것이다. (시도해보라!)

첫 번째 식은 다음과 같다.

$$x_f = x_i + v_{xi}t + \frac{1}{2}a_xt^2$$

알고 있는 값을 대입하면 다음과 같다.

$$x_f = (0.0 \text{ m}) + (0.5 \text{ m/s})(0.4 \text{ s}) + \frac{1}{2}(0 \text{ m/s}^2)(0.4 \text{ s})^2 \tag{20}$$

0이 아닌 유일한 항은 가운데 항이고, 따라서 최종 위치 x_f는 다음과 같다.

$$x_f = (0.5 \text{ m/s})(0.4 \text{ s}) = 0.2 \text{ m} \tag{21}$$

공중에 떠 있는 시간은 얼마나 높이 점프하느냐에 좌우되며, 얼마나 높이 점프하느냐는 지면을 떠나는 순간의 y 방향 속력에 좌우된다. 멀리 뛰고 싶으면, 점프 높이와 x 방향의 초기 속도 사이의 균형을 적절히 맞추어야 한다. 그래야만 공중에 떠 있는 시간을 이용할 수 있다.

발사체 운동과 관련된 질문을 접할 때 따라야 할 절차를 요약해보자. 먼저 도형을 그린 다음 x와 y가 0인 위치를 표시함으로써 작업해야 할 물리적 상황을 이해했는지 확인하라. 이를 통해 문제에 대한 좌표계가 설정된다. 또한 어느 방향이 $+x$와 $+y$ 방향인지를 표시하라. 관례에 따르면 $+x$ 방향을 오른쪽으로, $+y$ 방향을 위쪽으로 설정한다.

다음으로 변수의 전체 목록을 적고, 알려진 변수에 대해서 값을 적어라. 경우에 따라서는 문제에서 직접 주어진 것 이상의 정보를 사용해야만 할 때가 있다. 예를 들어 점프의 정점에서 y 방향의 속도는 0이라는 것을 기억하라. 또한 점프하는 내내 x 방향의 가속도는 0인데, 이는 x 방향의 속도는 일정하게 유지된다는 것을 생각할 수 있다.

그런 다음 변수 목록을 주의 깊게 살펴보고 해결하려는 문제에서 어떤 미지수를 계산하려는지 주의한다. 모든 정보로 무장한 다음, 식 목록을 살펴보고 어느 것이 미지수를 포함하고 있는지를 확인하라. 방법이 둘 이상인 경우 가장 간단하게 계산할 수 있는 방법을 선택한다. 계산할 때, 항상 단위를 주시하면서 등호 양변의 단위가 일치하는지 확인하라.

이 운동 방정식들은 가속도가 일정한 조건에서만 유효하므로, 무용수가 복잡한 방식으로 마찰력과 상호작용을 하는 춤 전체에는 적용할 수 없다. 그러나 이 식들은 공중에 떠 있는 무용수의 운동을 분석할 수 있는 유용한 도구이다.

0의 속도

이 장에서 연직 방향의 점프와, 연직 방향과 밖으로 향하는 스키핑에 대해 살펴보았다. 물론 무용수가 점프하는 방식은 훨씬 다양하며, 더욱 전문화된 훈련을 필요로 할 수 있다. 도약 방법과 공중에서 다리, 팔, 몸통의 자세는 매우 다양하다. '점퍼jumper'로 알려진 무용수는 보통 사람보다 더 높고, 더 멀리 공중을 나는 기교적인 능력을 가지고 있다. 안무가들은 이 광경을 활용한 방법을 모색한다. 이들이 이러한 안무를 할 때 실제로 활용하는 것은 물리학에서 '속도 0'인 순간으로 정의되는 순간이다. 중력에 대항해서 위쪽으로 움직이는 물체나 무용수의 몸은 점프의 정점에서 멈출 때까지 감속하다가 이후에 다시 지면으로 떨어진다.

데이비드 파슨스David Parsons의 1982년 작품 「캐치Caught」에서와 같이, 스트로보광이 댄서의 점프의 정점을 비추고 있다. 무용수의 준비, 도약, 착지는 어두운 무대에 숨겨져 있고, 관객들은 비행 중인 무용수의 일련의 절정의 이미지만 본다. 밸런친의 1947년 발레 「교향곡 C장조Symphony in C」의

피날레에서는 52명의 무용수가 빠른 스텝의 작은 점프 동작인 **쁘띠 알레그로**petite allegro를 수행하는데, 이 동작은 동시에 무용수들을 공중에 떠오르게 한다. 무대 전체가 발사될 준비가 된 것처럼 보이는 것이다.

물리학은 이러한 점프들의 정점에서 실제로 일어나는 것에 대해 더 많은 것을 알려준다. 과학이 말해줄 수 없는 것은 그러한 순간들이 **의미하는** 바에 대해서이다. 그러나 관객에게 무용수는 잠시나마 자연의 법칙을 벗어난 것처럼 보인다.

4. 마찰

광택이 나는 나무마루가 깔려 있는 넓은 무도회장의 한쪽 끝에 서 있다고 상상해보자. 가능한 한 빨리 반대편 끝에 도달하고 싶다면, 양말만 신고 달리는 게 더 쉬울까, 아니면 운동화를 신고 달리는 게 더 쉬울까? 분명히 운동화가 더 큰 마찰을 줄 것이기 때문에 더 효과적일 것이다. 마찰은 종종 속도를 늦추는 힘의 역할을 하지만, 운동을 멈추는 것만큼이나 운동을 시작하는 데에도 핵심적인 역할을 한다.

마찰은 바닥, 신발, 세트, 의상, 심지어 공기 등 무엇에 의해 생기는지 여부에 관계없이 항상 무용수에게 작용한다. 무용수가 점프를 포함한 거의 모든 동작을 실행하기 위해서는 마찰이 필요하다. 최고의 무용수와 안무가는 중력과의 독특한 관계를 발전시키는 것과 마찬가지로 마찰과도 씨름해야 한다.

춤은 표현력에 마찰을 이용한다. 예를 들어 원을 그리며 다리로 바닥을 쓸고 지나가는 탱고 무용수는 발과 바닥 사이의 마찰을 감지하고 직관적으로 적당한 압력을 가해서 정확한 원 모양을 만든다. 탱고의 본질은 발을 털거나 휩쓰는 동작으로 바닥과 대화하는 것에 의해 부분적으로 생성되는 인장 및 탄성 특성에 있다. 물질의 표면과 표면이 변함없는 저항으로 서로 미끄러지면 이러한 특성은 가능하지 않다. 춤에서 마찰은 의미를 생성한다.

이제 움직여보자.

마찰과의 즉흥극

여러 자연의 힘이 동시에 신체에 작용하기 때문에 전적으로 마찰에만 집중하는 것은 불가능하다. 그러나 마찰을 분리하면 동작 훈련에 사용할 모티브를 얻을 수 있다. 즉 움직임에 따른 마찰에 대한 인식과 조작을 맞출 수 있는 것이다.

춤 연습실이나 매끄러운 바닥이 있는 체육관과 같은 열린 공간에서, 양말을 신은 채 또는 맨발로 조사를 시작하자. 연습 중간에 신발을 갈아 신을 수도 있고, 음악을 사용할 수도 있다. 젤리 롤 모턴 Jelly Roll Morton 의 피아노 독주 음반은 이 조사에서 우리가 가장 좋아하는 곡 중 하나이다. 그의 질감 있고 활기차고 강한 박자는 우리가 탐구하려는 다양한 역학의 예시이다.

발바닥과 바닥면의 접촉에 초점을 맞추는 것으로 시작하자. 앞 장에서 탐구했던, 발을 움직이는 다양한 방법에 대해 명심하라. 우선 뒤꿈치나 발가락을 지면에 대고, 느긋하거나 뾰족한 모양으로 발을 구르거나 끈다. 가능한 모든 방법을 시도해보자. 이 연습은 신체적 필요성에 따라 손을 사용하거나 또는 바닥에 누워서 할 수도 있다.

스케이트를 타듯 미끄러지는 방법과 바닥을 파듯 누르는 방법을 찾아보자. 작업하는 동안 체중을 한쪽 발이나 손에서 다른 쪽으로 이동해보라. 중력에 관해 배운 것을 상기하면서 목, 팔, 어깨를 편안하게 하고 체중을 아래로 내려 보내는지를 상반신으로 점검하라.

몇 가지 방법을 시도해보자. 압력을 완화하면 바닥면에서 미끄러질 수 있는 반면, 압력을 강화하면 동작이 방해를 받는다. 타이밍을 바꾸어가면서 스케이팅 해보라. 특정 자세를 취하거나 자신이 작업하는 것이 관찰자에게 어떻게 보일지에 대해 걱정하지 마라. 이전 장들에서는 시간을 이용해서 동작 연구를 구조화했지만, 이번에는 마찰력에 대한 관심과 참여를 통해 훈련을 구조화해보자.

이것이 즉흥improvisation으로 작업하는 첫 번째 동작 연구이기 때문에 유용한 제한을 하나 더 설정하자. 즉 이제는 익숙하게 된 8분으로 타이머를 설정하자. 한 가지 더 말하자면, 앞으로 나아가는 것만큼 뒤로 움직이는 것도 기억하라.

이와 같은 연습에서 동작 연구는 땅에 가하는 힘과 관련된 마찰에 대한 감각에 주의를 기울이고, 이 주의력을 이용해서 동작 선택을 계발하는 것으로 구성된다. 신체에 대한 주의력을 높여라. 바닥의 끈적거림이나 매끄러움이 신체 조직과 조정력, 그리고 동작 특성 등에 영향을 주기 때문이다. 이것이 무용수가 신발과 바닥면의 특성에 대해 까다로운 이유인데, 이는 테니스 선수가 운동화와 코트 표면에 대해 까다로운 것과 같은 이치이다.

이런 맥락에서 '주의력을 높이는 것'은 감각 지식과 근육 기억을 구축하는 것을 의미한다. 신체는 마찰과의 의도적인 상호작용을 기억할 것이다. 그 관계는 중요한데, 그 이유는 그것이 궁극적으로 부드럽고 무디거나, 급변하고 날카로운 등의 다양한 동작 특성을 수행하는 데 도움이 되기 때문이다.

운동 마찰

　　　즉흥극을 하는 동안, 마찰 현상에 직접적으로 관여해보았다. 춤과 관계없이 우리는 매일 마찰과 씨름해야 한다. 우리가 연마하기 시작한 운동감각적 지능은 물리학자가 마찰을 분류하는 데 사용하는 다음의 두 범주를 활용한다.

> **운동 마찰력**kinetic friction: 두 표면이 서로에 대해 운동할 때의 마찰로 인한 힘
>
> **정지 마찰력**static friction: 두 표면이 서로에 대해 정지해 있을 때의 마찰로 인한 힘

　　일반적으로 물체의 움직임을 **유지**하는 것은 정지해 있는 물체를 움직이기 시작하는 것보다 힘이 덜 든다. 이 때문에 두 가지 종류의 마찰이 필요하다. 두 재료가 접촉한 경우, 둘 사이의 운동 마찰력은 최대 정지 마찰력보다 작다.

　　운동 마찰에 대한 수학적 공식을 만들어보자. 공식에는 힘에 영향을 미치는 변수가 포함되어야 한다. 운동 마찰로 인한 힘이 얼마나 강한지를 결정하는 것은 무엇일까?

　　두 재료의 성질이 두 재료가 서로에 대해 움직일 때 존재하는 마찰력에 영향을 미친다는 것은 잘 알려진 사실이다. **양말과 바닥** 사이의 마찰은 **피부와 바닥** 사이의 마찰과 매우 다르며, **피부와 바닥** 사이의 마찰은 **양말과 젖은 바닥** 사이의 마찰과 다르다. 따라서 재료의 조합에 대한 정보가 공식에 포함되어야 한다. 각 쌍의 재료와 연관된 하나의 숫자, 즉 각 쌍에 대한 운동 마찰 계수를 포함시킴으로써 힘의 강도에 대해 좋은 감각을 얻을 수 있다. 이 숫자는 접촉하고 있는 두 특정 재료의 성질에 대해 필요한 모

든 정보를 나타낸다. 이 값은 기호 μ_k를 사용해서 나타낸다.

계수 μ_k는 0과 1 사이의 숫자이다. 테플론과 고무 주걱 사이의 계수는 0에 가까우며, 이에 따라 서로 쉽게 미끄러질 것이라고 기대할 수 있다. 철과 강철 쌍이나 고무 운동화와 체육관 바닥 쌍과 같이 재료 사이에 서로 쉽게 미끄러지지 않을 때 계수는 1에 가깝다.

하지만 운동 마찰에 대한 수학적 모델링을 완료하려면 더 많은 정보가 필요하다.

물리학을 고려함으로써 동작 연습을 분류할 수 있다. 매끄러운 타일이나 광택 나는 나무처럼 미끄러운 표면 위에서 양말을 신고 선 채 체중의 대부분을 한쪽 발에 실은 다음, 표면을 닦듯이 다른 쪽 발로 바닥 위를 이리저리 미끄러지며 움직이자. 발이 쉽게 미끄러질 것이다. 움직이는 발 위로 체중을 점차적으로 옮기기 시작하면, 무엇을 경험하게 될까? 발과 바닥 사이의 힘이 증가할수록 발의 운동은 점점 큰 저항을 받을 것이다. 두 재료를 함께 누르는 힘이 증가할수록 마찰력이 증가하는 것이다.

이를 설명하기 위해서는 접촉하고 있는 재료의 유형뿐 아니라 두 물체 사이에 작용하는 힘도 포함하는 수학적 모델이 필요하다. 정확성을 위해 접촉하고 있는 두 재료를 각각 A와 B로 표시하자. 뉴턴의 운동 제3 법칙으로부터, A의 표면이 B의 표면에 작용하는 힘의 크기는 B의 표면이 A의 표면에 작용하는 힘의 크기와 같다는 것을 알 수 있다. 두 재료가 서로를 얼마나 강하게 누르는지를 나타내는 힘의 수직 성분인 **수직 항력**normal force은 마찰력의 크기와 관련이 있다. 물리학자는 F_N을 사용하여 수직 항력을 나타낸다.

접촉하고 있는 두 재료의 성질(μ_k)과 두 물체 사이에 작용하는 힘(F_N)을 모두 고려한 운동 마찰력(F_k)에 대한 완전한 표현은 다음과 같다.

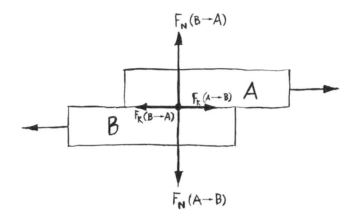

$$F_k = F_N \mu_k \tag{22}$$

아직 힘의 방향에 대해서는 논의하지 않았다. 발을 앞쪽으로 미끄러뜨리려고 하면, 마찰력은 운동 반대 방향인 뒤쪽을 향한다. 반대로, 발을 뒤쪽으로 미끄러뜨리려고 하면, 마찰력은 다시 운동 반대 방향인 앞쪽을 향한다. 운동 마찰력은 항상 운동 방향에 반대 방향으로 작용한다.

미시적 수준에서 마찰은 극단적으로 복잡한 현상이다. 마찰은 재료의 거칠기, 접촉면 사이의 상대 속력, 접촉면을 구성하는 분자들 사이에 형성된 화학 결합의 성질에 달려 있다.

이 세상에서 움직이는 무용수에게 잘 맞는 거시적 공식에는 재료 사이의 접촉 표면의 크기나 상대 속력을 포함시킬 필요가 없다. 운동 마찰력의 계산을 위해서는 단지 두 개의 매개 변수가 필요할 뿐이다.

서핑

　　　다음 동작 연습에서는 마찰과 친밀한 관계를 발전시키는 방법에 대한 탐구를 시작할 수 있다. 많은 경우에, 이 관계는 신발과 바닥 사이의 상호작용을 중심으로 전개된다. 맨발로 춤을 추려면 양말이나 운동화를 신고 춤을 출 때와는 다른 압력을 바닥에 가할 필요가 있다. 푸앵트 슈즈에서 탭 슈즈에 이르기까지의 전문화된 신발은 서로 다른 마찰 계수를 갖는 특화된 바닥 표면을 필요로 한다. 춤 형식에 따라 최적화된 저항 값이 달라진다. 다시 말해, 어떤 춤에서는 쉽게 미끄러지는 것이 필요하고, 또 다른 어떤 춤에서는 큰 저항을 이용한다. 그리고 방금 배운 것처럼, 표면에 작용하는 힘의 크기와 마찰 계수는 무용수의 감각 경험에 영향을 미친다.

　　　다음 동작 연구에서는 신발을 통해서 마찰 계수를 다루어보자. 이를 위해, 안무가 트와일라 타프Twyla Tharp 의 획기적인 춤인 「듀스 쿠페Deuce Coupe」로부터 암시를 받을 것이다. 조프리 발레단Joffrey Ballet 으로부터 새로운 작품 제작을 의뢰받은 타프는 자신의 독특한 현대 무용 스타일을 고전 발레와 혼합하고 비치 보이스Beach Boys 의 음악을 전체 광상곡으로 설정했다. 정확한 정밀도로 발레리나가 일련의 발레 스텝을 수행하는 동안 다수의 무용수가 그녀 주위에서 몸을 흔들고, 시미shimmy를 춘다. 1973년에 「듀스 쿠페」가 초연되기 전까지 그와 같은 크로스오버 발레는 볼 수 없었다.

　　　기억에 남을 한 섹션에서, 비치 보이스의 히트곡인 '캐치 어 웨이브 Catch a Wave'가 반주되는 가운데 무용수들은 해변에서 파도를 타듯 무대를 가로질러 달리고 '서핑'을 한다. 짐작하듯이, 결국 운동을 멈추게 할 운동 마찰의 제약 때문에 그들은 엄청나게 멀리 이동할 수 없었다. 그러나 그들은 그럴듯한 서핑의 환상을 만들기에 충분할 정도로 미끄러져 움직이는데, 이런 것이 바로 마찰력에 대한 모범적인 안무 탐사이다.

　　　이 연습에서, 서핑의 아이디어를 시험해보자. 체육관 바닥이나 무도회

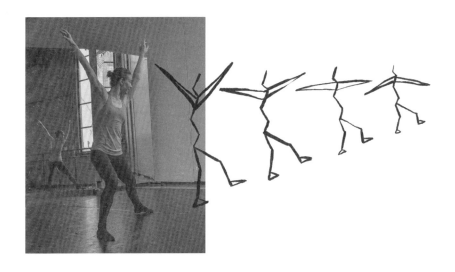

장도 충분하겠지만 되도록 춤 연습실과 같은 열린 공간이 필요할 것이다. 기본 스텝은 어렸을 때 시도해보았을 동작인 바닥을 가로지르며 달리고 미끄러지는 것을 포함한다.

작업할 때 비치 보이스의 노래 '캐치 어 웨이브'를 틀어라. (이것이 핵심이다!) 우선 양말을 신고, 다음에는 맨발로, 그리고 나서 밑창이 고무인 운동화를 신고 이 동작을 시도해보라.

다음과 같은 세부 사항에 유의하라. 각각의 시도마다 질량 중심이 어디 있을까? 한 발로 미끄러질 때와 두 발로 미끄러질 때의 효과가 다를까? 신발의 종류는 미끄러지면서 이동하는 거리와 지속 시간에 어떤 영향을 미칠까? 당연히 운동화를 신고 미끄러지는 것이 양말을 신고 미끄러지는 것보다 훨씬 더 어렵다는 것을 발견할 것이다.

물리학에서 발견하는 놀라운 내용은 서핑을 하면서 경험하는 마찰력은 신체와 바닥 사이의 총 접촉 면적에 의존하는 것처럼 보이지 않는다는 것이다. 한 발로 서핑을 하는 것이 두 발로 서핑을 하는 것보다 덜 느려지게 하는 것처럼 보일지라도 실제로 경험하는 마찰에 의한 총 저항은 동일하게 유지된다.

그 이유를 이해하는 데 도움이 되는 것은 운동 마찰 공식에서 필요한 것은 접촉하고 있는 물체의 종류와 발과 땅 사이의 수직 항력에 의해서 결정되는 운동 마찰 계수뿐이라는 것을 기억하는 것이다. 운동량이 수평 방향으로만 주어지는 경우, 발과 땅 사이의 수직 항력은 무게에 의해서 결정되는데, 무게는 서핑을 하는 동안 바닥을 딛는 발의 개수와 무관하다.

정지 마찰

바닥을 가로질러 서핑을 하다가 멈추는 것은 운동 마찰이 신체의 속도를 늦추기 때문이다. 이 과정은 감속 또는 음의 가속 과정인데, 그 이유는 가속도의 방향이 운동의 반대 방향이기 때문이다. 일단 무용수가 어떤 자세로든 멈추기만 하면, 다시 움직이려고 하는 순간까지는 마찰이 더 이상 작용하지 않는다. 이 시점에서는 정지 마찰과 씨름해야 한다.

바닥을 가로질러 걷거나 달리거나 춤을 추기 시작할 때, 앞으로 밀어주는 알짜 힘을 얻을 수 있는 것은 오직 마찰 덕분이다. 양말을 신고 달리려고 할 때, 발이 미끄러지면 앞으로 밀어주는 양은 줄어들지만 단단히 고정되어 있으면 줄어들지 않는다. 미끄러지기 전에 얼마나 세게 밀어낼 수 있는지를 결정하는 것은 무엇일까? 무엇이 견인력을 제공할까? 이 힘을 정지 마찰력이라고 한다.

운동 마찰과 마찬가지로 정지 마찰의 크기는 접촉하고 있는 두 재료의 특성 및 두 재료 사이의 수직 항력에 달려 있다. 다음 식은 미끄러짐이 발생해서 운동 마찰이 생기기 직전 정지 마찰이 제공하는 최대 마찰력($F_{s,\,max}$)

을 나타낸다.

$$F_{s,\,max} = F_N \mu_s \tag{23}$$

춤 연습실에서 자주 사용되는 미끄럽지 않은 비닐 소재인 말리Marley 바닥에 고무 밑창을 댄 신발을 신고 가만히 서 있으면, 바닥이 무용수를 밀어 올리는 힘과 중력이 균형을 이루기 때문에 무용수는 정지 상태를 유지한다. 한 발로 바닥을 밀어내기 시작하면 바닥은 크기가 같고 방향이 반대인 힘으로 반응한다. 무용수가 가하는 힘은 땅에 대해 대각선 방향을 향한다. 이 벡터량은 바닥에 평행한 성분과 수직인 성분으로 나눌 수 있다.

바닥을 수직으로 미는 힘 성분은 수직 항력 F_N에 해당한다. F_N은 마찰력을 계산하기 위한 식에 필요한 양이다. 평행한 힘 성분은 무용수에게 작용하는 정지 마찰력과 반대 방향으로 작용한다. 힘의 평행 성분이 $F_N\mu_s$보다 작거나 같으면 발은 미끄러지지 않는다.

주어진 재료 쌍의 정지 마찰 계수 μ_s는 운동 마찰 계수 μ_k보다 큰데, 이는 물체의 움직임을 유지하는 것보다 물체를 움직이도록 하는 것이 더 어렵다는 경험과도 일치한다. 달리 말하자면, 대부분의 경우 $\mu_s > \mu_k$이다. 다음은 몇 가지 재료 쌍에 대한 마찰 계수의 예이다.[9]

재료 1	재료 2	μ_s	μ_k
고무	콘크리트	1.00	0.80
유리	유리	0.94	0.40
강철	강철	0.74	0.57
밀랍을 입힌 나무	젖은 눈	0.14	0.10
테플론	테플론	0.04	0.04
사람의 윤활 관절		0.01	0.003

이 표는 서로 다른 재료 쌍 및 연골이 건강한 사람의 윤활 관절에 대한 정지 마찰 계수와 운동 마찰 계수를 나타낸다. 마찰력이 크면 계수가 1에 가깝고 마찰력이 작으면 0에 가깝다는 점에 유의하라.

연습실에서 움직이고 있다고 해도, 바닥에 닿은 신발(또는 양말이나 발)이 미끄러지지 않은 한, 무용수의 운동은 정지 마찰에 의해 가능하게 된다. 바퀴의 운동에 대해서도 마찬가지로 말할 수 있다. 휠체어나 자동차를 타고 있는 경우, 지면과 접촉한 바퀴 부분은 미끄러지지 않기 때문에 정지 마찰이 작용한다. 운동 마찰은 두 표면이 서로에 대해 미끄러질 때 작용한다. 따라서 바퀴가 마찰력이 작은 진흙 속에 갇혀서 미끄러지는 경우에는 움직이기가 어려워진다.

마찰력 계산하기

마찰력 계산 공식에는 몇 가지 변수만 필요하다. 이 변수에는 두 재료 사이에 서로를 미는 힘인 수직 항력 F_N과 μ_s(두 재료가 서로에 대해 미끄러지지 않은 경우) 또는 μ_k가 필요하다. 우리가 해야 할 주요 과제는 모델링하려는 물리적 상황으로부터 공식을 사용할 수 있는 지점까지 이동하는 것이다.

다양한 계산을 위해, 먼저 힘을 평행 성분과 수직 성분으로 분해하는 것에 익숙해져야 한다. 연직 위로 점프하는 경우, 무용수가 지면에 가하는 힘은 연직 성분만 갖는데, 이 힘은 신발과 바닥 사이의 수직 항력 F_N과 같다. 그런데 밖으로 점프를 하거나 걷기나 달리기를 시작하면, 바닥에 수직인 힘의 성분과 바닥과 평행한 힘의 성분을 사용하여 비스듬히 바닥을 밀어내게 된다. **수직 성분**은 수직 항력 F_N에 기여하고, **평행 성분** F_P는 바닥이 무용수를 앞으로 추진하도록 만드는 힘이다.

비스듬히 작용하는 힘을 어떻게 성분 분해할 수 있을까? 왼쪽의 자유 물체 도형을 보고 오른쪽의 삼각형을 만들어보자.

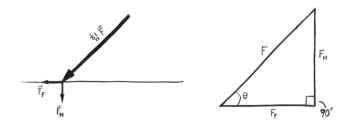

모서리 중 두 개가 만나 90°의 각도를 이루기 때문에 이 삼각형은 '직각 삼각형'이다. 가해준 힘이 바닥과 이루는 각도를 θ로 표시했다. 다음에 할 일은 삼각형의 각 변을 표시하는 것이다. 이제 삼각법을 춤에 도입할 때이다!

90°의 각도를 가로지르는 가장자리가 **빗변**hypotenuse 이다. θ와 직각을 연결하는 변은 힘이 지면과 이루는 각도 옆에 있으며 **밑변**adjacent side, 나머지 변은 힘과 지면이 이루는 각도와 반대이기 때문에 **대변**opposite side 이라고 한다.

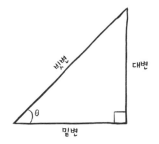

성공적인 삼각형 표시와 더불어, 계산기와 표시된 삼각형에 대한 사인, 코사인, 탄젠트를 정의할 편리한 삼각법 차트가 필요하다.

$$\sin \theta = \frac{\text{대변}}{\text{빗변}}$$

$$\cos \theta = \frac{\text{밑변}}{\text{빗변}}$$

$$\tan \theta = \frac{\text{대변}}{\text{밑변}}$$

한번 시도해보자. 고무 밑창 신발을 신은 채 콘크리트 바닥에 서서 40°의 각도로 600 N의 힘으로 지면을 밀고 있다고 상상해보자. 발이 미끄러질까, 아니면 정지 마찰이 유지될까?

먼저 주어진 정보로 상황을 스케치한다.

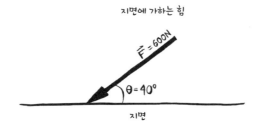

그런 다음 상황에 따라 힘의 삼각형을 만든다. 600 N의 힘은 빗변이고, 지면과 나란한 밑변은 F_P를 제공하고, 대변은 수직 항력 F_N에 나란하다. 삼각법을 이용하면 각도에 대한 사인 함수는 빗변과 대변의 비율과 같음을 알 수 있다.

$$\sin 40° = \frac{\text{대변}}{\text{빗변}} = \frac{F_N}{600\,\text{N}} \tag{24}$$

sin 40°를 계산기에 입력하면 0.64가 나오므로 위의 식은 다음과 같다.

$$0.64 = \frac{F_N}{600\,\text{N}} \tag{25}$$

위 식의 양변에 600 N을 곱해서 수직 항력에 대해 풀면 다음과 같다.

$$(600\,\text{N})(0.64) = F_N = 384\,\text{N} \tag{26}$$

두 재료에 대한 수직 항력과 정지 마찰 계수를 감안할 때, 미끄러지지 않고 정지 마찰이 반응할 수 있는 힘의 평행 성분의 최댓값은 얼마일까? 고무와 콘크리트에 대한 정지 마찰 계수 μ_s가 1.0이고, 계산된 수직 항력 F_N이 384 N이므로 최대 정지 마찰에 대한 식은 다음과 같다.

$$F_{s,\,max} = F_N \mu_s = (384\,\text{N})(1.0) = (384\,\text{N}) \tag{27}$$

정지 마찰 계수가 더 작은 값이었다면, 주어진 수직 항력에 대해 최대 정지 마찰력은 더 작았을 것이다. 그렇다면, 미끄러질까? 콘크리트에 가하는 평행 힘 F_P는 얼마일까?

$$\cos 40° = \frac{\text{밑변}}{\text{빗변}} = \frac{F_P}{600\,\text{N}} \tag{28}$$

$\cos 40°$를 계산기에 입력하면 0.77이 나온다. 따라서 식은 다음과 같이 간단해진다.

$$0.77 = \frac{F_P}{600\,\text{N}} \tag{29}$$

식의 양변에 600 N을 곱해서 평행 힘 F_P에 대해서 풀면 다음과 같다.

$$(600 \text{ N})(0.77) = F_P = 462 \text{ N} \tag{30}$$

$F_P > F_{s,\,max}$이다! 평행 힘이 운동화와 콘크리트 쌍이 미끄러지지 않고 견딜 수 있는 힘보다 더 크다. 이 상황에서 미끄러지지 않기 위해서는 지면에 대해 적어도 45°의 각도가 필요하다는 것이 드러났다. 미끄러지지 않기 위해 필요한 각도는 재료 쌍에 따라 다르다.

사람이 상자라면

물리학자는 종종 경사면을 따라 미끄러져 내려오는 상자의 모습을 통해 마찰에 대해 가르친다. 이 관습에 경의를 표하며, 상자를 사람으로 대체하는 동작 연구를 제안하려고 한다. 춤 연습실에서 물리학자가 하는 안무적 상상력의 예를 생각해보자.

짝을 지어라. 한 사람은 바닥에 누워 있고, 다른 사람은 서 있도록 한다. 바닥에 누운 사람은 중력 연습에서 사용했던 시작 자세를 준비하자. 즉 바닥에 등을 대고 평평하게 누운 채, 두 다리는 엉덩이 폭보다 약간 넓은 간격으로 앞으로 뻗고, 두 팔은 몸 옆에서 몇 센티미터 떨어진 곳에 평평하게 놓는다. 잠시 시간을 내서 근육을 이완시켜라. 몸이 바닥에 녹아내리기 시작하는 느낌이 들 수 있다.

서 있는 사람은 바닥에 누운 사람의 발을 보라. 허리를 굽혀서 누워 있는 사람의 발목 밑으로 부드럽게 손을 넣은 후 바닥으로부터 약 1 m 위로 다리를 들어 올려라. 반드시 자신의 다리를 견고한 지지대로 사용하여 들도록 하라. 손 위에 놓인 사람의 무게를 느끼도록 충분히 팔의 긴장을 풀어라. 바닥에 있는 사람의 몸에서 부드럽게 떨어져라. 바닥에 있는 사람도 긴장을 풀고, 불필요한 긴장을 만들거나 유지하지 않도록 하라. 바닥에 누워 있는 사람은 다리의 힘을 풀고 통제권을 상대방에게 양도하라. 서 있는 사람은 파트너 다리의 무게감을 느껴보라.

이제 정지 마찰을 극복하는 데 필요한 힘의 역치閾値를 함께 탐구해보자. 서 있는 사람이 담당한다. 부드럽게 당기는 것부터 시작하라. 파트너의 신체가 움직임에 저항하는 것을 느낄 정도로 충분히 당겨라. 그런 다음 다리를 고정하고 견고한 열린 자세를 유지하면서 더 큰 힘으로 파트너를 당겨서 파트너가 바닥을 따라 부드럽게 미끄러지도록 한다. 두 사람이 정지 마찰을 극복하고 운동 마찰의 느낌을 경험하기 위해서는 몇 센티미터 정도면 충분하다.

일반적으로 무용수들은 이처럼 서로를 끌어당기지 않지만, 이 연습은 마찰력이 몸에 어떤 느낌을 주고 어떤 행동을 하는지 알려준다. 사람과 상자의 차이점은 사람은 상자가 할 수 없는 마찰력과의 감각적 교류를 경험할 수 있다는 것이다.

마찰로 구성하기

마찰력에 대한 감각에 주의를 기울이는 것은 춤 기술뿐 아니라 안무 구성을 위한 도구가 될 수 있다. 가장 뛰어나게 움직이는 사람은 타고난 안무가들이다. 이들은 자신들의 능력에 의거해서 정적 마찰을 운동 마찰로 변환하고, 운동 중간에 발생할 수 있는 정지 마찰을 최대한 활용한다. 무성 영화 스타인 버스터 키튼Buster Keaton의 난처한 실수들을 예로 들어보자. 그의 독특한 미끄러지기, 헛디딤, 넘어지기 그리고 건물, 가구, 자동차, 카트, 먼지투성이의 언덕에서 떨어지는 동작들은 마찰력에 대

한 서사시처럼 읽혀진다.[*]

마찰력의 존재 또는 부재는 춤의 특성을 변화시킬 수 있다. 플라멩코 무용수인 이스라엘 갈반Israel Galván을 보면서, 관객은 그의 춤에서 적나라한 충격을 느낄 수 있다. 뒤꿈치–앞꿈치, 앞꿈치–뒤꿈치 순서로 배열하면서, 갈반은 당당하게 속사포 같은 발놀림을 한다. 하나의 리드미컬한 소용돌이가 다음번 소용돌이로 섞인다. 그는 또 다른 동작을 이어가기 전에 극적으로 프레이즈를 멈추고 바닥을 친다. 그가 실제로 하고 있는 것은 마찰력과의 놀이이다. 그가 발을 대각선 방향으로 바닥까지 내린 후 일시적으로 멈출 때, 운동 마찰은 정지 마찰로 변한다. 정지 마찰은 그의 춤을 강조한다. 그의 표현력이 마찰로부터 나오는 것이다.

정지 마찰의 부재는 또 다른 구성 도구이다. 줄과 장비를 통해 바닥으로부터 완전히 동작 프레이즈movement phrase를 들어 올릴 수 있으므로 신체에 미치는 마찰의 영향을 없앨 수 있다. 안무가 트리샤 브라운Trisha Brown은 몬테베르디Claudio Monteverdi의 오페라 「오르페오L'Orfeo」를 놀라운 비행 독무로 시작했다. 무용수는 브라운의 수성水性 동작 스타일을 적절히 사용하면서 공중에서 수영하고 잠기고 떠다닌다. 무시할만한 공기 저항을 제외하고는 압력을 가하거나 저항할 것이 없기 때문에 무용수는 움직일 수 있는 새로운 방법을 찾는다. 똑같은 프레이즈를 지면에서 수행한다면 매우 달라 보일 것이다.

안무가는 때때로 무용수가 움직이는 바닥의 질감을 변경함으로써 마찰 계수를 바꾸기도 한다. 그러한 안무가 중 한 사람이 피나 바우슈Pina Bausch인데, 그녀는 연극적 요소와 무용 요소를 결합한 것으로 알려진 장르

---

[*] 온라인에서 그의 묘기를 볼 수 있다.

인 **탄츠테아터** Tanztheater 라고 불리는 형식의 개척자이다. 바우슈는 무대장치 디자이너인 피터 파브스트 Peter Pabst 와 함께 더할 나위 없는 분위기를 조성하는 재료인 물, 토양, 꽃으로 덮인 무대를 위한 춤을 만들었지만, 한편으로는 다양한 마찰을 접하도록 했다. 예를 들어 무용수는 물웅덩이에서는 흙더미 속에서 움직이는 것과는 다르게 움직일 것이다. 각 재료마다 무용수가 어택 attack 과 실행을 수정해야 하기 때문이다. 동일한 동작 프레이즈도 슬립 앤 슬라이드 slip-and-slide* 위에서 할 때는 당밀 웅덩이에서 할 때와는 다르게 보일 것이다.

물질의 재료가 무용수의 상상력과 운동감각적 반응에 영향을 미치는 방식을 이용하면 동작의 **특성** quality 을 변화시킬 수 있다. 그러나 모든 안무가 무대 위의 사람들이 움직이는 방식을 바꾸기 위해 흙더미를 필요로 하는 것은 아니다. 따라서 **레벨 변경** level change 을 이용해서 마찰과 연계하는 또 다른 안무 도구를 시험해 보도록 하자.

이 연습은 공간에서 운동 방향을 바꾸는 것과 관련이 있다. 이 연구를 수행하기 위해서는 동작 프레이즈(짧은 동작 순서)가 필요하다. 이와 관련한 가장 간단한 동작 프레이즈는 두 번의 카운트 동안 무릎을 구부리고 두 번의 카운트 동안 무릎을 세우는 연속된 4개의 플리에이다. 마주보는 방향을 선택해서 '앞'으로 지정하자. 이 동작은 척추를 바닥에 대해 수직으로 새운 꼿꼿한 자세로 이루어진다. (다른 복잡한 동작 프레이즈를 사용할 수 있다면 사용해도 좋다.)

이제 바닥에 누워서 천장이나 바닥 또는 방 안의 벽면을 새로운 '앞'으로 선택함으로써 프레이즈의 방향을 바꾸어보자. 시작 자세에 따라 등을 바

---

* 얇은 플라스틱으로 만들어진 긴 시트로, 표면이 매우 미끄러운 놀이 기구의 일종

닥에 대고 누워 천장을 올려다보거나 바닥을 내려다보거나 옆으로 누워 있을 수도 있다. 낯선 조건하에서 원래의 프레이즈를 가능한 한 충실히 유지하려고 노력하면서 새로운 방향에서 프레이즈를 수행해보자.

새로운 상황을 수용하기 위해 프레이즈를 조정해야 할 수도 있다. 마찰력과 외력이 작용하는 지점이 변하고, 바닥에 누워 있는 동안 제재material를 실행하기 위해 팔과 다리가 새로운 방식으로 작동해야 한다는 것을 발견할 것이다. 프레이즈를 온전하게 지키려고 부지런히 노력하더라도 주어진 제재로 실험하기 시작할 때 어느 정도의 선택은 불가피하게 된다.

방향을 바꾸면 프레이즈를 수행하는 동안 신체에 작용하는 마찰력과의 관계뿐만 아니라 중력과의 관계도 달라진다. 바닥 표면과의 접촉이 커질수록 행동과 몸짓이 다르게 느껴진다. 그 이유는 특히 바닥이 공기보다 저항이 크기 때문이다. 이 프레이즈를 적어도 다섯 번 반복해서 새로운 동작의 질감을 자세히 탐색해보라. 우리는 지금 마찰의 특성과 감각, 그리고 그것이 신체 표현에 미치는 영향에 대해 탐색하고 있다.

이러한 동작 연구는 또한 우리를 **안무 연구**choreographic research의 영역으로 끌어들인다. 동작 프레이즈의 근본적인 측면을 고치려고 할 때, 안무가는 최종 구성에 통합될 강력한 새로운 모멘트와 질감을 찾는다. 점토 덩어리가 조각가의 출발점이 되듯 동작 프레이즈는 안무가의 소재raw material로 이용될 수 있다. 이 책의 후반부에는 안무가가 동작 프레이즈를 연구하는 과정에서 취급하고 변형할 수 있는 다른 요소인 에너지, 공간, 시간에 대해 살펴볼 것이다.

안무가가 동작 프레이즈의 변형을 만드는 방법 중 하나가 레벨 변경이다. 레벨은 눕는 것에서부터 발가락으로 상승하고 점프하는 것까지 무용수의 수직축을 따라 다양하다. 무용수는 바닥에 낙하하거나 쓰러지거나, 또는 깊은 플리에 자세에서 갑자기 뛰어오르는 등 정교한 방법을 써서 몸을 높이거나 낮춘다. 그러한 전략들은 쉽게 설명할 수가 없다. (어떤 경우에는 믿을만한 경험이 있어야만 한다!) 그러나 안무가 아무리 복잡해져도 바닥에 동작 프레이즈를 놓은 것에서부터 무용수가 무대를 가로질러 미끄러지는 것까지 정지 마찰과 운동 마찰은 매 순간 관여한다.

탱고를 출 수 있는 세상

마찰력이 극단적으로 반대인 두 세계에서 춤추는 것을 상상해보자. 마찰을 거의 느끼지 못하는 세상에서 추는 탱고는 파트너와 함께 제자리에 고정할 능력 없어서 자세를 잡는 것조차 불가능할 정도로 미끄럽게 느껴질 것이다. 이번에는 민첩하고 빠른 움직임이 쉬울 정도로 마찰이 큰 세상을 상상해보자. 지면은 당신의 발을 붙잡고, 어떤 방향으로든 당신을 보내고, 미끄러지지 않게 할 것이다. 그러나 탱고를 추기 위해 다른 사람의 신체와 접촉하는 경우, 단지 그 사람과 스치는 것만으로도 피부가 벗겨질 것이다.

인체의 강도는 지구의 주변 환경, 즉 우리가 매일 상호작용하는 물질 표면, 공기 그리고 땅에 의해 물리적으로 조정된다. 마찰 조건이 크게 바뀌면 그에 따라 인간의 심리도 매우 달라질 것이다. 신체 접촉을 하려고 할 때마다 서로 스쳐 지나치기만 한다면 우리의 친밀한 관계도 바뀔 것이다. 미끄러운 탱고나 슬립 앤 슬라이드 왈츠를 생각해보면 이해하기 쉽다. 우리가 서로를 묶어 두거나 서로 떼어 놓지 않고 적당한 노력으로 다른 사람을 붙잡고 손을 떼지 않을 수 있다는 사실은 특정 춤 형식을 가능하게 한다. 춤을 가능하게 하는 마찰력은 우리가 환경뿐 아니라 서로가 어떻게 관련되는지를 결정한다.

5. 운동량

훌륭한 무용수가 된다는 것은 어떤 의미일까? 좋은 예술이란 무엇일까? 좋은 과학이란 또 무엇일까? 어떻게 동시에 훌륭한 무용수이자 훌륭한 과학자가 될 수 있을까?

이러한 질문은 우리를 **기교**virtuosity로 인도한다. 기교란 자신의 분야를 잘 수행하기 위해 필요한 것을 고려하도록 유도하는 까다롭고 논쟁의 여지가 있는 개념이다. 춤에 있어 기교란 평균보다 더 높이 뛰어오르고 더 빠르고 오래 회전하는 능력과 같이 기술적으로 눈부신 신체적 묘기로 정의하는 사람들이 많다. 그러나 춤에서 좀 더 뉘앙스가 있는 기교의 정의는 크고 작은 동작을 통해 운동량을 구축하는 공연자의 집중력까지 고려하는 것이다.

20세기 후반 러시아 발레계의 스타인 미하일 바리슈니코프Mikhail Baryshnikov와 같은 위대한 무용수는 자연의 힘과의 관계를 정교하게 발전시켰다. 청년 시절의 바리슈니코프는 운동량을 정렬시켜 놀라운 일련의 다리 박동으로 무대를 가로지르거나 복잡한 피루엣을 딥dip과 스파이럴spiral로 변환시켰다. 지금까지 50년 넘게 공연해온 그는 자신의 발레 시대의 무른 에너지를 강력한 연극적 몸짓으로 전환시켰다. 바리슈니코프의 운동량은 은유적 반향을 지닌 물리적 개념이다. 그는 근력의 점진적 변화를 이해할 뿐 아니라 공연 공간에서 강력한 장악력을 행사하는 실황 공연에 대해서도 이해하고 있다. 그의 기교는 한 동작이나 상태를 다음 동작이나 상태로 변형시키는 강렬한 인식에 놓여 있다.

물리학자는 운동량을 물체의 질량과 속도를 곱한 것으로 정의한다. 숙련된 물리학자가 새로운 상태를 분석하는 데 어떤 세부 사항이 필수적이고 어떤 가정이 폐기될 수 있는지를 염두에 두고 개념과 공식을 여러 상황을 넘나들며 적용할 수 있는 것은 바리슈니코프와 다르지 않다. 물리학자는 일상생활에서 인식할 수 있는 운동뿐 아니라 원자 내부에서 일어나는 활동에까지 운동량을 적용한다. 예를 들어 입자 물리학에서 운동량 보존은 입자들이 충돌한 후 떨어져 날아가는 고에너지 충돌을 연구하는 데 특히 유용하게 사용되고 있다. 물리학자는 계의 운동량이 보존된다는 것을 이용해서 붕괴 현상을 분석한다.

운동량이 우리 모두에게 영향을 미치기는 하지만, 운동량의 물리적 효과나 개념적 의미를 무용수나 물리학자처럼 기교적으로 활용하는 방법을 알고 있는 사람은 거의 없다.

파도 따라잡기
무용수는 운동량을 이용해서 한 동작을 다른 동작에 섞는다. 운동량은 단계적으로 작동한다. 우선, 신체의 특정 부분에서 시작되거나 일련의 안무에 내장된 어딘가에서 온 힘이 정렬한다. 어떤 무용수는 이 순간을 점프나 어떤 행동의 '바닥'으로 생각한다. 이 초기 동작은 무용수가 다음 행동을 할 힘을 만들어낸다. 한 동작이 실현되면 다음 동작의 잠재력이 생긴다. 하나의 물결을 다음 물결로 바꾸는 에너지 마루와 회복의 골을 가지고 진행하는 일련의 파도를 상상해보라.

운동량은 동작의 전환에서 특히 중요하다. 힘을 생성하고 보존하면 무용수가 일련의 점프를 연결하거나 한 레벨에서 다른 레벨로 이어지는 동작을 연결하는 데 도움이 된다. 단순한 일련의 몸짓조차도 무용수가 순서대로 진행하기 위해 조절된 것인지 아니면 보다 과감한 것인지 구별하는 사고력이 필요하다.

춤 형태가 다르면 운동량을 다르게 취급한다. 어떤 기술은 어디선가 불쑥 튀어나와야 할 수도 있다. 거의 주도하지 말고 바닥에서 몸을 끌어올리는 시도를 해보라. 또 다른 기술은, 예를 들어 회전하는 동안 몸통을 보다 더 단단히 유지함으로써 운동량의 영향에 반대하는 것이다. 한편, 1980년대부터 개발된 많은 현대 안무 스타일은 신체 내의 유동적인 순서와 흐름에 중점을 두어 왔다. 무용수는 힘의 방향에 거스르기보다는 파도를 따라잡고 운동량이 다음 동작을 생성하는 것을 허용한다. 최고의 무용 즉흥연주자는 리프riff를 연주하는 재즈 연주가처럼 자연의 힘을 따르고 변경하면서 작업하는 사람이다.

인체에 작용하는 중력은 무용수에게 운동량을 제공하는 가장 큰 원천 중 하나이다.

탐구를 위해 이와 관련된 동작 연습을 시도해보자. 바닥과 평행한 360°원을 따라 팔을 흔들어보자. 이 간단한 연습은 팔의 운동량에 대한 감각을 강조한다.

왼팔을 왼쪽으로 당겨서 몸 뒤로 감아올려라. 그러면 몸 쪽으로 오른팔이 당겨지고 허리 상체가 부드럽게 왼쪽으로 비틀어지게 된다. 이 와인드업 동작에 이어서 오른팔을 오른쪽으로 되돌려서 스윙 동작을 유도하라. 이 운동의 나머지 시간 동안 팔과 몸통을 이와 같이 반복되는 패턴으로 움직여라. 즉 팔을 오른쪽, 왼쪽, 오른쪽, 왼쪽 순서로 흔들어준다. 팔이 몸을 감싸는 순간 다리에 가벼운 플리에를 추가하고, 팔이 반대 방향으로 흔들릴 때 다리를 펴면, 다리가 팔의 흔들림에 추가적인 운동량을 주는 것을 알게 될 것이다. 천천히 시작해서 꾸준한 리듬을 만들어라. 흔드는 느낌이 편안해지기 시작하면 점진적으로 가속해보자. 속도가 증가함에 따라 플리에와 팔의 흔들림에서 느끼는 힘이 더욱 강해지는 것을 발견할 것이다.

이를 경험하는 데 온전히 집중한 적이 없다면, 위의 설명을 읽어도 운동량의 감각을 충분히 느끼지 못할 수 있다. 그렇다면 책을 내려놓고 당장 시도해보라. 더 이상 빠르게 스윙할 수 없을 때까지 스윙 속력을 서서히 증가시킨 다음 정지할 때까지 서서히 속력을 늦춰라.

작업을 진행함에 따라 손가락 끝이 약간 빨갛게 바뀌고 따끔거릴 수도 있다. 가속에 대한 반응으로 피가 팔다리로 빠르게 흘러가기 때문이다. 다양한 변형이 가능하다는 것과 힘을 다루고 있다는 것 또한 알아차렸을 수도 있다. 플리에의 깊이와 두 다리의 개입 정도 또는 스윙 높이를 임의로 바꿀 수 있다. 한 가지 변형은 팔이 몸의 한쪽에서 다른 쪽으로 지나갈 때 상승된 호를 따라 팔이 흔들릴 수 있게 하는 것으로, 이 동작은 올려치는 듯 한 느낌을 준다. 즉 팔이 한쪽에서 다른 쪽으로 번갈아 가며 상승과 하강을 하는 반복하는 진자처럼 느껴질 수도 있다.

팔의 와인드업, 다리의 가벼운 플리에, 중력 끌림은 모두 스윙 동작을 부채질한다. 흔들리는 팔은 당신을 한 바퀴 돌리거나, 바라보는 곳을 바꾸거나, 바닥으로 끌어당기는 등 다양한 결과를 가능하게 한다.

춤의 효율성은 무용수가 어디에서 어떻게 운동량을 생성하고 그로부터 나오는 힘과 어떻게 관여하고 있는지 정확히 아는 것에서 비롯된다. 팔과 더불어 다리, 척추, 머리, 몸통을 고려하라. 이러한 것들은 모두 몸의 반응과 활용에 필요한 일종의 운동량을 제공할 수 있는 잠재력을 가지고 있다. 많은 춤 교사들과 안무가들이 하듯 우리도 이 활동을 분석하는 데 시간을 할애할 수 있지만, 무엇보다도 감각이 가장 중요하다. 무용수들은 운동을 통해 운동량의 개념을 알게 된다.

운동량 계산하기

운동량은 춤에서와 마찬가지로 물리학에서도 중심적인 개념이다. 두 분야는 이 용어를 비슷한 방식으로 사용한다. 예를 들어 운동량이 큰 동작일수록 동작을 멈추기가 더 어렵다. 물리학에서는 운동량에 수치를 할당하는데, 이로부터 동작의 잠재력과 제약 조건에 대해 알려주는 놀라울 정도로 많은 유용한 계산이 가능해진다. 운동량은 특정 상황에서 보존된다. **보존**conservation 이란 한 순간에서 다음 순간까지 수량이 일정하게 유지된다는 것을 의미하는 것으로, 운동에 강력한 제약 조건을 가한다.

물체의 운동량 p는 물체의 질량 m에 속도 v를 곱한 것으로 정의된다.

$$p = mv \tag{31}$$

운동량은 크기와 방향을 함께 가지고 있는 벡터이다. 운동량의 방향은 물체의 속도 방향에 의해 결정되고, 운동량의 크기는 속력이라고도 알려진 속도의 크기와 물체의 질량에 의해 결정된다.

자신의 힘으로 얻을 수 있는 운동량의 최댓값과 최솟값을 생각해보는 것도 유용할 것이다. 이 글을 읽고 있는 당신의 질량은 0이 아니다. 이는 운동량이 0인 유일한 방법은 속도가 0인 경우라는 것을 의미한다. 당신의 속도는 얼마인가? 당신은 상당한 속도로 태양 주위를 돌고 있다. 태양과 태양계 전체가 우리 은하를 통과하고 있으며, 우리 은하는 우주의 다른 은하들에 대해서 움직이고 있다. 어느 속도를 사용해야 할까?

절대 속도라는 것은 없기 때문에 속도는 임의의 기준틀에 대해 정의되어야 한다. 우리의 주요 관심은 춤의 맥락에서 신체의 동작에 있기 때문에 다른 언급이 없는 한 춤 연습실 또는 신체를 움직이는 방에 대한 속도를 고려할 것이다. 질량은 기준틀에 의존하지 않으므로 이 기준틀에서 운동량이 0인 유일한 방법은 바닥에 대해 움직이지 않는 것이다.

지금까지 운동량을 최소화할 수 있는 방법에 대해 살펴보았다. 단순히 움직이지 않으면 된다. 그렇다면 어떻게 운동량을 최대화시킬 수 있을까? 운동량에 대한 식을 되돌아보면, 운동량을 계산하기 위한 입력 데이터는 두 가지, 즉 질량과 속도임을 알 수 있다. 질량은 시간에 관계없이 일정하므로 단기간에 운동량을 최대화시키기 위한 최선의 선택은 속도를 높이는 것이다. 인간이 갖는 운동량의 극단적인 예로, 2009년 베를린 세계선수권대회에서 자메이카의 우사인 볼트Usain Bolt가 세운 100미터 세계 신기록을 살펴보자. 9.58초 만에 100미터 거리를 이동한 볼트의 평균 속도는 다음과 같다.

$$v = \frac{거리}{시간} = \frac{100\,\text{m}}{9.58\,\text{s}} = 10.4\,\text{m/s} \tag{32}$$

그의 질량과 속도가 대략 95 kg과 10.4 m/s이므로, 달리는 동안의 평균 운동량은 대략 다음과 같다.

$$p = mv = (95\,\text{kg})(10.4\,\text{m/s}) = 988\,\text{kg}\,\text{m/s} \tag{33}$$

아마도 당신은 그렇게 빠르지 않을 것이다. 어떤 사람이 8 m/s의 최대 속도에 도달할 수 있다면, 볼트와 동일한 운동량을 갖기 위해서는 이 사람의 질량이 얼마가 되어야 할까? 동일한 p 값을 원하지만 v가 줄어들었기 때문에 질량 m이 증가되어야 이를 보완할 것이다.

다음 식

$$p = mv \tag{34}$$

를 아래와 같이 다시 쓸 수 있다.

$$\frac{p}{v} = m \tag{35}$$

속도와 운동량에 수치를 대입하면 다음과 같은 결과를 얻는다.

$$\frac{988\,\text{kg}\,\text{m/s}}{8.0\,\text{m/s}} = 123.5\,\text{kg} \tag{36}$$

운동량의 방향을 표시하기 위해서는 x, y, z 축의 좌표계를 정의하고, 각 축의 양의 방향을 정의해야 한다.

0이 아닌 운동량을 오랜 시간 동안 유지하기 위해 필요한 것은 무엇일까? 방 안에서 1 m/s의 속력을 얼마나 오래 유지할 수 있을까? 어느 시점에서 멈추어야 한다. 0이 아닌 속도를 유지하기 위해서는 지속적으로 움직여야만 한다.

이러한 생각을 탐색하기 위해 물리학 법칙에 초점을 맞추고 동작 연습을 시도해보자. 3장에서 얻은 모든 춤 지식을 가지고 앞쪽으로 점프를 시도해보라. 다리로 바닥에 힘을 가하면 바닥은 크기가 같고 방향이 반대인 힘을 당신에게 가한다. 이 힘이 앞으로 나아가게 하는 힘이다. 이 덕택에 운동량을 갖고 지면을 떠나게 된다. 땅에서 몸이 떨어지자마자 중력에 대항해서 바닥이 가하는 힘은 사라지고, 상승 속도는 감소하기 시작한다. 중력을 없앨 수만 있다면, 운동량은 유지될 것이고 당신은 지표면에서 멀리 날아갈 것이다.

중력은 없앨 수 없다. 하지만 중력은 당신을 지구 중심을 향해 끌어당기는 역할만 할 뿐, 전진 운동량을 변화시킬 수는 없다. 강한 바람 속에서 점프하지 않는 한, 때때로 무시할 수 있는 공기 저항을 제외하면 평평한 지면에 평행한 운동량 성분은 일정하게 유지된다. 착지할 때에는, 바닥은 전진 운동량에 반대하는 힘을 갑작스레 작용한다. 우아한 착지 여부는 접지하는 방법에 달려 있다.

운동량 보존
외력이 작용하지 않는 경우 계의 운동량은 보존된다. 외력으로부터 고립된 계의 어느 한 순간의 운동량은 다른 모든 시간에서의 운동량과 동일하다. 임의의 두 시점에 찍은 계의 스냅 사진은, 초기와 최종을 의미하는 문자 i와 f로 표기할 때, 다음과 같이 쓸 수 있다.

$$p_i = p_f \qquad (37)$$

즉 외력이 없는 계에 대해서 초기 운동량은 최종 운동량과 같다. 이 식에 운동량의 정의에 대한 식 (31)을 대입하면 다음과 같다.

$$m_i v_i = m_f v_f \qquad (38)$$

물리학자는 운동량 보존에 대한 이 공식을 사용해서 원자보다 작은 입자에서부터 도약하는 무용수는 물론 쌍성 계의 연구에 이르기까지의 모든 것을 연구한다.

방 안에서 일정한 속도와 운동량을 유지하려는 시도로 되돌아가자. 매 걸음 또는 매 점프마다 중력, 바닥의 수직 항력, 심지어 공기 저항력이 작용한다. 인간은 외력이 진짜로 0인 환경은 거의 경험한 적이 없다. 그러나 이러한 조건을 가정하면 물리학에서 운동량 보존의 의미에 대해 생각하는 데 도움이 될 수 있다. 외력이 작용하지 않는 상황을 접하기 위해서는 우주 공간으로 가야만 한다. 그러나 우선 지구상에서의 동작 연구로 돌아가자.

운동량 동작 프레이즈

우리는 점프와 같은 과도한 신체 활동을 할 때 운동량을 느낄 수 있다. 하지만 일상적인 활동에서도 $p = mv$로 표현되는 느낌을 경험할 수 있다. 걷다가 방향을 바꾸게 되면 운동량이 관여한다. 달리다가 방향을 바꿀 때 경험하는 힘은 더 크게 느껴진다. (이제 당신도 마찰과 뉴턴 법칙이 작동해서 당신의 운동 방향을 바꿀 수 있음을 알고 있다.) 이 아이디어를 이용해서 운동량의 개념에 기반을 둔 동작 프레이즈를 만들 수 있다.

다리부터 시작하자. 오른발, 왼발, 오른발 순서로 앞으로 나아가자. 지금까지는 좋다. 그냥 걷는 것 같으니까. 이제 조금 까다로워진다. 속도를 높여서 +x 방향으로 정의된 방향을 따라 달려보자. 그 다음에는 방금 이동한 방향을 향해 오른쪽으로 반 바퀴 돌아서 방금 왔던 방향을 향해 양발을 앞으

로 기울여라. 발바닥의 둥근 부분을 축으로 회전해서 다리보다 가파르게 기울어지는 상체가 앞으로 떨어지는 느낌을 찾아보라. 여기서부터 순서를 반복하자. 즉 이번에는 $-x$ 방향으로 달리다가 빠르게 왼쪽으로 반 바퀴 회전해서 원래의 $+x$ 방향을 향하도록 하라. 그런 다음 이 프레이즈를 처음부터 다시 시작하라. 달리고, 회전하고, 달리고, 회전하고, 달리고, 회전하고, ….

이 '운동량 동작' 프레이즈를 따라 움직일 때, 회전하면서 상승하는 것을 돕도록 팔이 공중을 맴돌도록 시도해보라. 우리는 지금 거의 무중력으로 느껴지는 순간을 찾고 있다. 자신을 끌어 올리는 것이 아니라 달리기의 운동량을 다른 행동으로 바꾸는 과정에서 나타나는 찰나의 정지 상태를 찾고 있는 것이다. 또한 팔의 흔들림이 바닥에 추가적인 압력을 가함으로써 더해지는 운동량의 힘에 대해 탐구할 수도 있다.

몸이 기울어지면 질량 중심은 버팀 면적의 영역 밖으로 완전히 이동할 수 있다는 것에 유의하라. 머리와 발은 정렬되지 않기 때문에 자세를 오래 유지할 수 없다. 실제로 당신은 낙하하고 있다. 그러나 이 낙하는 프레이즈를 계속할 운동량을 제공해준다.

동작 프레이즈를 수행하는 무용수는 마치 에너지 위상topology of energy을 여행하는 것처럼 느낄 수 있으며, 각 개인의 몸은 가장 완벽하게 실현되는 실행을 향해 운동량을 정렬하는 가장 효율적인 수단을 식별하고, 분류하고, 결정한다. 두 명의 무용수가 반드시 같은 장소에 자신들의 자원을 찾을 필요는 없다.

계의 운동량 보존
앞의 운동량 프레이즈를 숙달했으면, 이제 또 다른 변수인 우주 공간에 투입될 시간이 되었다. 당신은 우주선으로부터 10 m

떨어진 우주 공간에 놓여 있다. 우주선으로 돌아가기 위해 아무리 열심히 운동량 프레이즈를 수행해도 아무 소용이 없다. 제자리에서 걷고, 팔을 휘두르고, 지상의 춤 연습실에서 프레이즈를 연습하며 배운 모든 것을 사용해 보아도 아무것도 당신을 우주선 가까이에 가게 하지 못한다.

뉴턴의 운동 제2 법칙을 기억해보자. 우주선 방향으로 가속하기 위해서는 몸에 알짜 외력이 필요하다. 미친 듯이 주위를 둘러보며 밀어낼 수 있는 것이 있을까 살펴보지만, 우주 공간에서 길을 비추기 위해 손에 들고 있는 손전등만 보인다. 도움이 되는 것이 손 안에 있었다.

손전등이 어떻게 당신을 구할 수 있는지 이해하기 위해서는 운동량 보존이라는 개념을 이해할 필요가 있다. 계에 작용하는 외력이 없는 한 운동량은 유지된다.

주어진 상황을 좀 더 주의 깊게 살펴보자. 손전등을 들고 손에 닿지 않을 거리만큼 우주선에서 떨어져 떠 있는 당신에게 작용하는 힘은 없을까? 당신은 자신과 우주선 사이의 중력 끌림에 의한 힘을 경험할 것이고, 우주선도 당신이 가하는 힘과 동일한 크기의 인력을 경험할 것이다. 산소가 고갈되기 전에 당신을 끌어당길 만큼 우주선이 무겁지 않다고 가정하자. 따라서 이 상황을 외력이 거의 0인 환경으로 간주할 수 있다.

어떻게 안전한 우주선으로 돌아갈 수 있을까? 지상이었다면 지면과의 접촉과 그에 따른 지면과 신발 사이의 마찰을 이용해서 돌아갈 수 있다. 즉 발로 지면을 뒤로 밀고 지면이 당신을 앞으로 미는 것을 허용함으로써 우주선을 향해 나아가게 할 수 있다. 이는 걷기라고 알려진 동작이다. 그러나 접촉할 행성이 없는 우주 공간에서는 마찰에 의존할 수가 없다. 당신, 손전등 그리고 운동량 보존만 있을 뿐이다.

당신과 손전등은 모두 속도가 0이기 때문에, 당신과 손전등으로 이루어진 계의 초기 운동량은 0이다. 그런데 근육을 통한 내력을 이용해서 손전 등을 우주선으로부터 멀리 던지면, 손전등은 우주선에서 멀어지는 약간의 알짜 운동량을 갖게 된다. 외력이 없다는 전제하에 총 운동량은 보존되므 로 당신의 몸은 우주선 방향의 운동량을 획득하는 대응을 한다. 이에 대해 생각하는 또 다른 방법은 손전등을 밀어내야 할 표면으로 간주하는 것이다. 손으로 손전등을 밀어내면, 손전등은 손을 반대 방향으로 밀어내면서 몸에 힘을 작용한다. 그러나 이 힘은 움직이지 않는 벽을 밀 때만큼 강한 힘은 아니다. 손전등은 작은 질량에서 나오는 관성에 해당하는 정도로만 당신이 던지는 것에 저항할 수 있기 때문이다. 그래도 손전등은 힘을 제공한다.

해결해야 할 또 다른 문제가 남아 있다. 10 m 이동하는 데 시간은 얼마 나 걸릴까? 그것은 당신의 질량, 손전등의 질량 그리고 당신이 손전등을 던 진 속도에 달려 있다. 이 문제를 운동량 보존의 틀 안에서 신중하게 설정하 면 시간 계산을 할 수 있다. 만약 당신이 4번의 카운트 동안 이동하라고 지 시하는 심연 우주 안무가와 함께 작업하게 된다면, 손전등 던지기가 얼마나 어려운지 이해하기 위해 이러한 계산을 할 필요가 있다. (그리고 안무가로 하여금 한 번의 카운트에 대한 정량화된 설명을 요구할 필요가 있다!)

무대를 설정해보자. 먼저 우주선을 기준틀로 채택할 수 있다. 이에 따 라 속도가 0인 물체는 우주선에 대해서 움직이지 않는다. 우주복과 손전등 을 포함하는 당신의 질량 중심을 $x = y = 0$인 위치로 놓자. 이제 축을 물리 적 상황에 맞게 정렬시킬 방법을 선택해야 한다. 이 사고 훈련의 목적에 맞 게 당신과 우주선을 잇는 선을 따라 움직이는 것에만 관심을 기울이자. 이 에 따라 x축을 당신의 질량 중심과 우주선의 질량 중심 사이의 선으로 설정 할 수 있다.

이미 질량 중심에서 $x = 0$이라고 결정했지만, 벡터량으로 작업할 것이기 때문에 방향에 대해 주의를 기울여야 한다. +x 방향을 당신의 질량 중심에서 우주선을 향하는 방향으로, −x 방향을 당신의 질량 중심에서 우주선으로부터 멀어지는 방향으로 설정하자. 이에 따라 당신이 +x 방향으로 움직이면, 우주선 쪽으로 이동하는 것이다.

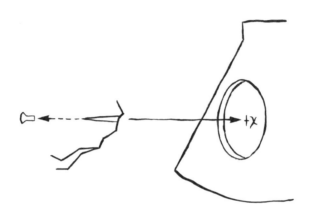

몇 가지 최종 변수를 할당할 필요가 있다. 우리가 추적할 두 물체는 당신(**무용수**의 영문 첫 글자를 따서 변수 D로 표시)과 손전등(힘을 나타내는 변수 F와의 혼동을 피하기 위해 **빛**의 영문 첫 글자를 따서 변수 L로 표시)이다. 각 물체의 운동량, 즉 질량과 속도에 대해 작업해보자. 이 문제는 초기 물리량 세트와 최종 물리량 세트를 비교하는 보존 문제이다. 초기 시점과 최종 시점의 스냅 사진 사이의 운동량이 동일하게 유지된다고 가정한다. 두 개의 스냅 사진(초기 및 최종)에서 각각 3개의 물리량(p, m, v)을 갖는 두 물체(D와 L)의 변수의 개수는 $2 \times 3 \times 2 = 12$개이다. 계산을 단순화하기 위해, 문제의 전 과정에서 당신과 손전등의 질량이 일정하게 유지된다고 가정하자. 따라서 당신의 초기 및 최종 질량과 손전등의 초기 및 최종 질량 대신 각각에 대해 하나의 질량만 필요하며, 이에 따라 변수는 10개로 줄어든다.

p_{Di}: 당신의 초기 운동량

v_{Di}: 당신의 초기 속도

p_{Df}: 당신의 최종 운동량

v_{Df}: 당신의 최종 속도

m_D: 당신의 질량

p_{Li}: 손전등의 초기 운동량

v_{Li}: 손전등의 초기 속도

p_{Lf}: 손전등의 최종 운동량

v_{Lf}: 손전등의 최종 속도

m_L: 손전등의 질량

당신과 손전등으로 구성된 계의 총 초기 운동량(p_i)은 당신의 초기 운동량(p_{Di})과 손전등의 초기 운동량(p_{Li})을 더한 것과 같다.

$$p_i = p_{Di} + p_{Li} = m_D v_{Di} + m_L v_{Li} \qquad (39)$$

초기에 당신과 손전등의 속도는 0이다($v_{Di} = v_{Li} = 0$). 이 정보를 식 (39)에 대입하면 계의 초기 운동량이 0임을 알 수 있다.

$$p_i = 0 \qquad (40)$$

외력이 없다는 것을 감안하면 운동량이 보존됨을 알 수 있다. 즉 최종 운동량은 초기 운동량과 같다.

$$p_i = p_f = 0 \qquad (41)$$

최종 운동량에 대한 표현은 어떻게 주어질까?

$$p_f = m_D v_{Df} + m_L v_{Lf} \qquad (42)$$

초기 운동량이 0이기 때문에 보존 법칙을 적용하면 최종 운동량도 0이어야 한다.

$$p_f = 0 \qquad (43)$$

최종 운동량에 대한 표현식에 이 식을 대입하면 다음과 같이 쓸 수 있다.

$$m_D v_{Df} + m_L v_{Lf} = 0 \qquad (44)$$

이 식의 양변에서 두 번째 항을 빼면 다음과 같이 쓸 수 있다.

$$m_D v_{Df} = -m_L v_{Lf} \qquad (45)$$

식 (45)는 무용수의 최종 운동량이 손전등의 최종 운동량과 크기는 같고 방향은 반대임을 보여준다. 당신의 질량, 손전등의 질량 그리고 우주선으로 돌아가기 위해 달성하고자 하는 속도를 연결할 수 있다. 남아 있는 유일한 미지의 변수는 손전등의 속도이며, 이제 이 값도 계산할 수 있다.

당신은 이제 원하는 시간 안에 우주선으로 돌아가기 위해 필요한 손전등의 속도를 계산할 수 있다는 것을 심연 우주 안무가에게 말할 수 있다.

물론 속도와 시간을 계산할 수 있다고 해서 반드시 당신의 속도를 물리적으로 완벽하게 조정할 수 있다는 것을 보증하는 것은 아니다. 기회는

단 한 번뿐이다. 일단 우주선에서 멀어지는 방향으로 손전등을 던져버리면 손전등은 사라지고 만다. 그런데 만약 던지는 방향이 틀리면, 당신은 우주선을 놓치고 잊힌 존재가 될 것이다. 실행의 결과는 어떻게 될까? 오직 당신과 손전등, 그리고 수학 실력만이 답을 알고 있다.

둘(또는 셋)의 운동량

독자를 우주로 날려 보내면 이 책을 계속 진행하기 어려울 것이다. 어쨌든 춤과 물리학에 대해 한동안 공부해왔기 때문에 손전등 발사를 제대로 분석했다고 가정해보자.

체화된 정량적 지식을 통해 우주선으로 돌아와서 안전하게 지구로 귀환한 당신은 이제 지구에서 다체多體 계의 운동량에 대한 연구를 계속하려고 한다. 믿을 만한 손전등에 붙어 있긴 하지만, 손전등은 결국 한낱 물건에 지나지 않으며, 지구에 있는 동료들처럼 정열적이거나 육체적으로 반응을 보이는 것은 아니다. 당신은 연습실을 예약하고 물리학 실험에 참여하길 희망하는 무용수 그룹을 초청한다.

파트너와 이전의 실험을 시도한다면, 가장 먼저 발견할 것은 지구에서는 당신으로부터 다른 사람을 떨어지게 하는 효과가 우주 공간에서와 같지 않다는 것이다. 다른 사람들도 그리 멀리 가지도 않고, 당신도 거의 움직이지 않는다. 왜 그럴까?

물론 답은 우주 공간에는 존재하지 않던 거대한 코끼리가 방 안에 당신과 함께 있다는 것이다. 코끼리는 바로 엄청나게 크고, 고요하고, 어디에나 있으며, 모든 춤의 또 다른 파트너인 지구이다. 지구는 중력을 통해 무용수들을 끌어내리고, 지면의 마찰을 통해 무용수들의 움직임을 멈추게 하는 등 외력을 작용한다. 지구는 운동량 보존을 모델링하는 물리학을 복잡하게 만든다. 그러나 운동량의 개념은 여전히 유용하다.

이제 안무 시나리오를 뒤집어서, 무용수들이 서로로부터 **멀어지는** 대신 **서로에게로** 자신들을 던지는 효과를 조사해보라고 요청하면 어떨까? 1970년대에 무용가 스티브 팩스턴 Steve Paxton 은 오벌린 Oberlin 대학에서 젊은 무용수 그룹과 이와 비슷한 현상에 대해 연구했다. 그들은 함께 움직이는 새로운 방법을 고안함으로써, 자연의 힘과 함께 인간과 인간 사이의 관계를 강조했다. 무게, 중력, 운동량 그리고 토크 torque 가 그들의 연구 주제였다. 무용수들은 자연의 힘과 관련된 숙련된 방법을 통해 다른 무용수들의 무게, 심지어 더 큰 질량을 가진 사람들의 무게를 견디며 움직이도록 연습하는 것으로 단순하게 시작했다. 숙련된 방법이란 예를 들어 충격에 대해 경직되기보다는 부드럽게 하는 것을 말하거나, 다른 사람과의 충돌을 운동량으로 조율하여 지면으로의 방출이나 회전 또는 구르기와 같은 다른 것으로 전환시키는 것을 말한다. 고전 발레의 많은 동작들처럼 전적으로 손만써서 서로를 도와주는 대신, 그들은 협력과 지원을 위해 몸 전체를 사용할 수 있게 했다. 그들이 창작한 춤 형식은 **접촉즉흥** contact improvisation 으로 알려지게 되었다.[10]

접촉즉흥에 참여한 무용수에 관한 1972년의 영화는 운동량을 사용한 그들의 숙련된 연기를 생생하게 보여준다. 무용수들은 서로를 향해 공중으로 몸을 던지는 실험을 한다. 한 섹션에서는 반바지를 입은 튼튼한 여성이 포수가 된다. 다른 무용수들이 기동을 시도한다. 한 남성 무용수가 그녀의 옆으로 뛰어올라 허리 부분에 접촉한 채 아기처럼 웅크린다. 그의 무게에 짓눌려 그녀가 바닥으로 무너진다. 접촉에 대한 무언가가 제대로 느껴지거나 보이지도 않는다고 결정한 그들은 다시 시도한다.[11]

연습이 진전됨에 따라 그녀는 그의 운동량을 따라 자신의 몸통을 돌리면, 다시 말해 정면으로 충돌하는 대신 허리를 회전시키면, 그의 무게와 자신의 낙하를 완충시킬 수 있음을 알게 된다. 이를 통해 그녀는 그의 전진 운동에 올라탐으로써 그의 운동량을 흡수할 수 있게 된다.

이 지식은 새로운 시도를 통해 즉각적으로 실행에 옮겨진다. 키 큰 남성이 그녀의 가슴에 자신의 무릎이 닿을 정도로 높게 점프하여 그녀에게 자신을 내던진다. 그가 가슴에 닿는 순간 그녀는 그의 몸을 잡고 허리를 비틀면서 그의 도약이 그리는 원호에 맞춰 자신의 몸을 휘게 한다. 접촉한 상태로 그들은 함께 그의 점프의 기세를 타고 지상으로 내려간다.

포수가 점프하는 사람의 힘에 저항하고 반대하거나 높이와 속도를 증가시키는 데 도움을 주는 것과 같이, 춤의 파트너 관계에 대한 다른 방법을 찾을 수도 있다. 그러나 이 영화에서 여성 포수는 들어오는 힘을 바꾸지 않는다. 대신 그녀는 상대방과 함께 그 효과에 편승하는 방법을 알아낸다. 접촉즉흥의 독특한 아름다움은 다른 무용수들은 물론이고 생성되는 자연의 힘과도 함께 작업하는 것에 관심을 기울이는 데 있다.

영화에서 포착된 점프 연습을 운동량에 대한 실제 실험 작업으로 생각하자. 연구의 주요 질문은 다음과 같다. 어떻게 하면 다른 사람의 운동량을 유연하면서도 협력적으로 흡수할 수 있을까? 우주 공간에서의 운동량 보존에 대해 우리가 안 것을 알고 있다면 지구가 이 시나리오에서 또 다른 주요 요소라는 것을 알 수 있다. 포수 역할을 하는 무용수뿐만 아니라 지구도 점 프하는 사람의 운동량을 흡수하기 때문에 이것은 3인용 춤이다. 접촉즉흥 은 우주 공간에서는 매우 다르게 작동할 것이다.

인간 사이의 상호작용의 맥락에서 고려할 때 이 사례는 운동량의 또 다른 차원을 보여준다. 다른 사람과 춤을 출 때 둘 중 하나를 선택할 수 있 다. 상대방의 운동량을 따를 것인가? 아니면 막을 것인가? 모든 행동이 의 미 있고 해석 가능한 춤에서, 이 두 가지 선택권은 물리학 계산만큼이나 다 른 정치적 입장을 암시한다. 상대방의 운동량을 따르고 그 운동량을 두 사 람이 함께 발생시키면 신체적 신뢰와 지지가 형성되는데, 이는 디지털화된 시대에서는 느끼기 힘든 것이다.

6. 회전하기

천체든 지구상의 춤이든, 우주의 모든 물체는 회전한다. 이웃한 블랙홀 쌍은 강력한 중력장을 통해 서로에게 접근하여 나선형으로 회전하며 합쳐진다. 은하계도 회전하고, 은하계에 속한 태양계도 회전한다. 행성은 항성을 중심으로 회전하고, 위성은 행성을 중심으로 회전한다. 달은 지구와 40억 년의 듀엣을 통해 회전 에너지를 잃어버리고, 한쪽 면이 지구를 마주보고 고정되어서 더 이상 자신의 축을 중심으로 회전하지 않는다. 태양을 중심으로 하는 지구의 타원 공전 궤도 상에서 달은 자신의 피루엣을 잃어버렸다.

천체 회전을 관장하는 물리학의 원리인 토크, 관성 모멘트moment of inertia, 각운동량angular momentum은 무용수의 회전에도 동일하게 적용된다. 춤 기술에 따라 무용수는 발바닥의 둥근 부분이나 발가락으로 피루엣을 하거나 발뒤꿈치나 머리의 정수리를 중심으로 회전한다. 무용수는 공중으로 뛰어올라 여러 번의 360° 회전을 수행하거나 무대를 가로질러 몸을 던지고 구를 수 있다. 자연의 힘에 대한 더 강력한 통제는 훈련을 통해 이루어진다. 기네스 세계기록 보유자인 일본인 무용수 아이치 오노 Aichi Ōno 는 자신의 회전 기록을 계속 경신해 나가다가 마침내 1분에 142번의 헤드스핀을 기록했다. 오노는 머리 꼭대기를 피벗 지점으로 사용하여, 어느 순간에는 하늘로 길게 뻗었다가 다음 순간에는 귀 주위로 말아서 속력을 높이거나 줄이는 방식으로 팔과 다리를 움직인다. 그의 헤드스핀은 강한 바람에 모양을 바꾸는 풍차처럼 보인다. 오노는 자신의 숙달된 기술을 육체적 감각으로 묘사한다. "나는 단지 내 몸이 회전하는 중심점을 느끼고, 그 점에 집중할 뿐이다."[12]

오노의 묘기는 열정적인 동작 연구의 결과이다. 이 장의 매우 단순화된 연습에서 볼 수 있듯이 춤에서의 회전은 회전 운동에 대한 정교한 조사를 나타낸다. 기술적 방식은 오노가 브레이크댄스 형식에 몰입하는 것과 같이 예로부터 내려온 전통과 훈련을 통해서 성문화되고 전수된다. 그러나 이러한 방식 또한 과학자들이 실험실에서 실험하는 것과 같은 방식으로 춤 연습실에서 시행착오적 연구를 통해 개발된다. 무용수의 회전에 대한 매우 작은 기술적 조정조차 물리적 효율성에 큰 영향을 미친다. 무용수와 안무가가 동작 연구에 참여하는 것처럼, 물리학자들은 우주의 역학에 대한 통찰력을 얻기 위해 타원 궤도를 따르는 아주 사소한 요동까지 주시하면서 행성의 공전에서부터 신체의 회전까지 모든 것에 대해 수 세기 동안 연구를 진행하고 있다.

이 장에서는 토크, 관성 모멘트, 각운동량의 개념을 안무가 조지 밸런친의 피루엣 진화에 관한 춤 역사 수업에 연결할 것이다. 동작 연구 전문가인 밸런친은 회전을 포함한 러시아 고전 발레 기술에 다양한 변화를 줌으로써 무용수와 물리적 힘 사이의 관계를 변화시켰다. 이를 통해 밸런친은 무용수들이 작은 힘을 들여서 동일한 회전 속력에 도달하도록 요구하는 피루엣을 만들어내는 등 놀랍도록 새로운 효과를 만들어냈다. 앞으로 보게 되듯이, 이 안무가는 오랫동안 물리학에 대해 꿈꿔왔던 것처럼 보인다.

피루엣

피루엣의 진화하는 역학을 추적하기 위해서는 밸런친이 러시아 상트페테르부르크의 황실 연극학교Imperial Theatre School에서 연구하기 시작한 1913년으로 시간을 거슬러 올라가야 한다. 이 기관은 안나 이오노브나Anna Ioannovna 황후가 사관학교 설립의 일환으로 1738년 설립한 뿌리 깊은 학교로, 거의 100년 후에 발레광인 니콜라스Nicholas 1세에 의해 극장가로 옮겨졌다. 밸런친이 도착한 20세기 초까지 학교는 군사적 느낌을 유지했다.[13] 학생들이 매일 받는 엄격한 고전 발레 훈련은 학생들의 몸에 수 세기 동안 연마된 러시아 발레의 전통을 주입했다.

밸런친이 배운 발레 기술에는 제1 자세부터 제5 자세까지 다섯 가지의 발 자세가 있다. 가장 일반적인 피루엣 준비 자세는 제4 자세이다.

간단한 연습으로 제4 자세의 느낌을 받을 수 있다. 먼저, 선택한 앞면에 대해 45°의 방향을 바라보며, 왼쪽 다리는 앞에, 오른쪽 다리는 뒤에 놓은 자세로 서라. 양 다리가 교차되어 있으므로 이를 크로아제croisé라고 부른다. 발레 훈련에 익숙한 정도에 따라 다르겠지만 편안함을 느끼는 범위 내에서 두 발이 턴아웃 자세가 되도록 하라. 앙드오르en dehors 피루엣에서, 회전은 앞쪽 다리에서 멀어지는 방향으로 일어난다. 발레에서 '지지 다리'라고 부르는 이 다리는 바닥과 연결되어 회전축 역할을 한다. 제4 자세에서 왼발이 앞에 있기 때문에 앙드오르 회전에서 왼쪽 다리가 지지 다리가 되

며, 회전은 오른쪽 어깨를 향하는 방향으로 일어난다.

러시아 고전 발레에서 앙드오르 피루엣은 앞과 뒤 다리를 모두 구부린 제4 자세의 플리에로 시작된다. 회전을 완수하기 위해서 무용수는 뒤쪽에 있는 오른발로 바닥을 밀고, 발바닥의 둥근 부분이나 푸앵트로 상승해서 지지 다리 위로 자신의 체중을 이동시킨다. 회전력은 오른발이 바닥에 가하는 압력과 팔 동작에서 나오는데, 이에 대해서는 곧 상세히 설명할 것이다.

회전 운동

물리학에서 회전 운동, 특히 피루엣을 이해하기 위해 몇 가지 정의로 시작하자. 우선, 분석하려는 물체의 회전 질량을 정의해야 한다. 이 장에서 고려하는 질량은 무용수의 신체이다.

그런데 무용수는 **무엇에** 대해서 회전할까? 무용수의 회전 지점을 정의하는 것만으로는 충분하지 않다. 공간상 한 점에 대해 회전하는 방법은 수없이 많기 때문에 운동을 충분히 제한하기 위해서는 무용수가 회전하는 **회**

전축axis of rotation을 정의할 필요가 있다. 피루엣의 경우, 회전축은 무용수의 신체를 통과하는 가상의 수직선이 된다. 이 수직선은 무용수의 머리에서 바닥에 닿는 발가락까지 관통한다.

이 회전축에 대한 신체의 구성으로부터 신체의 **관성 모멘트**를 정의할 수 있다. 주어진 회전력에 대해, 신체가 회전축에 가까울수록 무용수는 더 빨리 회전할 수 있다. 팔다리를 펼치는 것과 같이 질량이 회전축에서 멀어질수록 회전에 대한 무용수의 저항은 증가한다. 회전에 대한 물체(또는 질량)의 저항의 크기를 정량화한 양을 관성 모멘트라고 한다.

그렇다면 회전하게 만드는 것은 무엇인가? 이를 알기 위해서는 가해지는 힘의 **크기**뿐만 아니라 그 힘이 회전축에 대해서 **어떻게** 가해지는지를 알아야만 한다. 이 모든 정보를 나타내는 변수를 **토크**라고 한다.

마지막으로, 운동량을 질량과 속도의 곱으로 정의했듯이, **각운동량**을 관성 모멘트와 각속도의 곱으로 정의한다. 운동량에 대한 두 정의는 모두 물체의 운동에 대한 저항과 운동의 속력을 결합한 것으로, 외력이 없는 경우 둘 다 보존된다.

런지

시간을 거슬러 앞으로 빠르게 가보자. 1930년대에 밸런친은 박애주의자인 링컨 커스틴Lincoln Kirstein의 도움으로 미국으로 이주했다. 밸런친은 세르게이 디아길레프Sergei Diaghilev의 발레 뤼스Ballets Russes에서 안무가로서의 작품을 통해 새로운 발레 재원으로 유럽에서 명성을 얻고 있었다. 미국 발레단을 만들려고 했던 커스틴에게 밸런친은 이 목표를 실현시킬 예술가로 보였다. 1934년에 두 사람은 아메리칸 발레 스쿨을 세우고 젊은 무용수들을 높은 수준으로 훈련시키기 시작했다. 14년 후인 1948년에 그들은 밸런친의 미학 혁신 실험실이 된 뉴욕 시티 발레단을 공식적으로 설립했다.

밸런친은 끊임없이 형식을 실험했다. 그는 템포를 높이고, 쭉 뻗고 길쭉한 라인과 더 빠른 쁘티 알레그로(작고 빠른 점프와 동작)를 주장하고, 자세 자체뿐만 아니라 자세와 자세 사이의 **전환**을 강조했다. 또한 정적이라고 판단한 19세기 무언극을 제거하고, 기존의 서사 형식을 동작 지상주의를 기반으로 하는 추상적 이미지로 대체했다. 팔 동작인 포르 드 브라port de bras는 더 유려해지고 몸에 더 가까워졌으며, 발레리나의 발은 더 강해지고 더 조각처럼 되었다. (어떤 스텝에서 발레리나는 발을 쭉 뻗은 코끼리의 코처럼 표현하라는 지시를 받는다.) 또한 점프와 회전이 예기치 않게 발생하도록 함으로써 자신의 기술에 놀라움을 불어넣었다. 극장 밖에서 관찰한 미국 문화의 흥분과 에너지를 반영한 이러한 변화는 무용단과 함께 연습실 **안에서** 발레 기술을 연구하면서 일하는 집중적인 시간을 통해 나타났다.

밸런친의 걸출한 뮤즈인 수잔 패럴Suzanne Farrell은 밸런친이 피루엣을 수정한 날을 생생하게 묘사한다. 밸런친은 먼저 회전 준비에 사용된 제4 자세에 초점을 맞추었다. 패럴이 지적하듯이, 그날까지 패럴과 '지구상의 다른 모든 발레 무용수'는 양쪽 다리를 구부린 채 플리에를 준비하도록 훈련을 받아 왔다. 하지만 그날 아침 밸런친은 패럴에게 더 길고 더 깊은 런지lunge를 하도록 지시했다. 패럴은 뒤쪽의 오른쪽 다리를 곧게 세우고, 체중을 앞쪽의 지지 다리로 이동하면서 두 다리가 더욱 더 멀리 떨어지도록 움직였다. "더 크게"라는 말은 밸런친이 무용수를 지도할 때 자주 쓰는 요구였다. 패럴은 설정이 잘못되었다고 생각하면서도 너무 낮고 깊어서 자신이 거의 분리될 정도의 런지를 용케 해냈고, 그 다음 밸런친의 지시에 따라 도약했다. 패럴은 돌고, 또 돌고 … 계속 돌았다. 패럴은 이것을 자신이 느낀 '가장 영광스런' 피루엣이라고 기록했다.[14]

피루엣 기술에 대한 이러한 조정을 함에 있어서 밸런친은 공식과 신중한 계산으로 무장한 물리학자가 된 것과 같았다. 그의 피루엣 준비는 무용수들에게 높은 효율을 제공했다. 다중 회전을 실행하는 데 요구되는 힘이 줄어들었기 때문이다. 그리고 이미 체중이 지지 다리 위에 있기 때문에 몸을 앞뒤로 움직일 필요 없이 단순하게 위로 움직여서 푸앵트로 를르베relevé를 할 수 있었다. 새로운 준비는 놀라움의 향기도 주었다. 무릎을 구부린 고전 발레의 제4 자세에서 관객은 무엇을 기대해야 하는지 알고 있었다. 무용수는 분명히 회전할 것이다. 이에 반해 더 깊은 런지에서 무용수는 앞이나 뒤 또는 옆으로 움직일 수 있으며, 점프를 하거나 무대를 가로질러 달리거나, 피루엣을 할 수도 있다.

제4 자세를 런지로 확장함으로써 밸런친은 실제로 오른쪽과 왼쪽 다리의 두 지지 지점 사이의 거리를 증가시켰다. 이러한 거리 증가가 회전에 어떻게 영향을 주었는지는 피루엣을 토크의 물리학 개념과 연결시킨다.[15]

토크

회전을 시키기 위해 가해준 힘과 그로 인한 회전 속력 사이의 관계는 토크의 개념을 통해 탐색할 수 있다. 토크는 선가속도 linear acceleration 대신 **각가속도** angular acceleration 를 제공한다는 점을 제외하면, 힘과 유사하다고 간주할 수 있다. 다시 말해, 무용수는 직선을 따라 속력을 올리는 대신 더 빠르게 도는 것이다.

토크를 정의하기 위해서는 물리적 상황에 대한 설명에 몇 가지 변수를 포함시킬 필요가 있다. 하나의 발(이 발을 A라고 부르자)을 받침점으로 삼고 다른 발(이 발을 B라고 부르자)로 밀어서 회전할 때, 초기 회전 속력을 최대화하기 위해 다양한 변수를 제어할 수 있다. 가장 분명한 변수는 지면을 밀어내는 힘이다. 무용수가 가할 수 있는 가장 큰 힘은 자신의 체력, 균형 그리고 경험과 관련이 있다. 가해지는 힘의 **방향** 또한 중요하다. 두 발에 대한 도형과 두 발을 잇는 직선을 통해 이를 설명해보자. A에 표시된 점은 회전의 받침점으로 간주할 수 있고, B에 표시된 점은 회전에 필요한 힘이 작용하는 위치로 간주할 수 있다.

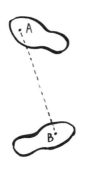

두 발을 연결하는 **작용선**line of action을 따르는 방향, 즉 A로 곧장 향하는 방향으로 B를 밀면, 회전하는 대신 앞으로 나아갈 것이다. 반면, 작용선에 수직인 방향으로 밀면 회전 속력을 최대화할 수 있다.

회전을 시작하기 위해 다음 그림에서와 같이 B가 힘 F로 지면을 밀면, 뉴턴의 운동 제3 법칙에 따라 지면은 크기가 같고 방향이 반대인 힘으로 B를 밀고, 이에 따라 위에서 바라볼 때 시계 방향으로 회전(앙드오르)하게 된다. 수직 방향과 평행 방향 사이의 방향으로 힘이 가해져도 회전이 일어나지만, 위에서 보인 바와 같이 수직 방향으로 힘을 가할 때 회전 속력을 최대화할 수 있다. 가해지는 힘의 방향이 회전 운동에 미치는 효과를 느끼기 위해, 평행 방향, 직각 방향, 둘 사이의 임의의 방향으로 힘을 가하며 연습해보라.

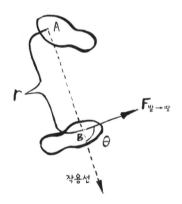

회전의 초기 속력에 직접적인 영향을 미치는 또 다른 변수는 A와 B 사이의 거리이다. A와 B가 가까이 놓여서 두 발을 잇는 선분이 짧은 경우, 큰 각속도로 회전하기 위해서는 보다 큰 힘을 가해야 한다. 두 발 사이를 멀리 떨어뜨리면, 균형을 잡기가 힘들거나 더 이상 힘을 가할 수 없는 지점에 도달할 때까지 큰 각속도로 회전하는 것이 쉬워진다. 렌치로 볼트를 푼다고 상상해보라. 렌치 손잡이가 길수록 팔의 힘으로 더 많은 회전력을 가할 수 있다. 밸런친이 무용수들에게 런지를 확장하도록 지시했을 때, 그는 렌치의 경우와 유사하게 무용수들의 회전력을 증가시키고 있었다.

    B에 회전력을 줄 수 있는 정도로 A와 B 사이의 거리를 제한하면, 기호 τ를 사용하는 토크의 관점에서 회전의 시작을 살펴볼 수 있다. 토크의 공식은 다음과 같이 주어진다.

$$\tau = rF \sin \theta \tag{46}$$

여기서 r는 받침점과 힘 F의 작용점 사이의 거리로, 이전 도형들에서 표시된 A와 B의 발바닥의 둥근 부분 아래에 있다고 생각할 수 있다. θ는 작용선에 대한 힘의 작용 방향을 나타낸다. 토크의 단위는 거리의 단위에 힘의 단위를 곱한 단위(m N)로 주어진다.

    임의의 각에 대한 사인 함수는 −1과 1 사이의 숫자이며, $\sin 90°$는 1임에 유의하라. 이는 각 θ가 90°일 때 위 공식이 다음과 같이 됨을 의미한다.

$$\tau = rF \sin 90° = rF(1) = rF \tag{47}$$

사인 함수가 가질 수 있는 최댓값은 1이므로 최대 토크를 주는 한 가지 방법은 회전력을 작용선에 대해 90°인 방향으로 가하는 것임을 알 수 있다. 공식에 따르면, 최대 토크를 주는 또 다른 방법에는 밸런친이 깊은 런지를 통해 설계한 것처럼 두 발 사이의 간격 r를 크게 하는 것과, 회전을 시작하기 위해 가하는 힘 F를 최대화하는 것이 있다.

물론 이것은 힘이 효과적으로 가해져서 회전이 일어나는 r의 범위 이내에서만 효율적으로 작동된다. 또한 토크 공식으로 피루엣을 모델링할 때 회전하는 신체는 단단하다고 가정한다. 이 가정이 왜 필요한지 이해하기 위해, 볼트를 돌리기 위해 렌치 끝에 가해지는 힘에 대해 다시 생각해보자. 렌치가 강철로 만들어진 경우, 렌치에 가해진 힘은 볼트로 전달된다. 그러나 렌치가 부드러운 점토로 만들어졌다면, 렌치에 가해진 회전력은 단지 점토를 구부릴 뿐이다. 따라서 인체가 점토보다는 강철처럼 행동한다고 가정하는 것이 타당하지만, 그래도 명심해야 할 중요한 점은 신체가 복잡한 구조라는 것이다. 때로는 간단한 공식으로 신체의 운동을 모델링할 때 잠재적으로 중요한 세부 사항들을 무시하곤 한다.

물리적 실체에 대한 세부 사항을 더 많이 고려함으로써 더 정확한 예측 능력을 갖는 모델로 수정할 수 있다는 것이 물리학 연구의 풍요로움 중 일부이다. 그러나 개인과 관련된 특성에 대해서는 한 마디도 하지 않은 채 전형적인 신체의 세부 사항을 포착해서 빠르게 복잡해지는 춤을 이해하기 위해 물리학을 이용하는 데에는 한계가 있다. 이런 경우에는 동작 연구가 수학적 모형 탐구보다 자연의 법칙을 이해하는 데 훨씬 빠를 수 있다.

팔의 배치

무용수들에게 깊은 런지의 제4 자세로 회전을 시작하라고 요구한 밸런친은 피루엣에 또 다른 변화를 주었다. 그는 무용수들이 정면을 '포착'하도록 훈련시켰다. 다시 말해, 머리를 휙 돌려 관객의 머리 위의 한 지점에 시선을 집중시킴으로써 피루엣을 무대 구석이 아닌 관객에게 선사하도록 했다. 조정해야 할 부조화 또한 발견했다. 팔의 전통적인 시작 자세는 더 이상 다리의 매끄러운 운동 라인과 어울리지 않았다.

러시아 고전 발레 기술에서 팔 자세는 발 자세와 마찬가지로 제1 자세부터 제5 자세까지 총 다섯 개로 구성된다. 밸런친은 팔의 제3 자세를 피루엣의 시작 자세로 사용하도록 훈련을 받았다. 제3 자세는 두 팔을 둥글게 말은 자세로, 한 팔은 신체의 앞면을 양분하면서 더 휘어지고, 다른 팔은 어깨에서 옆을 따라 밖으로 확장된 모습이다.

밸런친은 무용수들에게 팔을 구부리는 대신 두 팔을 신체로부터 멀리 떨어지게 해서 쭉 펴진 포르 드 브라를 사용하도록 했다. 이 장 앞부분에서 시도했던 발의 제4 자세를 잠시 떠올려보라. 오른팔은 앞쪽을 향하고, 왼팔은 옆쪽으로 곧장 뻗어 나간다. 대각선을 따라 뻗은 오른팔은 깊은 런지에서 뒤쪽의 오른쪽 다리를 잇는 선을 반영한다.

밸런친은 교육과 안무 연습에서 시적 이미지를 사용했으며, 이 자세에 대한 최종적인 특징은 대각선상 팔의 연장을 묘사하는 데 사용되었던 이미지인 '다이아몬드를 향해 손 뻗기'이다. (아메리칸 발레 스쿨의 교사들은 때때로 이 아이디어를 각자의 욕망에 따라 '초콜릿을 향해 손 뻗기'로 대체했다.) 다른 자세들은 사진과 삽화에서 찾아볼 수 있다.

팔의 시작 자세의 위치를 바꾸면서 밸런친은 물리학의 또 다른 핵심 개념인 **관성 모멘트**를 직접 활용했다.

관성 모멘트

알짜 외력이 작용하는 물체의 가속도와 관련해서 뉴턴의 운동 제2 법칙으로 질량을 정의했던 것처럼, 알짜 외부 토크가 작용하는 물체의 각가속도와 관련해서 관성 모멘트를 정의할 수 있다. 유사한 두 방정식은 다음과 같이 주어진다.

$$F = ma \quad \text{직선 운동에 대한 뉴턴의 운동 제2 법칙}$$
$$\tau = I\alpha \quad \text{회전 운동에 대한 뉴턴의 운동 제2 법칙}$$

여기서 I와 α는 각각 관성 모멘트와 각가속도를 나타내는 변수이다. 작은 질량에 힘을 가할 때가 큰 질량에 동일한 힘을 가할 때보다 더 큰 선가속도를 얻고, 작은 관성 모멘트를 가진 물체에 토크를 가할 때가 큰 관성 모멘트를 갖는 물체에 동일한 토크를 가할 때보다 더 큰 각가속도를 얻는다. 따라서 물체의 관성 모멘트를 회전에 저항하는 능력으로 간주할 수 있다.

관성 모멘트를 계산하려면 반드시 회전축을 먼저 확인해야 한다. 가장 간단한 예로, 질량이 알려지고 공간상에서 잘 정의된 위치를 갖는 물체들의 집합을 고려해보자. 이 상황에서 회전축에 대한 관성 모멘트의 공식은 다음과 같다.

$$I = m_1 r_1^2 + m_2 r_2^2 + m_3 r_3^2 + \cdots \qquad (48)$$

여기서 각 물체의 질량 m과 회전축으로부터의 거리 r는 숫자 1부터 물체의 개수인 n까지 아래 첨자로 표시된다. x축 상의 -2.0 m, 1.0 m, 1.5 m인 지점에 놓여 있는 질량 m_1, m_2, m_3으로 이루어진 계를 예로 들어보자. $x = 0$인 점을 지나고 xy 평면에 수직인 직선을 회전축으로 선택하면, r_1, r_2, r_3은 각각 -2.0 m, 1.0 m, 1.5 m이다. 세 물체의 질량을 알고, 이들을 x축을 따라 질량을 무시할 수 있는 가는 막대를 통해 연결하면, 이 계의 관성 모멘트를 계산할 수 있다. 간단히 하기 위해 세 물체의 질량을 각각 1 kg이라고 가정하면 계산은 다음과 같다.

$$I = 1\,\text{kg} \times (-2.0\,\text{m})^2 + 1\,\text{kg} \times (1.0\,\text{m})^2 + 1\,\text{kg} \times (1.5\,\text{m})^2$$
$$= 4\,\text{kg}\,\text{m}^2 + 1\,\text{kg}\,\text{m}^2 + 2.25\,\text{kg}\,\text{m}^2 = 7.25\,\text{kg}\,\text{m}^2 \tag{49}$$

계산은 훌륭하지만, 회전하는 무용수는 질량이 없는 막대로 연결된 x축 상의 세 질량 계와 그리 많은 공통점을 가지고 있지는 않다. 관성 모멘트 공식을 이용해서 실제 물리적인 계에 대한 통찰력을 얻을 수 있는 방법은 무엇일까? 특히 팔이나 다리가 회전축에 대해 움직일 때, 이 회전축에 대한 인체의 관성 모멘트는 어떻게 변할까?

무용수를 개별적 질량들이 연결된 계로 모델링하는 것을 상상해보자. 무용수를 일련의 정육면체가 연결된 것으로 생각하면, 몸을 구성하는 1 cm 또는 그보다 작은 정육면체로 무용수의 질량을 나눌 수 있으며, 각 정육면체가 회전축으로부터 얼마나 떨어져 있는지를 알기 위해 신체 치수를 측정할 수 있다. 공식의 r 값을 계산할 때 정육면체의 중심을 정육면체의 질량의 위치로 택할 수 있다. 이 계산은 무용수가 회전축에 대해 위치를 바꾸지 않을 때에만 타당한 엄청난 양의 작업이다. 장기, 혈액, 뼈, 근육, 지방의 밀도가 모두 다르다는 것을 알고 있기 때문에, 인체의 밀도가 일정하다는 가정을 하지 않으면, 더 나은 결과를 얻을 수 있다.

물리학 계산을 통해 밸런친이 수정한 피루엣 기술에 대해 조사하기 위해 한 팔의 자세에만 초점을 맞춰보자. 이 단순화조차 복잡해 보이지만, 이로부터 통찰력을 얻을 수 있다. 여기에서는 밸런친 기술에서 오른팔의 관성 모멘트를 계산하고, 러시아 고전 발레 기술에 대한 계산은 워크북의 연습문제로 남겨둔다.

계산을 간단히 하기 위해, 다음 표에 나와 있는 관련 발췌문과 함께 로저 에노카Roger Enoka가 쓴《인간 운동의 신경 역학The Neuromechanics of Human

Movement》에서 제시한 젊은 성인 남녀의 평균 크기와 밀도에 대한 정보를 이용할 것이다.[16] 팔을 손, 전박, 상박의 세 부분으로 구성된 계로 간주하자. 이들 세 신체 부위의 질량 중심의 위치에 대한 자료를 이용하면 두 자세 사이의 위치 변화가 얼마인지를 알 수 있고, 이에 따라 두 기술 사이의 초기 관성 모멘트의 차이를 이해할 수 있다. 단순화를 위해, 몸통의 너비를 30 cm라고 가정한다.

부위	성인 여성(남성)의 길이(cm)	성인 여성(남성)의 총 질량에 대한 질량 백분율	성인 여성(남성)의 길이에 대한 질량 중심의 위치 백분율
손	7.80(8.62)	0.56(0.61)	25.26(21.00)
전박	26.43(26.89)	1.38(1.62)	54.41(54.26)
상박	27.51(28.17)	2.55(2.71)	42.46(42.28)

표의 첫 번째 줄은 여성의 손 길이의 평균 측정값이 7.80 cm라는 것을 말해준다. 손의 질량은 몸 전체 질량의 0.56%에 불과하다. 따라서 여성의 총 질량이 100 kg이라면 보통 손의 질량은 0.56 kg이 된다. 손의 질량 중심은 손가락 끝보다 손목 쪽에 훨씬 더 가깝고, 손 밑 부분으로부터의 길이의 약 4분의 1, 즉 25%에 불과했다. 질량 중심의 위치가 각 끝으로부터 중간 지점에 있다면 마지막 열의 값은 50%이었을 것이다.

다음 그림에서 상박, 전박, 손은 밸런친 기술에서 무용수의 가슴에 의해 정의되는 평면에 수직인 직선으로 뻗어 있다고 가정한다. 실제로는 무용수의 극단적인 도달 범위를 반영해서 몸통과 오른팔 사이의 각도가 둔각일 것으로 기대할 수 있겠지만, 이 단순화 가정으로 계산을 보다 쉽게 할 수 있다. 이 그림에서, 회전축은 몸통의 중심을 통과하며, 신체 부위는 표의 평균 여성에 대한 크기로 표시되었다.

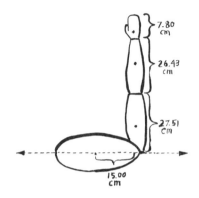

계산하기 위해서는 팔의 각 부위의 질량 중심에서 회전축까지의 거리
가 필요하다. 따라서 팔의 각 부위의 길이뿐만 아니라 해당 부위의 질량 중
심의 위치도 알 필요가 있다. 몇 단계로 이 작업을 수행할 수 있는데, 먼저
각 신체 부위(손, 전박, 상박)의 기저로부터 거리를 계산해보자.

손에 대해서:
$$7.80 \text{ cm} \times 0.2526 = 1.97 \text{ cm} \tag{50}$$
전박에 대해서:
$$26.4 \text{ cm} \times 0.5441 = 14.38 \text{ cm} \tag{51}$$
상박에 대해서:
$$27.51 \text{ cm} \times 0.4246 = 11.68 \text{ cm} \tag{52}$$

이 정보를 다이어그램에 추가하면 그림은 다음과 같다.

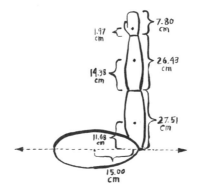

아직 각 부위의 질량 중심 위치에서 회전축까지 거리를 모른다. 이 거리를 구하기 위해, 일련의 삼각형을 만들어보자. 삼각형의 밑변은 회전축으로부터 팔을 따르는 수직선까지 길이인 15.00 cm이다. 이제 기저로부터 각 질량 중심 위치까지 거리를 찾아보자. 상박의 경우에는 간단하다. 상박의 질량 중심까지 거리는 조금 전에 계산했던 11.68 cm이다. 그러나 전박의 경우, 기저에 대한 질량 중심의 위치는 계산한 값인 14.38 cm에 상박의 전체 길이인 27.51 cm를 더한 값인 41.89 cm가 된다. 손의 질량 중심은 회전축으로부터 가장 멀리 떨어져 있다. 이 위치들을 사용해서 직각 삼각형을 만들 수 있다. 한 변은 15.00 cm의 기저의 길이이고, 다른 변은 기저를 정의하는 직선으로부터 질량 중심 위치까지 거리이며, 빗변은 회전축으로부터의 실제 거리 r를 나타낸다.

기하학의 유용한 공식으로부터 삼각형의 빗변의 길이는 다음과 같이 구할 수 있다.

$$\text{빗변} = \sqrt{(\text{밑변})^2 + (\text{대변})^2} \tag{53}$$

다음 크기를 확인해보라.

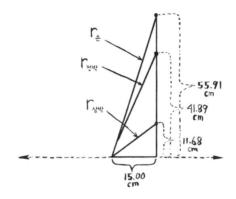

$$r_{손} = \sqrt{(15.00 \text{ cm})^2 + (55.91 \text{ cm})^2} = 57.89 \text{ cm} = 0.5789 \text{ cm} \qquad (54)$$

$$r_{전박} = \sqrt{(15.00 \text{ cm})^2 + (41.89 \text{ cm})^2} = 44.50 \text{ cm} = 0.4450 \text{ cm} \qquad (55)$$

$$r_{상박} = \sqrt{(15.00 \text{ cm})^2 + (11.68 \text{ cm})^2} = 19.01 \text{ cm} = 0.1901 \text{ cm} \qquad (56)$$

이제 팔의 각 부위와 회전축 사이의 거리를 모두 구했다. 관성 모멘트에 대한 팔의 기여도를 계산하려면 모델링한 무용수의 질량을 가정해야 한다. 질량이 60 kg인 여성을 고려하면, 표의 정보를 이용해서 각 부위의 질량을 추정할 수 있다. 표에서는 질량비를 백분율 형태로 나타냈음에 유의하라. 손 질량이 사람 질량의 약 0.56%인 경우, 사람 질량에 0.0056을 곱해서 손 질량을 계산할 수 있다.

$$m_{손} = (60 \text{ kg}) \times (0.0056) = 0.34 \text{ kg} \qquad (57)$$

$$m_{전박} = (60 \text{ kg}) \times (0.0138) = 0.83 \text{ kg} \qquad (58)$$

$$m_{상박} = (60\,\text{kg}) \times (0.0255) = 1.53\,\text{kg} \tag{59}$$

따라서 밸런친이 고안한 자세를 취하고 있는 60 kg의 여성에 대해, 오른팔의 관성 모멘트 기여도를 계산하면, 다음과 같이 대략 0.33 kg m²이다.

$$
\begin{aligned}
I &= I_{손} + I_{전박} + I_{상박} \\
&= (0.34\,\text{kg})(0.5789\,\text{m})^2 + (0.83\,\text{kg})(0.4450\,\text{m})^2 + (1.53\,\text{kg})(0.1901\,\text{m})^2 \\
&= 0.11\,\text{kg m}^2 + 0.16\,\text{kg m}^2 + 0.055\,\text{kg m}^2 = 0.33\,\text{kg m}^2
\end{aligned}
\tag{60}
$$

러시아 고전 기술의 시작 위치를 계산하는 연습은 워크북에 포함시켰다. 두 계산에서 팔의 각 부위의 질량은 변하지 않는 반면 각 부위의 질량 중심에서 회전축까지 거리는 밸런친의 기술과 러시아 고전 기술 사이에 동일한 값을 유지하거나 감소하므로, 러시아 고전 기술에 대해 계산한 관성 모멘트가 밸런친 기술에 대해 계산한 값보다 작을 것이다. 계산을 마치고 나면 이 내용이 사실인지 확인하라.

회전

밸런친의 피루엣에서 자세히 다루어야 할 내용이 하나 더 있다. 이것은 관성 모멘트와 직접 연관된 것으로, 회전하는 동안 두 팔의 자세에 관한 것이다. 앞서 설명했던 아이치 오노의 헤드스핀과, 오노가 회전축에 대해 팔다리의 재분배를 통해 회전 속력을 더 잘 제어할 수 있었던 방식에 대해 다시 생각해보자. 앞으로 보게 되듯이, 이와 비슷하게 밸런친도 피루엣을 하는 동안 무용수의 팔의 질량을 재배치함으로써 팔의 관성 모멘트를 감소시켰다.

밸런친의 변형은 언뜻 보기에 간단해 보였다. 러시아 고전 발레 훈련에서, 두 팔은 시작 자세인 제3 자세로부터 제1 자세로 바뀌는데, 이 자세에서 양팔은 신체 앞에서 둥글게 원형을 이룬다. 다음에 나오는 왼쪽 그림에서 두 팔의 위치를 확인하라.

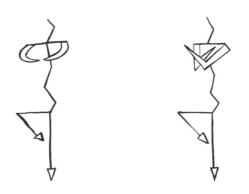

　　밸런친은 이 자세를 수정했다. 두 팔이 몸에서 멀리 떨어진 상태로 회전하는 대신 그는 무용수들이 팔을 몸에 가까이 접도록 한 상태로 회전하도록 했다. 늘 그렇듯, 그는 고전적인 형식을 유지하여 발레라고 인식할 수 있을 범위 내에서 세부 사항을 크게 변경했다. 팔꿈치는 무용수의 측면 아래쪽으로 구부러지고, 전박은 몸을 향하고, 양쪽 손목은 교차한다. 오른쪽 그림에서 변경된 자세를 볼 수 있다.

　　이제 시도해보자. 왼쪽 다리를 앞으로 놓은 제4 자세를 가정하자. 플리에 자세로 체중을 앞쪽 왼다리에 완전히 실어라. 오른발로 바닥을 누르고 회전력을 주려고 한다. 시작 자세에서 해야 할 일은 곧게 를르베를 하는 것이다. 이 경우, 푸앵트 슈즈를 신고 있지 않을 가능성이 높기 때문에 발바닥의 둥근 부분 위로 상승할 것이다. 러시아 고전 기술에서 하듯이 두 다리 사이에 위치해 있던 질량 중심으로부터 체중을 옮기는 대신, 질량 중심이

를르베에 필요한 위치인 앞쪽 지지 다리 위에 놓여 있었음에 주목하라. 상승하면서 오른쪽 발가락을 당겨 왼쪽 무릎에 닿게 하고, 오른쪽 무릎은 옆으로 향하게 하라. 발레 용어로는 이 자세를 파쎄passé라고 부른다. 한 가지 덧붙여 설명하자면, 를르베를 하자마자 오른쪽 그림에서와 같이 양쪽 팔을 당겨 몸에 가까이 붙이도록 하라. 오른발로 바닥을 미는 것과 오른팔을 재빨리 당기는 것이 결합해서 회전에 필요한 힘을 제공할 것이다.

물론 이 책을 통해서 터득할 수 있는 것보다 훨씬 더 많은 기술적 세부 사항이 있다. 좀 더 기초적인 연습을 위해서는 단순히 제자리에서 회전을 시도할 수도 있다. 팔을 몸에서 멀리 뻗고 회전하다가 양쪽 팔을 몸통 가까이 당겨보라. 회전 속력(물리학 용어로는 각속도)에 미치는 관성 모멘트의 영향을 느낄 수 있을 것이다. 이러한 기초 연습에서조차 밸런친의 안무 연습과 무용수의 신체에 작용하는 힘 사이의 미묘한 관계에 대한 느낌을 받을 수 있을 것이다.

각운동량

피루엣에 대한 밸런친의 설계를 이해하는 데 유용한 또 하나의 도구는 각운동량의 개념이다. 선운동량 p는 물체의 질량 m에 속도 v를 곱한 양으로 정의되었다. 이와 유사하게, 각운동량은 물체의 관성 모멘트 I에 각속도 ω를 곱한 양이다. 따라서 각운동량 L에 대한 식은 다음과 같이 주어진다.

$$L = I\omega \tag{61}$$

선운동량과 마찬가지로, 외력이 존재하지 않을 때 각운동량은 보존된다. 물체의 관성 모멘트가 변할 때 물체의 각운동량이 일정하게 유지되면, 물체의 회전 각속도는 어떻게 되는지 생각해보라.

마찰이 거의 없는 빙판에서 회전하고 있는 피겨스케이팅 선수가 회전축 가까이로 팔이나 다리를 당길 때 어떤 일이 일어나는지 생각해보자. 이 행동으로 질량을 회전축에 더 가까이 가져오는 효과가 생기고, 이에 따라 움직이는 팔다리에 대한 r 값과 이에 따른 I 값이 작아지게 된다. L 이 보존되기 때문에 I가 감소하면 ω는 증가해야 하는데, 실제로 정확히 그렇게 된다. 회전 속도는 팔이나 다리를 오므리면 증가하고 펼치면 감소한다. 회전 동작을 하는 무용수의 경우 푸앵트 슈즈와 바닥 사이에 상당한 마찰이 있기 때문에 각운동량이 보존되지 않지만, 그럼에도 관성 모멘트 변화의 영향은 여전히 유효하다. 러시아 고전 발레의 피루엣과 비교할 때, 관성 모멘트가 회전하기 전에 증가하다가 회전하는 동안 감소하는 밸런친 기술은 주어진 토크의 크기에 대해서 더 높은 각속도로 이어질 수 있다.

운동 지능

모든 무용수들이 편안하고 유려하게 회전하는 것은 아니다. 회전을 잘하는 사람들은 '타고난 곡예사'로 알려져 있다. 아이치 오노가 브레이크댄스의 타고난 곡예사이듯, 수잔 패럴은 발레의 타고난 곡예사이다. 그들은 춤 형식에 따라 물리적 배치의 세부 사항이 크게 다름에도 회전 운동에 대한 직관적 이해력을 공유한다. 직관적 이해력은 운동 지능의 독특한 형태이다.

리투아니아의 무용수 로라 주드카이트Lora Juodkaite는 또 다른 접근법의 하나로 몇 시간 동안 회전하는 회전 운동 능력을 키웠다. 프랑스와 알제리의 안무가인 라시드 우람단Rachid Ouramdane은 주드카이트의 회전이 기억에 남을 역할을 한 두 여성의 춤 초상화인 「토르드Tordre, 2014」를 포함한 자신의 춤에서 주드카이트의 독특한 능력을 선보였다.

「토르드」에서 주드카이트는 회전을 하면서 원형 패턴을 그리며 무대 위를 돌아다녔다. 그녀의 하체는 발레 훈련을 반영했다. 그녀는 발바닥의 둥근 부분으로 도약해서 다리를 길게 유지하며, 고전 발레에서의 빠른 일련의 회전 동작인 셰네chaînés 처럼 보이는 작은 발걸음의 180° 회전을 실행했다. 그러나 발레에서와는 달리, 천천히, 보다 신중한 속도로 자신의 팔을 다양한 구성으로 조작함으로써 변조한 리듬을 꾸준히 유지하면서 움직였다. 새처럼 머리 위로 두 팔을 들어 올리거나 권투선수처럼 앞으로 내민 두 주먹을 꼭 쥐기도 했다. 회전은 이런 이미지들이 드러나거나 사라지는 것에 반하는, 심지어 이것들이 그녀의 회전을 촉진할 때조차, 항상성恒常性을 만들어냈다. 주드카이트는 현기증을 피하기 위해 전형적으로 사용되는 춤 기술의 요령을 설정하지 않았으며, 그 덕택에 균형에 영향을 주지 않으면서 위, 아래, 정면으로 바라볼 자유를 얻었다. 때로는 더 타이트하고 빠르게, 때로는 게으른 회전문처럼 열리기도 했지만, 그녀의 패턴은 항상 정확했다. 주드카이트의 회전은 말을 하는 것이다. 그녀는 어릴 때부터 회전 운동 능력을 개발해왔고, 회전하는 동안 편안함과 평화로움에 대한 최고의 감각을 느낀다고 설명했다.[17]

그녀의 묘기를 지금까지 설명한 물리학 용어로 분석하자면, 팔의 위치는 관성 모멘트에 영향을 주고 발은 일정한 회전을 유지하기 위한 힘 또는 토크를 제공한다고 요약할 수 있다. 그러나 이것만으로는 높은 운동 지능을 가진 무용수가 끝까지 회전할 것처럼 보이는 신비한 효과를 완전히 설명할 수는 없다.

2부

에너지, 공간, 시간

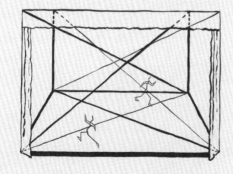

7. 에너지

2010년에 안무가 랄프 레먼Ralph Lemon은 여섯 명의 무용수가 20분 동안 격렬한 속도로 움직이는 춤을 창작했다. 무용수들은 완전히 탈진하여 방향 감각을 잃은 상태로 점점 더 빠져들면서, 무대 주변에 몸을 거칠게 내던졌다. 몸부림, 도약, 슬래핑, 떨림과 같은 그들의 동작은 설정되거나 예정된 것이 아니었다. 오히려 그것들은 **격렬함**에 대한 육체적 탐구의 부산물이었다.[18] 무용수들에게 빠른 속도로 변화된 에너지 상태에 도달하도록 요구하는 레먼은 형식이나 스타일이 없는 춤, 춤이라고 거의 인식할 수 없는 춤을 창작하고 싶어 했다.[19] 무용수들이 에너지를 많이 쓸수록 오히려 에너지가 더 많이 만들어지는 것처럼 보였다. 그들의 피로가 심해짐에 따라 그들의 에너지가 밖으로 반향을 불러 일으켜서 무대가 진동하는 듯 보였다. 이 즉흥이 등장하는 작품「어떻게 하루 종일 집에 머물고 아무 데도 가지 않을 수 있는가?How Can You Stay in the House All Day and Not Go Anywhere?」는 인간의 깊은 상실에 대한 묵상이었다. 슬픔의 형태를 연구하던 레먼은 무대 위에서 하던 전통적인 감정 표현을 전면적인 동적 표출로 대체했다.

　　20세기 초에 물리학자들은 완전히 새로운 방식으로 에너지를 이해하기 시작했다. 에너지 E는 질량 m 및 빛 속력 c와 아인슈타인의 유명한 식 $E = mc^2$을 통해서 근본적으로 얽히게 되었다. 물질과 에너지를 교환하는 능력은 자연의 에너지 보존에 대해 이해하는 방식을 변화시켰다. 양자 역학에서 에너지가 양자화되어 있다는 것, 즉 에너지는 자연이 설정한 제한된 수의 값들만 가질 수 있다는 것을 발견한 것 또한 혁명이었다. 제한된 값들 사이의 값을 갖는 것은 절대로 불가능하다. 아인슈타인의 질량−에너지 동등성과 양자화quantization는 사람들이 쉽게 접할 수 없는 고에너지 또는 작은 공간적 크기라는 극한의 물리적 조건하에서만 눈에 띄게 된다. 그럼에도 불구하고 레먼과 같은 안무가가 무용수의 몸을 이용해서 모양을 형상화하는 것으로부터 무용수의 몸에서 방출하는 에너지를 구성하는 것으로 안무의 장을 전환할 때, 질량과 에너지는 하나로 보일 수 있게 된다.

　　이 장에서는 물리학과 춤에서 에너지를 어떻게 정의하고, 상상하고, 배치하는지에 대한 일련의 명상을 엮어나갈 것이다. 각각의 분야에서 에너지를 포괄적으로 취급할 수는 없지만, 광범위한 사례를 다룰 것이다. 에너지는 물리학 분야와 춤 분야에서 필연적으로 다르게 정의될 뿐 아니라, 각 분야 안에서조차도 정의가 다양하다. 물리학자는 운동 에너지에서 전자기 스펙트럼, 암흑 에너지dark energy에 이르기까지 매우 다양한 측면의 에너지를 연구한다. 춤에서 에너지는 무용수가 움직일 때 눈에 띄게 될 뿐 아니라, 무용수의 집중력과 주의력에 약간의 변화를 주어서 공연장의 분위기를 바꿀 때에도 관객들이 이를 느끼기도 한다.

　물리학과 춤에서 에너지를 특징짓는 다양한 형태와 공식 및 정의로부터 에너지를 일반화할 때, 우리는 두 분야에서 주목할 만한 공유 영역을 발견하게 된다. 두 분야는 모두 **에너지를 변화를 일으키는 능력**으로 인식할 뿐만 아니라 **에너지가 다른 형태를 취할 수 있다**고도 인식한다. 이 장을 진행하면서 두 분야 사이의 또 다른 관계성과 유사성에 대해 알아볼 것이다. 당신도 주변과의 관계성을 인식하는 자신을 발견할 것이다. 이 글을 읽으면서 물리학과 춤을 가로지르는 손에 잡히지 않는 에너지 여행, 즉 이러한 생각들이 어디에서 연결되고, 언제 갈라서야 하고, 왜 갈라서야 하는지에 대해 생각해보라.

운동 에너지

공간을 거침없이 나아가는 무용수의 에너지를 어떻게 정량화할 것인가? 운동 에너지는 운동하는 물체가 갖는 에너지로서, 무용수의 질량과 속도에 따라 달라진다. 운동 에너지(KE)의 정의는 다음과 같다.

$$KE = \frac{1}{2}mv^2 \tag{62}$$

여기서 m과 v는 각각 물체의 질량과 속도를 나타낸다. 무용수의 속도가 증가할수록 운동 에너지가 증가한다는 것은 직관적으로 이해할 수 있다. 무용수의 속도가 느려지면 반대 상황이 발생한다. 즉 속도가 느려짐에 따라 운동 에너지도 이에 상응하여 감소한다. 동일한 속력으로 움직이는 두 물체의 경우, 질량이 큰 물체가 작은 물체보다 더 많은 운동 에너지를 가질 것이라는 것도 타당해 보인다.

이 공식은 에너지 개념에 대한 새로운 정량적 측정 범주를 소개하고 있다. 물리학에서 대답해야 할 질문은 다음과 같다. "에너지는 우리가 측정할 수 있는 물리량으로 어떻게 정의되는가? 단위는 무엇인가?" 에너지는 물리학자 제임스 줄James Joule의 이름을 딴 단위인 줄Joule을 사용한다. 줄의 약어는 대문자 J이다. 줄은 물체의 질량, 이동 거리, 시간에 의존하며, 다음과 같이 킬로그램, 미터, 초를 기반으로 정의된다.

$$1\,J = 1\,kg\,m^2/s^2 \tag{63}$$

줄은 힘의 단위인 뉴턴을 이용하면 다음과 같이 쓸 수도 있다.

$$1\,J = 1\,N\,m \tag{64}$$

식 (64)에서 알 수 있듯이, 힘과 거리를 곱하면 에너지가 된다.

형식으로서의 에너지

안무가 머시 커닝햄 Merce Cunningham 은 언젠가 제한된 범위 내에서 안무를 짜야함을 토로하면서 인체의 팔, 다리, 머리, 발의 배열이 몇 가지밖에 되지 않는다고 말한 적이 있다. 그러나 춤은 인체 구조를 체계화할 뿐 아니라 운동 에너지를 이용할 수도 있다. 운동 에너지를 집결시키는 방법은 지구상의 인간들만큼이나 많다.

다양한 춤 형식은 운동 에너지를 이용한 움직임의 관점에서 이해할 수 있다. 예를 들어 새로운 길거리 춤인 '플렉싱 flexing'은 자메이칸 브룩업 bruk-up*과 브루클린의 레게 뮤직 클럽에서 발전했다. 플렉싱은 일정한 특징을 통합하면서도 각자의 고유 스타일을 위한 여지를 만든다. 에너지의 미세한 그러데이션이 발생하는 것이다. 무용수는 하나의 순서를 따라 미끄러지다가 갑자기 멈추고 다음 행위를 재설정할 수도 있고, 다양한 강조점을 바꾸거나 특이한 방법으로 몸을 이동하면서 새로운 차원의 형식을 추가할 수도 있다. 어떤 무용수는 발로 미끄러지는 것을 선호할 수 있고, 어떤 무용수는 팔과 척추의 특정 굴곡을 잘 조절할 수 있다. 또 다른 무용수는 가끔씩 과거 훈련의 그림자인 발레 이미지를 드러내기도 한다. 개개의 플렉스 무용수

---

* 1990년대 초반 자메이카에서 브루클린으로 이주한 George Adams가 선보인 프리스타일 춤을 일컫는 것으로, 브루클린의 Afro-Caribbean 지역에서 번성하며 문화로 녹아내리고, 힙합과 팝에 융화된 춤

는 파핑popping*에서 현대 무용에 이르기까지 독특한 운동 에너지를 합성해서 형식 혁신을 주도한다. 플렉싱은 무대에 올라 공연을 펼쳤으며, 장소의 변화는 공연에 또 다른 복잡성을 추가했다.

다른 춤 표현 형식의 안무가들도 에너지를 잘 다룬다. 트와일라 타프는 운동 에너지를 합성해서 무대를 가로질러 분출하는 춤을 만든다. 그녀의 작품을 볼 때 올바른 방향으로 주의를 기울이면 안무는 완전한 힘으로 변한다. 타프의 저녁 시간 길이의 작품인「공중제비 넘기The Catherine Wheel, 1981」의 피날레인 '황금 분할The Golden Section'이 그러한 춤이다. 데이비드 번 David Byrne의 음악에 맞춰 산토 로콰스토Santo Loquasto가 디자인한 반짝이는 금색 의상으로 모양을 낸 무용수들은 공중을 날아 서로의 팔로 뛰어드는 도약과 논스톱 스핀 등 겉보기에 불가능한 움직임을 펼친다. 움직임의 연금술사인 타프는 발레, 재즈, 탭 댄스는 물론 에어로빅, 요가, 배구와 같이 춤이 아닌 형태에 나타나는 다양한 동작 표현법을 하나로 융합한다. 무용수의 동적 열기는 작품의 초기 섹션에 나오는 어두운 가족 드라마와 달리 낙천주의, 심지어 기쁨을 발산한다.

중력 퍼텐셜 에너지

안무가의 구성 결정은 어떤 자세와 구조가 물리적으로 가능한지와 주어진 순간에 무용수의 몸에 어떤 힘이 작용하는지에 따른 제약을 받는다. 물리학은 퍼텐셜 에너지를 통해 임의의 물체에 대해

---

* 1970년대 초반 캘리포니아의 Fresno에서 시작되었으며, 목, 다리, 팔 등의 근육에 강하게 힘을 주면서 움직이는 것이 가장 큰 특징인 오리지널 펑크스타일의 길거리 춤. 파핀 poppin이라고도 함

궁극적으로 무엇이 가능한지를 정량화한다. 무용수가 움직이기로 결정하면 퍼텐셜 에너지는 운동 에너지로 전환된다.

가장 근본적이고 항상 존재하는 퍼텐셜 에너지의 형태 중 하나가 **중력 퍼텐셜 에너지**이다. 중력은 사람이 사용할 수 있는 에너지를 저장하는 메커니즘을 제공한다. 예를 들어 사람이 일어서는 것은 중력에 대항해서 일을 하는 것이다. 지표면 위로 자신의 질량 중심의 높이를 증가시킬수록 더 멀리 떨어지게 되고 이에 따라 더 큰 속도를 낼 수 있다.

질량을 갖는 두 물체의 상대 위치 사이의 중력 퍼텐셜 에너지 변화를 계산해보자. 여기서 두 물체는 지구와 달, 다른 행성들, 또는 연습실에서 움직이는 두 무용수를 모두 포함한다. 그런데, 무용수 쌍의 경우에는 질량이 너무 작기 때문에 둘 사이의 중력의 존재를 감지하거나 둘이 결합된 중력 퍼텐셜의 변화를 경험하기는 힘들다.

지금부터는 지표면에서 움직이면서 경험하는 중력 퍼텐셜 에너지의 변화에 대한 논의로 제한하자. 관례에 따라 중력이 y축을 따라 작용하는 좌표계를 설정하자. $+y$ 방향은 하늘을 향하고, $-y$ 방향은 지구 중심을 향한다. 중력 퍼텐셜 에너지는 한 시점에서 다음 시점까지 높이 변화의 맥락에서 의미가 있기 때문에 $y = 0$인 수평면을 어디든지 편리하게 설정할 수 있다. 때때로 운동의 시작점이나 끝점을 $y = 0$인 점으로 사용하면 편리하다. 중요한 것은 계산하기 전에 좌표계를 설정하고 계산하는 동안 일관성을 유지해야 한다는 것이다.

무엇을 계산할까? 지표면 근처에 놓인 물체의 중력 퍼텐셜 에너지 (U_G)는 다음에 따라 달라진다.

- 질량 m
- 지표면에서의 중력 가속도 g. 지구의 질량과 지구 중심에서 지표면 까지의 거리에 대한 정보는 이미 g에 포함되어 있다. 앞서 정의한 바와 같이 $g = 9.8 \, \text{m/s}^2$이다.
- 초기 위치에서 최종 위치까지 질량 중심의 y 위치의 변화량. 이는 최종 높이에서 초기 높이를 뺀 것($y_f - y_i$)과 같다. 이 변화량을 h로 놓는다.

따라서 중력 퍼텐셜 에너지 U_G는 다음과 같이 주어진다.

$$U_G = mg(y_f - y_i) = mgh \tag{65}$$

표본 계산을 해보자.

무용수가 바닥에 엎드린 자세로부터 일어날 때 중력 퍼텐셜 에너지의 변화는 얼마일까? 무용수의 질량은 80 kg이고, 질량 중심은 0.75 m만큼 올라간다고 가정하자. 편의상 초기 높이 y_i를 0 m로, 최종 높이 y_f를 0.75 m 로 설정해서 $h = (0.75 \, \text{m} - 0.0 \, \text{m}) = 0.75 \, \text{m}$라고 하자. 이 값들을 공식에 대입하면 다음과 같다.

$$U_G = mgh = 80 \, \text{kg} \times 9.8 \, \text{m/s}^2 \times 0.75 \, \text{m} = 588 \, \text{kg} \, \text{m}^2/\text{s}^2 = 588 \, \text{J} \tag{66}$$

일어서는 대신 반대 방향으로 이동해서 떨어지면 어떻게 될까? 동일한 질량과 높이 변화에 대해 공식에서 유일하게 달라지는 것은 초기 위치와 최종 위치를 바꾸는 것이다.

$$h = y_f - y_i = 0.0 \, \text{m} - 0.75 \, \text{m} = -0.75 \, \text{m} \tag{67}$$

$$U_G = mgh = -588\,\text{J} \qquad\qquad (68)$$

중력 퍼텐셜 에너지 변화가 양의 값이면 중력에 대해서 일을 한 것이고, 음의 값이면 중력이 무용수에게 일을 한 것이다. 어떤 자세로 서 있거나 누워 있는지는 중요하지 않다는 점에 유의하자. 시작 위치와 정지 위치 사이에 연습실을 몇 바퀴 돌았는지에 관계없이 계산에 필요한 유일한 것은 시작 높이와 정지 높이뿐이다. 중력 퍼텐셜 에너지의 총 변화량은 초기 위치와 최종 위치 사이의 경로에 의존하지 않는다.

낙하하기

무용수에게 낙하하라고 할 때 안무가는 퍼텐셜 에너지에 내재된 연출법을 최우선적으로 활용할 것이다. 지구를 향해 낙하하는 방법은 구르거나, 떨어뜨리거나, 던지거나, 빠지거나, 기울이거나, 굽히는 등 다양하게 있다. 조지 밸런친의 발레와 피나 바우슈의 탄츠테아터에서 낙하하기는 '기울이기tipping'가 얼마나 다르게 읽힐 수 있는지를 보여주는 낙하하기에 대한 두 가지 사례이다.

밸런친의 「교향곡 C장조」의 제2 악장에서 주연 발레리나는 발가락을 짚고 서서 청중에게 옆모습을 보이며, 팔을 머리 위로 올린 채 뒤로 낙하한다. 그녀로부터 약간 떨어진 파트너가 그녀의 허리에 손을 얹고 지탱하다가 두 팔을 부드럽게 바깥쪽으로 옮기는 것을 제외하고는 별다른 요란스러움 없이 그녀를 놓아준다. 그녀의 낙하는 조르주 비제Georges Bizet의 악보에 있는 두 음 사이의 간격('1…2')인 1초가 채 되지 않는다. '2'에서 파트너가 그녀를 다시 잡는다. 이러한 물리학 실험에서 발레리나는 침착한 상태를 유지한다. 그녀는 무너지지 않는다. 다시 말해, 그녀는 파트너가 자신을 잡아줄

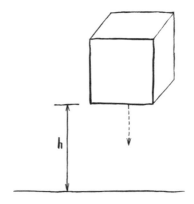

것이라고 확신하며, 쭉 펼친 몸에 작용하는 물리적 힘이 나타나는 것을 허용한다.

발레에서 듀엣이라고도 불리는 이와 같은 파드되pas de deux에서 밸런친은 중력 퍼텐셜 에너지를 운동 에너지로 바꿈으로써 극적인 효과를 연출한다. 발레리나의 음악적 낙하에 대해 통제가 불가능한 것은 아무것도 없다. 그러나 발레조차도 인간의 저항이 없으면 중력이 발레리나를 바닥으로 끌어당길 것이라는 점을 부정할 수 없다. 밸런친의 안무는, 완벽히 손질된 풍경에서 자라는 야생화처럼, 통제된 아다지오 템포로 순간적인 자연의 무질서를 보여준다.

낙하하기에 대한 또 다른 놀라운 예는 빔 벤더스Wim Wenders의 영화 「피나Pina, 2011」에 나오는 피나 바우슈의 '누르 뒤Nur Du'의 듀엣에서 찾을 수 있다. 이 듀엣은 「교향곡 C장조」에서처럼 남성과 여성의 듀엣이고, 낙하하는 사람은 여성이다. 밸런친의 발레리나처럼, 그녀는 상체를 똑바로 세워 쭉 편 상태를 유지하는 고전 형식을 구현한다. 그러나 여기에서 두 안무 사이의 평행선은 끝난다. 바우슈의 무용수가 바닥까지 닿는 가운을 입고 하이힐을 신고 도로를 가로질러 걸어갔기 때문이다. 그녀는 뒤쪽이 아니라 앞쪽으로 낙하하고, 파트너는 얼굴이 바닥에 닿기 직전의 그녀를 잡는다. 지켜보기 무서운 장면이지만, 그녀는 감정적으로 무감각해져서 두려움을 느끼지 못하는 것 같다. 팔로 양 옆구리를 짚고 바깥세상을 차단한 채 속도를 늦춰 정지 상태를 유지하다가 낙하한다. 파트너는 그녀를 따라 가며 매번 지면에서 약 1피트 위인 적당한 지점에서 그녀를 잡는다. 넘어지기 전 일시 정지는 낙하하는 것에 대한 대리 공포를 느끼게 한다. 다시 말해, 관객은 퍼텐셜 에너지에서 운동 에너지로의 전환에서 무서움을 느낀다.

밸런친의 발레에서 낙하하기는 추상적이고 내용도 없으며, 무용수의 표현법, 코딩된 상호작용 그리고 의상은 현실주의에서 멀찌감치 떨어져 있다. 그의 파드되는 낭만적 사랑을 암시하지만 비제의 음악과 고전 발레 형식을 무엇보다도 잘 보여주는 예이다. 반면, 바우슈의 낙하에는 여성 무용수의 야회복 및 얼굴로 돌진하기와 함께 사회적 상황에 대한 척도가 추가된다. 듀엣은 발레의 파드되 형식을 암시하지만, 여성의 반복적인 낙하와 그들이 나타내는 심리적 불안정성은 사회적으로 생성된 커플의 친밀감 증상으로 보인다.

낙하하기에 대한 묘사는 남성과 여성의 파트너 관계에서만 발생하는 것이 아니다. 여성이 여성을 붙잡고, 남성이 남성을 붙잡고, 파트너가 없는 단독 무용수는 지구에 굴복한 뒤 다시 일어서는 법을 찾는다. 이러한 시나리오에서 낙하하기의 행위는 수월해 보일 수 있다. 그러나 밸런친이나 바우슈와 같은 거장 안무가의 손에서는 복잡하고 극적인 의미가 가장 단순한 낙하에서도 나타날 수 있다.

낙하하기의 복잡성을 실험하기 위해, 중력 퍼텐셜 에너지의 개념을 이용하는 동작 프레이즈를 만들어보라. 프레이즈에는 바닥에 비스듬히 기울어진 정지, 공중 선회, 또는 '공중'에 있는 시간의 순간들이 포함될 수 있다. 퍼텐셜 에너지가 운동 에너지로 전환할 때, 퍼텐셜 에너지에만 집중하자. 실험할 때에는 걷는 것조차 일종의 낙하라는 것을 기억하자. 동작의 시작과 실행을 분해하면 어떤 종류의 연출법을 발견할 수 있을까? 바닥으로 낙하하기에 대한 동역학을 조사할 계획이라면 파트너가 당신을 붙잡거나 매트가 낙하를 완충하도록 하라.

탄성 퍼텐셜 에너지

중력 퍼텐셜 에너지는 지구라는 공간에서 무용수의 배치와 관련이 있다. 중력에 의한 무용수의 퍼텐셜 에너지는 무용수가 낙하하기 시작할 때 운동 에너지로 전환된다. 안무가가 이용할 수 있는 다른 퍼텐셜 에너지 저장소도 존재한다. 또 다른 종류의 퍼텐셜 에너지인 탄성 퍼텐셜 에너지는 다른 종류의 물리적 작용을 측정하는 데 도움이 될 수 있다.

탄성 퍼텐셜 에너지는 똘똘 감긴 용수철과 같이 인체를 모델링하는 데 특히 유용한 방법을 제공한다. 다리가 구부러지고 몸이 앞으로 기울어지면 다리 근육은 팔다리를 펴서 사람을 압축된 용수철에 놓인 물체처럼 공중으로 발사할 수 있는 자세에 놓이게 된다.

약간의 일을 하면 압축시키거나 팽창시킬 수 있는 용수철의 단순화된 그림으로 시작해보자. 먼저 정의해야 할 것은 용수철의 평형 위치이다. 평형 위치란 용수철이 아무 간섭도 받지 않을 때의 위치를 말한다. 용수철이 x축을 따라 압축하거나 팽창한다고 할 때, $x = 0$인 위치는 평형 위치를 나타낸다.

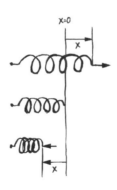

따라서 압축되거나 팽창된 양을 0으로부터 멀어지는 변수 x로 사용할 수 있다. 과학적 표기법을 사용하고 있다면 미터 단위로 x를 측정하는 것이 유용하다.

용수철에 저장된 에너지를 이해하는 데 있어서 그 밖에 중요한 것은 무엇일까? 뻣뻣한 용수철의 경우, 작은 압축만으로도 많은 양의 에너지가 저장될 수 있다. 별다른 노력 없이 용수철이 압축되는 경우, 동일한 양의 에너지를 저장하기 위해서는 훨씬 더 많이 압축해야 한다. 용수철의 강도는 용수철 상수로 불리는 문자 k로 나타나며, 단위는 N/m 또는 kg/s^{2}이다.

용수철과 관련된 퍼텐셜 에너지(U_s)는 다음과 같이 주어진다.

$$U_s = \frac{1}{2}kx^2 \tag{69}$$

중력 퍼텐셜 에너지와 달리, 탄성 퍼텐셜 에너지는 음의 값을 갖지 않는다. x 값을 제곱하기 때문에 용수철의 팽창($x < 0$)이나 압축($x > 0$)에 상관없이 항상 양의 값을 갖는다. 이는 용수철을 압축하거나 팽창시킬 때 용수철에 대항해서 항상 일을 해야 한다는 의미이다. 따라서 두 경우 모두에서 용수철은 움직일 수 있는 잠재력을 갖게 된다.

다리가 용수철 역할을 할 수 있는 방법을 생각해보자. 다리는 구부러질 때 에너지를 저장하고, 저장된 에너지를 이용해서 몸을 움직이게 한다. 다리의 용수철 상수는 얼마일까? 어떻게 측정할 수 있을까? 어떤 조건에서 계산이 의미가 있을까? (다리를 점점 더 구부리다가 어느 시점에서 땅에 주저앉을 때에는 점프할 수 있는 에너지는 저장되지 않는다.) 팔로 벽을 밀쳐내면서, 팔에 대해서도 유사한 질문을 반복할 수도 있다. 이와 같이 관찰을 통해 얻은 영감으로부터 수학적 모델을 만드는 것이 물리학이 하는 일이다.

이런 관점에서 볼 때 우리의 모델은 탄성 퍼텐셜 에너지에 대한 공식으로, 자연계에서 운동과의 관계를 조사하는 것이다.

에너지 혼합하기

안무가가 특정 춤 스타일들을 혼합할 때 서로 다른 형식의 춤에 내재된 탄성 퍼텐셜 에너지는 어떻게 될까?

안무가 아크람 칸Akram Khan은 인도 전통 춤의 한 변종인 카타크의 훈련 방법과 런던에서 자라며 공부한 영국과 유럽 현대 무용 기법을 합성한다. 실제로 결합된 것이 항상 분명한 것은 아니다. 예를 들어 칸은 기초 현대 무용의 런지 프레이즈를 만들면서 런지에 카타크의 고에너지 활력을 불어넣는다. 매끄러운 포르 드 브라 또는 일련의 휘젓는 팔 동작은 형태와 리듬감이 있는 발놀림을 동반한다. 칸은 자신의 몸을 겉보기에 이질적인 분야의 다양한 훈련을 물리적으로 통합하는 동작 연구가로서, 그의 조합은 너무 끊임없고 매끄러워서 어떤 특성이 어디에서 왔는지 추적하는 것이 어려울 정도이다. 어떤 단일 춤 형식으로 제약받는 것을 거부하면서 칸은 동남아시아와 영국에 뿌리를 두고 형성된 자신의 다인종적 정체성, 즉 문자 그대로 움직이면서 구축한 정체성을 표현하고 있다.[20]

칸은 무용학자 수잔 포스터Susan Foster가 '리그루브 보디regroove body'라고 부르는 하나의 버전을 제시한다. 세계적인 춤을 주시하면서 포스터는 훈련 방법에 따라 양식을 분류했다. 그녀는 21세기 춤 양식과 미적 효과를 '발레 보디', '인더스트리 보디industry body', '릴리스 보디release body', '리그루브 보디'라는 용어를 사용하여 그룹으로 묶는다. 발레 보디, 인더스트리 보디, 릴리스 보디가 무대와 스크린에서 현대 무용을 지배하는 반면, 리그루브 보디는 "무수한 춤 전통의 활력을 유지하고 있는 안무 제스처의 폭발적인 확산

속에서 지금은 세계 무대에 진입하고 있음을 무대와 유튜브에서" 나타내면서 저항하고 있다.[21] 포스터의 노력은 과학적으로 연구하는 무용학자의 모습을 보여준다. 그녀는 동작의 특성을 역사, 지리, 공연의 맥락, 권력 구조에 능숙하게 연결한다. 그녀의 조사에 함축된 것은 모든 춤 형식이 자신들만의 DNA에서 에너지의 체계적인 동원을 수행한다는 것이다.

빛에너지와 전자기 스펙트럼

춤이 개체화된 형태들로 나뉘는 것처럼, 빛 입자인 광자photon에 집중할 만큼 대담하다면 물리학에서 다양한 형태의 에너지가 함께 고려될 수 있다. X선, 전파, 마이크로파, 가시광선에 대해 친숙할 것이다. 이들은 본질적으로 다른 현상처럼 보일 수 있지만, 이 모두는 단지 다양한 에너지로 공간을 진행하는 광자일 뿐이다. 스펙트럼의 한쪽 끝에 위치하며 높은 에너지를 갖는 광자는 X선 영역에 속한다. 이 광자는 신체 내부의 골격 구조의 이미지를 만들 수 있게 하지만, 인간의 눈으로 볼 수 있는 에너지 영역 안에 있지 않다. 전파는 낮은 에너지 영역에 존재한다. 빛의 에너지를 정량화하는 방법에는 여러 가지가 있지만, 입자(광자)의 관점에서 파동의 관점으로 전환하면, 전자기 스펙트럼을 파동의 길이 또는 진동수로 표현할 수 있다.

파동의 길이를 정의하기 위해 난기류가 없는 지역에서 규칙적으로 반복되는 패턴으로 바다를 통과하는 파도를 생각해보자. 하나의 마루에서 이웃한 다음 마루까지의 거리가 파도의 길이에 해당한다. 헤르츠(Hz) 단위로 측정되는 진동수는 한 지점에 서서 1초 동안 얼마나 많은 파도가 통과하는지 계산하면 알 수 있다. 1초에 두 개의 파도가 통과하면 파도의 진동수는 2 Hz이다. 빠르게 진동하는 파도는 느리게 진동하는 파도보다 큰 진동수를 갖는다.

　빛의 전자기 스펙트럼에서, X선은 높은 에너지를 갖는 파동으로, 대략 10^{-10} m 정도의 짧은 파장과 10^{18} Hz 정도의 높은 진동수를 갖는다. 스펙트럼의 반대편 끝에 속한 전파는 약 100 m의 긴 파장과 1,000 Hz의 낮은 진동수를 갖는다.

　우리 눈에 보이는 광자 또는 빛의 파동은 이 두 극단적 영역 사이에 존재한다. 가시광선의 파장과 진동수는 각각 10^{-6} m와 10^{15} Hz이다. 빛의 진동수와 파장은 빛의 색깔과 같이 우리가 경험하는 것과 직접 연관된다. 높은 에너지를 갖는 가시광선은 스펙트럼의 청자색 쪽 영역에 속하고, 낮은 에너지의 가시광선은 스펙트럼의 주황색 쪽 영역에 속한다.

　광원이 우리를 향해 다가오거나 우리로부터 멀어지면 어떤 일이 일어날까? 다가올 때에는 음높이가 올라가고 멀어질 때에는 음높이가 내려가는 앰뷸런스의 사이렌 소리와 마찬가지로, 광원이 우리에게 다가오거나 멀어질 때에는 빛의 진동수도 변한다. 이 효과를 **도플러 효과**Doppler effect 라고 한다. 가시광선의 경우, 광원이 우리로부터 멀어질 때 **적색편이** red-shift 가 일어나고 우리에게 다가올 때 **청색편이**blue-shift 가 일어난다. 적색편이란 빛색깔이 빛스펙트럼의 낮은 에너지 쪽으로 이동하고, 청색편이는 빛색깔이 높은 에너지 쪽으로 이동하는 것을 의미한다. 천문학자는 멀리 떨어진 별이나 다른 은하를 관찰할 때 이러한 편이를 분명하게 볼 수 있다.

마킹에서 어택까지

　　　　　무용수가 관중을 향하거나 멀어지는 속도에 따라 적색편이 또는 청색편이 된 빛으로 변환하는 춤을 상상해보자. 물론 무용수는 의상이나 조명으로 만들어지는 환상을 제외하고는 순수한 빛으로 분해될 수 없다. 안무가는 이 효과를 실제로 만드는 데 필요한 거리나 속도로 작업할 수 없다. 그러나 무용수는 낮은 에너지와 높은 에너지 사이를 진동함으로써 동작의 특성과 의미를 변화시킨다.

마킹marking은 올바른 장소에서 올바른 타이밍에 행동을 하지만 적용되는 에너지 레벨을 낮춘다는 무용 용어이다. 훌륭한 무용수는 동작을 충분히 이해하고 기억하기 위해 리허설에서 전략적으로 이와 같은 에너지 조절을 한다. 무용수는 에너지 소비를 절반으로 줄임으로써 안무의 공간적 규모, 역동성, 특성 등에 대해 더 많은 것을 발견할 수 있다. 마킹은 리허설 도구만이 아닌 것이다. 일부 안무가는 무용수의 관심을 집중시키고 미묘한 질감을 추가하는 방법으로 최종 구성에 에너지의 점진적 변화를 구축한다.

반면, 전속력으로 움직이는 것은 매우 다른 효과를 만들어낸다. 예를 들어 1957년 제롬 로빈스Jerome Robbins가 뮤지컬 「웨스트사이드 스토리West Side Story」를 위해 안무한 춤인 '쿨Cool'에서 무용수들은 시멘트를 가로질러 뛰어다니며 하늘을 움켜쥔다. 소동을 일으키며 폭발하는 그들은 어퍼 웨스트사이드Upper West Side가 자신들의 세력권이라고 주장하는 제트Jet의 갱단원인 십대들이다. 로빈슨의 전개는 레너드 번스타인Leonard Bernstein의 악보와 스티븐 손드하임Stephen Sondheim의 가사 "불화살을 주머니에 넣고, 냉정함을 유지하는 멋진 녀석!"을 증폭시킨다. '쿨'은 죄다 태워버리는 십대의 공격성을 묘사한다. 갱단은 연소할 준비가 된 화약고이다. 로빈스는 에너지 레벨을 사용해서 자신들의 감정적 양 극단을 거의 억제하지 못하는 제트 갱단의 캐릭터를 창조했다.

1995년 로빈스가 뉴욕 시티 발레단을 위해 「웨스트사이드 스토리 모음곡West Side Story Suite」이라는 제목으로 뮤지컬 발췌곡을 재공연 했을 때 (저자 중 한 명이 제트의 여자 친구의 리더 역할을 했다!) 리허설 연습실에 있던 로빈스의 존재는 또 다른 버전의 에너지 고양을 유발했다. 무용수들은 자신들이 세계적으로 유명한 예술가를 위해 춤을 추고 있다는 것을 알고 있었다. 당시 70대 후반이던 로빈스는 60개가 넘는 발레를 안무하고 수많은 브로드웨이 히트곡을 제작하고 감독했으며 최고상을 여러 번 수상했다. 그는 힘든 창작 과정 동안 성급한 성격으로 명성을 얻기도 했다. 무용수들의 '어택attack'은 로빈스의 주의 깊은 시선 아래 크게 강화되었다.

마킹과 어택 사이의 차이를 느끼는 데 도움이 될 연습을 해보자. 이전 장에서 만들었던 동작 프레이즈 중 하나를 골라라. 매번 같은 정도로 에너지를 줄여가며 프레이즈를 네 번 반복하라. 바닥을 가로지르는 첫 번째 시도에서, 자신을 괴롭히는 신경질적인 안무가를 상상해보라. 자신이 낼 수 있는 가장 큰 에너지로 움직여라. 보폭마다 완전한 은유 대륙으로 인도될 것이다.

이제 매번 에너지를 서서히 감소하며 어택을 조절하는 세 번의 시도를 더 한 후, 네 번째 시도에서 프레이즈에 마킹을 하라. 에너지 레벨만 변화시키고, 동작의 리듬과 형태는 확실히 유지하라. 춤을 추는 것은 캔버스 위에 그림을 그리는 것과 같다. 동작을 실행하는 에너지를 조절하는 것은 안무가가 색깔, 압력, 선으로 작업하는 것과 같다.

이제 다른 방식으로 접근해보자. 동작 프레이즈의 에너지를 잘 다루기 위해 이를 구성 부분으로 분리하자. 춤을 어떻게 분해해야 할까? 동작 프레이즈를 세심한 일련의 스틸 사진으로 분해하는 안무가도 있고, 정지 이미지를 함께 엮어서 움직이는 프레이즈를 만들고 이를 새로운 방법으로 다시 분해함으로써 정반대의 시도를 하는 안무가도 있다. 특정 춤 형식의 성문화된 스텝들은 안무에 또 다른 동작들과 함께 묶일 수 있는 또 다른 종류의 개별적 동작이다. 안무 개발 과정에서 프레이즈의 모든 부분은 쉽게 해체와 조작이 가능하다.

적어도 네 부분으로 동작 프레이즈를 세분화할 방법을 결정하라. 그런 다음 마크, 어택, 마크, 어택 순서로 프레이즈를 실행하면서 에너지를 변화시켜라. 아크람 칸이 현대 무용의 런지에 카타크의 어택을 도입한 것처럼, 우리도 동작 순서를 택해서 그것의 에너지 내용을 바꾸고 있는 것이다.

양자화된 에너지와 보어 원자

물리적 계에 대한 주의 깊은 연구를 통해 우리는 에너지, 운동량, 전하량과 같은 일부 물리량이 양자화되어 있다는 것을 알게 되었다. 양자화란 물리량이 연속적인 값들이 아니라 자연이 허용한 특정한 값들만 가질 수 있다는 것을 의미한다. 예를 들어 에너지가 증가함에 따라, 에너지 값은 하나의 정해진 값에서 다음 정해진 값으로 점프한다. 양자화는 일상생활에서는 대부분 눈에 띄지 않는데, 그 이유는 양자화가 미시적 규모에서 적용되거나 정해진 값들 사이가 너무 가까워서 연속적인 변화로 보이기 때문이다.

물리학에서 양자화는 한 과정이 작은 공간 규모 안에서 발생할 때 특히 중요하다. 19세기말에 원자의 구조에 대한 연구로부터 물리학자들은 태양계의 행성들이 태양을 도는 것과 같은 방식으로 밀도가 높고 무거운 핵 주위를 도는 전자들로 구성된 원자의 이미지를 이끌어냈다. 동일한 공전 현상이 태양계와 같은 거대 규모와 원자와 같은 작은 규모에서 반복된다는 생각은 짜릿한 것이었다. 그러나 운동을 자세히 살펴보면 이러한 완벽해 보이는 대칭성은 깨진다. 원자 안의 전자는 태양 주위를 도는 행성과 완전히 다르게 행동하는 것으로 밝혀진 것이다. 전자는 잘 정의된 에너지에 해당하는 특정 궤도 준위를 갖는 반면 행성 궤도는 연속적으로 변한다.

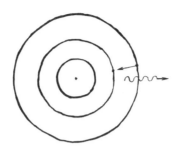

　원자 안의 전자와 그에 따른 원자의 에너지는 노벨상 수상자인 닐스 보어Niels Bohr와 어니스트 러더퍼드Ernest Rutherford에 의해 1913년에 창안된 원자 모델을 보여주는 위의 그림에 예시된 에너지 준위를 따라 양자화된다. 전자가 더 높은 에너지 준위로 전이하려면 원자는 에너지를 흡수해야 한다. 전자가 낮은 에너지 준위로 전이하려면 그림의 바깥쪽 원에서 안쪽 원을 향해 화살표로 표시된 에너지를 방출해야 한다. 에너지 흡수와 방출은 바깥쪽으로 나가는 파동으로 표시된 빛 입자인 광자를 통해서 이루어진다. 특정 에너지 값과 이에 따른 특정 전이만 가능하다는 것은 개개의 원자가 잘 정의된 색깔(진동수)의 빛을 방출하거나 흡수한다는 의미이다. 이러한 독특한 색상 패턴 때문에 모든 원자에는 고유의 색 지문이 존재한다.

　원자는 양성자, 중성자, 전자로 구성되며, 양성자 개수에 기초해서 원소element로 분류된다. 수소, 산소, 탄소와 같은 원소들의 지문은 잘 알려져 있다. 놀랍게도 별이나 은하와 같이 멀리 떨어진 광원을 바라볼 때에도 이와 같은 익숙한 색 지문들을 볼 수 있다. 우리는 이미 먼 별자리에서 이러한 원소들을 발견했으며, 우주에서 그 양을 측정할 수도 있다.

에너지 이미지

에너지 증가나 감소는 공연 중인 무용수의 '궤도 점프'를 유발할 수 있다. 춤에서 '궤도 점프'란 무엇을 의미할까? 여기서 우리는 은유적 도약을 하고 있다. 무용수들은 이런 언어를 사용하지 않는다. 그러나 동떨어진 비유는 아니다. 무용수는 자기 신체의 에너지 레벨을 다룰 때 동작의 특성뿐 아니라 존재의 상태까지 변환한다는 의미에서 궁극적으로 궤도 점프를 한다.

궤도 점프는 실제로 어떻게 작동할까? 한 가지 전략은 무용수가 자신의 동작의 질감, 속력, 특성에 영향을 미치는 것에 집중할 수 있도록 말로 표현된 시각적 심상心象을 도입하는 것이다. 때때로 관념을 의미하는 그리스어 'ideo'와 동작을 의미하는 그리스어인 'kenesis'로부터 유래한 **이디오키네시스**ideokinesis라고도 불리는 이 훈련은 비록 다른 용도로 사용되었지만 오랜 역사를 지니고 있다. 마벨 토드Mabel Todd, 바바라 클락Barbara Clark, 루루 스와이가드Lulu Sweigard와 같은 초창기 이론 및 실무가들은 심상을 사용해서 골격 정렬과 신체 효율성에 관한 문제를 다루었다. 그들의 작업은 교육과 임상 실습을 통해 무용계로 유입되었다.[22] 이디오키네시스 작업의 기본 원리를 사용해서 안무를 만드는 사람들도 나타나기 시작했다.

이와 같은 두 번째 유형의 작업의 놀라운 예는 이스라엘의 안무가인 오하드 나하린Ohad Naharin이 개발한 동작 언어인 가가Gaga에서 찾을 수 있다. 가가는 무용수뿐만 아니라 무용수가 아닌 사람에게도 모두 똑같이 자신의 신체와 감각을 듣는 것에 집중하는 육체적 연구 방법을 제공한다. 가가 수업에서 강사는 속력, 질감, 존재감, 활동 가능성 측면에서 자신의 레퍼토리를 구동하고 확장하는 이미지를 통해 무용수를 안내한다. 가가 훈련을 받은 무용수는 평범한 보행자에서 환상적인 생명체로 순식간에 변형할 수 있는 능력을 가진 초자연적 모습을 가질 수 있다.

가가 수업은 나하린이 계속 수정하고 폐기하고 재발견하는 이미지의 공유 표현법에 집중한다. 이미지는 종종 에너지로 작용한다. 예를 들어 가가 수업은 '떠다님floating'으로 시작한다. '떠다님'은 모든 동작이 물에 떠다니며 일어나는 것처럼 부력과 무게가 동시에 존재하는 상상의 상태이다. 나하린의 어휘집에 있는 다른 이미지들로는 '진동'과 '떨림', '두꺼운'과 '부드러운', '원과 곡선', '움직이는 공', '밧줄 같은 팔', '뱀 같은 척추' 등이 있다.[23] 가가의 심상은 수련자의 관심을 완벽한 위치를 형성하는 것에서 벗어나게 하고, 에너지 레벨의 미세한 조정을 촉진한다. 일단 수업이 시작되면, 강사와 참가자는 수업이 끝날 때까지 계속 움직인다. 가가는 무용수에게 자신의 신체, 동작 능력, 환경 등을 움직임으로 온전히 연구할 수 있는 방법을 제공해준다.

나하린이 자신의 안무 미학을 지원하는 훈련 방법을 최초로 개발한 안무가는 아니다. 마사 그레이엄Martha Graham, 머스 커닝햄, 조지 밸런친, 캐서린 던햄과 같은 미국 공연 무용의 거장들은 모두 자신들만의 기술을 개발했다. 이러한 혁신적인 훈련 방법은 안무 훈련과 결합해서 수업에서 연습한 기술이 새로운 작품의 창작에 반영되는 일종의 생태계를 형성하고, 창작 과정은 수업의 내용과 주안점을 알려준다. 그러나 기술이 아니라 '동작 언어'를 주장하는 나하린의 방법은 형태와 전달 방식이 독특하다. 가가는 스텝이 아니라 언어를 체계적으로 결합하고, 그 언어 안에 무용수의 신체 에너지를 변화시키는 이미지를 놓는다.

춤을 관람할 때, 동작의 특성에 주의를 기울여라. 무용수가 빠르게 움직이는가, 아니면 느리게 움직이는가? 부드러운가, 아니면 발작적인가? 팔다리를 내던지는가, 아니면 신중하게 새로운 자세를 찾는가? 쿵쾅거리며 걷는가, 아니면 살살 걷는가? 바닥을 미끄러지는가, 아니면 부딪치는가? 몸을 던질 때 균형을 잃는가, 아니면 수직 자세를 유지하는가? 빙글빙글 도는가, 똑바로 서 있는가, 웅크리는가, 구르는가, 기세가 올랐는가, 위치에 따라 순서를 정했는가, 방출하고 쉬는가, 충돌하고 멈추는가, 불쑥 튀어나와서 고정됐는가, 녹았는가, 부유하는가, …, 전자가 궤도를 점프하는가?

다섯 가지의 다른 상태들, 즉 유동적인 상태, 응축된 상태, 부양성이 있는 상태, 압축된 상태, 분해된 상태를 자신이 만든 동작 프레이즈에 적용해보라. 각 상태에서 몇 분을 보내라. 이미지에 따라 에너지와 그에 따른 동작의 의미가 얼마나 크게 변하는지에 유의하라.

암흑 에너지

인간 정신의 독특한 능력에 대해 생각해보자. 우리는 지능적인 신체와 물리적 연구의 복잡성에 귀를 기울여 집중할 수 있으며, 우주의 에너지에 관심을 기울여서 이 시대의 근본적인 물리학 신비 중 하나와 마주할 수도 있다.

우리 주변의 은하들은 우리로부터 가속해서 멀어지고 있고, 은하들끼리도 가속적으로 멀어지고 있다. 어디에서 이런 척력이 나오는지, 어떤 에너지가 그 힘에 연료를 공급하는지 과학자들도 전혀 모르고 있다. 이것은 마치 방 안에 있는 무용수들이 바닥을 밀지 않고도 서로에게서 멀어지고 벽을 향해 나아가는 것과 같은 현상이다. 가속에 대한 증거는 이미 소개한 개념에 기반하고 있으므로 이 현상을 살펴보자.

각 원소의 빛 지문에 대한 지식은 우주에서 물체의 운동을 이해하기 위한 도구가 된다. 우리를 향해 다가오는 광원에서 나오는 빛은 진동수가 증가하므로 가시광선 스펙트럼에서는 빛이 파란색 쪽으로 이동한다는 것을 기억하라. 물론 우리로부터 멀어지는 광원에서 나오는 빛은 진동수가 감소하므로 가시광선 빛은 붉은색 쪽으로 이동한다. 하늘에 떠 있는 물체를 바라볼 때, 수소, 헬륨, 산소 등의 친숙한 패턴을 볼 수 있는데, 이때 개개 원자에서 방출된 빛의 진동수는 빨간색이나 파란색 쪽으로 약간씩 이동할 수 있다.

20세기의 가장 놀라운 관찰 중 하나는 우리로부터 멀리 떨어져 있는 천체일수록 우리로부터 더 빠르게 멀어지고 있다는 것이다. 물리학자들은 모든 물체들이 거대 규모에서 볼 때 서로에게서 멀어지며 우주가 팽창할 뿐 아니라 이 팽창이 가속되고 있다는 적색편이 현상을 발견했다. 이 현상은 에너지 보존 법칙을 깨는 것처럼 보인다. 가속하는 물체에는 어떤 힘이 작용하고 있어야 한다. 하지만 우리가 볼 때, 이 거대 규모에서 작용하는 유일한 힘은 중력이고, 중력은 인력만 제공한다. 중력이 유일하게 작용하는 힘이라면, 물체들은 서로에 대해 여전히 멀어질 수는 있지만, 중력이 모든 것을 끌어당기므로 움직이는 속도는 빨라질 게 아니라 느려져야만 한다.

에너지가 정말로 보존된다면, 가속 팽창에 연료를 공급하는 무언가가 있어야만 한다. 이 에너지원의 본질을 알지 못하는 과학자들은 이를 단순히 **암흑 에너지** dark energy 라고 명명했다. 연구자들은 이 에너지원이 무엇인지 이해하고 시간에 따른 우주의 팽창 속도의 변화를 측정하기 위해 애쓰고 있다.

진짜 에너지와 겉보기 에너지

에너지에 대한 급진적인 생각은 물리학 세계에만 국한되지 않는다. 1960년대에 포스트모던 춤의 개척자인 이본 레이너는 부분적으로 에너지에 초점을 맞춤으로써 공연 무용 분야를 바꾸어 놓았다. 1996년 초연된 그녀의 독창적인 작품 「트리오 A Trio A」에서 그녀는 서양 안무 구성에 대한 전통적인 접근법에 도전했고, 그렇게 함으로써 관객이 **관람하도록** 초대되는 방식을 바꾸었다.

춤은 간단한 동작으로 시작된다. 무릎을 구부리고, 무대 왼쪽을 바라보며, 머리를 관객에게서 멀어지는 왼쪽 어깨를 바라보도록 돌린 상태에서, 무용수는 메트로놈과 같은 스윙으로 팔을 움직이기 시작한다. 펼쳐지는 것은 일시 정지나 장엄한 효과 없이 4분 30초 동안 계속 되는 특이한 동작 프레이즈이다.

레이너는 「트리오 A」에서 당시의 지배적인 춤 미학 형식에 직접적으로 반대하는 많은 혁신을 이루어낸다. 첫째, 그녀는 새로운 구성으로 변경된 고전 무용 표현법에 보행 동작을 혼합한다. 예를 들어 두 스텝의 기본 걷기에 뒤이어 우스운 팔 그립을 한 발레 도약을 하거나, 다리와 발로 고전적인 현대 무용의 평행 자세를 취하는 동안 귀에 손을 대고 펄럭인다. 둘째, 그녀는 이러한 동작들을 **반복되지 않는 순서**로 함께 묶어 주제와 변주에 의존하는 전통적인 춤 구성을 무력화한다. 셋째, 그녀는 무용수가 시선 접촉을 통해 관객을 유혹할 것이라는 기대에 부응하지 않고 매순간 무용수의 시선을 피한다.

레이너는 자신의 선택을 에너지에 대한 특별한 혁신적 접근 방식과 결합한다. 극적인 타이밍의 '상승과 낙하'를 주장하는 서양 고전 무용과 현대 무용 미학의 지배적인 관습에 맞서 작업하면서, 그녀는 의도적으로 춤의 에너지 분포를 고르게 한다. 무용수가 심부름을 하거나 일상적인 일을 하듯이 하나의 동작에서 다음 동작으로 단순하게 전환하는 것처럼 보이도록 한다.

「트리오 A」에서 레이너는 이론적인 진술을 안무적으로 표현한다. 그녀는 〈정량적 최소 무용 활동에서의 미니멀리스트 경향에 대한 준조사 또는 트리오 A에 대한 분석 A Quasi Survey of Some 'Minimalist' Tendencies in the Quantitatively Minimal Dance Activity Amidst the Plethora, or an Analysis of *Trio A*〉이라는 긴 제목의 짧은 에세이에서 자신의 논증을 명확히 한다. 서양 고전 무용과 이의 과시적 표현 전체가 위태로워진다. 레이너는 다음과 같이 말한다. "낭만적이고 과장된 플롯과 마찬가지로, 뉘앙스와 숙련된 기량, 비교와 해석의 접근성, 감정 관련성, 내향성과 나르시시즘과 자기만족에 중점을 둔 이런 종류의 표현은 결국 10년 이내에 스스로 고갈되고 맞접혀서 오직 자기 꼬리를 소비함으로써 지속된다."[24]

이러한 '과장된' 미학에 도전하기 위해 레이너는 동작 프레이즈 안에서 에너지 분배를 다시 정의한다. 그녀는 '진짜' 에너지 대對 '겉보기' 에너지에 대해 큰 관심이 있었다. 고전 발레와 현대 무용이 가장 어려운 묘기를 수행하는 데 전혀 노력을 기울이지 않았다는 환상인 겉보기 에너지를 중시하는 동안, 레이너는 실제 에너지를 표현하는 데 훨씬 더 관심이 있었다. 무용수는 쪼그리고 앉고, 구르고, 일어나고, 뛰어오르는 데 걸린 시간 동안 실제로 웅크리고 앉고, 구르고, 일어나고, 뛰어오른다. 각 스텝마다 연극적으로 오르내리는 역동성 대신 레이너는 고의적인 노동자다운 **행동**으로 대체했다. 무용수의 에너지 소비는 환상이나 인공물이 아닌 부인할 수 없는 사실이 되었다.

레이너의 「트리오 A」는 관객들에게 춤이 무엇이고, 무엇이어야 하는지에 대한 기대를 다시 생각하게 한다. 그녀의 조치는 아인슈타인의 $E = mc^2$ 명제와 나란한 춤으로 간주될 수 있다. 둘 다 세상을 보는 방법을 바꾸었기 때문이다. 「트리오 A」라는 4분 30초짜리 에세이는 춤, 시각 예술 그리고 영화 예술가들에게 큰 영향을 미쳤다.

$E = mc^2$

 이 장에서는 에너지가 운동에 연료를 공급하고 운동을 결정한다는 것을 살펴보았다. 그러나 에너지는 운동 에너지와 퍼텐셜 에너지 사이의 전환과 같이 한 형태에서 다른 형태로 이동하는 것에 국한되지 않는다. 물리학에서는 에너지와 질량이 대중문화에 침투한 것으로 보이는 몇 안되는 물리학 방정식 중 하나인 아인슈타인의 유명한 식

$$E = mc^2 \tag{70}$$

의 지배를 받으며 이리저리 움직일 수 있다.

 이 식은 에너지 E와 질량 m에 빛 속력 c의 제곱을 곱한 양의 등가성을 나타낸다. 이 식은 지하 터널에서 기본 입자들을 빛 속력에 가깝게 가속시킨 후 자연의 구성 요소와 이들 사이에 작용하는 힘을 밝히는 데 도움을 주도록 서로 충돌시키는 연구에 특히 유용하다. 자연은 충돌하는 입자들의 운동 에너지를 이용할 수 있다. 에너지가 있는 곳에서는 새롭고 거대한 입자가 만들어질 수 있다. 이용 가능한 운동 에너지의 양은 생성할 수 있는 입자의 질량에 상한선을 두게 된다. 이에 따라, 이미 발견한 것보다 훨씬 더 거대한 입자를 찾고 싶다면, 충돌 입자를 충돌시키기 전에 최대한 빠르게 움직여야 한다.

 입자는 사용 가능한 에너지로부터 만들어지는데, 그 확률은 자연의 법칙에 따라 결정된다. 입자들의 거의 대부분은 안정적이지 않다. 이런 입자들은 자신들의 질량과 에너지를 다른 입자들에 남기며 붕괴한다. 가속, 충돌, 새로운 입자의 탄생 그리고 뒤이은 입자의 붕괴는 모두 우주의 신비를 이해하기 위해 노력하는 실험가들의 주의 깊고 정량화된 시선 아래 일어난다. 이것이 입자 물리학의 리듬이며, 우리는 이것을 춤이라고 부를 수도 있다.

8. 공간

뉴욕의 브룩헤이븐 국립연구소에 있는 상대론적 중이온 충돌 장치RHIC에서 근무하는 물리학자들은 금 원자를 강력한 전기장에 집어넣어 전자를 떼어내는 일을 한다. 남아 있는 금 원자핵은 빛 속력에 가깝게 가속된 뒤 서로를 향해 나아간다. 핵들의 충돌로 인해 온도는 태양 온도보다 수천 배 더 뜨겁게 된다. 이와 같은 충돌로부터 과학자들은 빅뱅 이후 순간적으로 존재했을 것으로 믿는 물질의 원시 스프를 연구한다.

실험실 관측자에게는 가속된 금 원자핵이 수직 팬케이크처럼 평평하게 보인다. 빛 속력에 근접한 속력으로 움직이는 물체를 의미하는 상대론적 물체는 자신이 날아가는 것을 관찰하는 관찰자의 관점에서는 형태가 유지되지 않는다. 물체는 특수 상대론의 영향으로 운동 방향으로 찌그러지게 된다. 물리학자들은 물체의 공간 측정값이 물체의 상대 속력에 따라 변한다는 사실을 이해하게 되었다. 특수 상대론에 대한 연구는 공간의 본질에 대한 과학자의 인식을 본질적으로 절대적이라고 생각했던 것으로부터 관찰자의 관점에 따라 바뀔 수 있는 유연한 것으로 변화시켰다.

춤의 역사도 공간에 대한 근본적인 실험으로 채워져 있다. 추상적으로 구성된 각본을 통해서든 천체 물리학에서 가져온 아이디어를 문자 그대로 표현하려는 시도를 통해서든, 예술가들은 인간에게 훨씬 더 광대한 현실을 추구하도록 노력해왔다. 과학적 시대정신은 종종 예술가들의 상상력을 사로잡는다. 1932년 초, 무용가이자 안무가인 루스 페이지Ruth Page와 조각가인 이사무 노구치Isamu Noguchi는 현대 물리학의 발전을 이용해서 「팽창하는 우주Expanding Universe」를 창작했다. 그들의 야망은 우주의 가속 팽창을 묘사하는 것이었다. 노구치는 페이지가 입을 수 있는 조각품을 고안했는데, 그것은 머리만 자유롭게 남겨두고 몸의 대부분을 덮은 반짝이는 파란색 자루였다. 시공간의 변덕스럽고 활발한 본질을 표현하기 위해 페이지가 나긋나긋한 직물 안에서 움직이자 직물이 접히고 물결을 일으켰다.[25] 그녀의 몸은 우주 공간의 진공 속으로 사라질 수 없었다. 그녀의 빼어난 현대 무용 동작 표현법은 그녀에게 역사적인 공간과 시간을 주었다. 여전히 무한한 우주를 인간화하려는 페이지와 노구치의 시도는 공간에 대한 표현을 다시 생각하기 위해 과학을 이용하는 예술가의 주목할 만한 사례이다.

이 장에서는 가능한 가장 작은 범위의 물질에서 시작하여 가장 큰 것으로 끝나는 공간이 예술가와 물리학자의 작업에서 어떤 역할을 하는지 살펴본다. 무용수들의 미세한 관심과 아원자 물리학에 대한 조사로 시작해서, 아메리카 원주민의 원형 춤과 춤 표기법을 거쳐, 아인슈타인의 특수 상대성 이론과 프로시니엄proscenium 무대에 대한 예술적 도전에서의 길이 수축 개념으로 결론을 맺는다.

이 장을 진행하면서 경험적이고 미학적인 방법에서 개념적이고 수학적인 방법에 이르기까지의 다양한 공간 인식 방법도 살펴볼 것이다. 무용수는 동작을 사용해서 춤이 만들어지는 환경만큼이나 정신을 발굴하면서 내면과 외면의 경계를 탐험한다. 한편, 과학은 더욱 정교한 기술과 수학에 의존해서 경험적 관찰만을 통해서는 접근할 수 없었을 자연의 공간 원리를 밝혀왔다.

인류가 공간을 이해하게 된 다양한 방법은 물리학과 춤 사이의 주요 차이점을 나타낸다. 우리는 입자를 감각적으로 만질 수도 없고, 두 개의 블랙홀이 충돌하는 것을 목격하기 위해 우주 공간에 존재할 수도 없다. 신체의 이런 측면 때문에 강력한 상상력이 필요하다. 인간의 상상력은 정량적, 심미적 그리고 체화된 지식 습득 방법을 연결하는 실로 중요한 교량 역할을 한다.

춤추는 세포

안무가가 인간의 해부학적 한계에 맞서야 하는 것은 분명해 보인다. 그들은 무용수의 팔, 다리, 머리가 어디로 향할 것인지와 어떤 리듬과 조정력과 뉘앙스로 움직일지 파악해야만 한다. 그러나 동작을 유도하는 동기는 분명하지 않다. 인간의 감각으로는 인간을 구성하는 세포와 원자를 인식할 수 없지만, 일부 안무가들은 실제로 이 같은 미세한 규모로 자신들의 예술에 영감을 불어 넣는다. 아마도 가장 극단적인 사례는 미국의 실험적인 안무가인 데보라 헤이Deborah Hay일 것이다.

헤이는 장난스럽게 **세포로 구성된 자신의 신체**를 심문하고 반응함으로써 동작을 자극한다. 그녀는 "내 몸의 모든 세포가 시간의 흐름을 알 수 있는 잠재력이 있다면 어떻게 될까?"와 같은 독특한 질문을 함으로써 세포를 자극하여 운동을 시작한다.[26] 물론 자신의 메시지가 부조리하다는 것, 즉 답할 수 없는 질문이라는 것을 인식하고 있다. 그럼에도 자신의 신체와 그에 따른 동작에 대해 질문을 제기하는 것은 그녀의 예술에서 중요한 것이다.

헤이는 세포나 세포 공간을 연구하는 것이 아니라 무용수의 신체 의식에 언어가 미치는 영향을 탐구하고 있다. 언어적 이미지가 무용수의 운동감각적 상상력에 영향을 미친다는 것을 이해한 헤이는 의도적으로 말로 표현되고 정해진 답도 없는 질문을 제기한다. "몸 안의 모든 세포가 동작을 음악으로 인식하는 잠재력이 있다면 어떻게 될까?"와 같은 질문은 마치 무용수가 보이지 않는 멜로디를 듣는 것처럼 리듬감 있는 극을 만들어낼 수 있다.[27] 다른 메시지들은 보다 더 실용적인 관심에 의해 동기가 부여된다. 헤이가 전형적인 무대 방향에서 관객을 대면하려는 고정화된 본능에 도전하려고 할 때, 그녀는 세포 수준에서 자신의 가정에 다음과 같은 의문을 제기했다. "몸속의 모든 세포가 동시에 한 방향을 향하는 패턴을 포기할 수 있는 잠재력이 있다면 어떻게 될까?"[28] 50년이 넘는 작업 과정 동안 헤이는 생명과학의 발전에 따라 자신의 심상을 적용했다. 1970년대에는 5백만 개, 1990년대에는 8천억 개의 세포 이미지로 작업을 했다. 오늘날 그녀는 헤아릴 수 없을 정도의 이미지로 상상한다.[29] 세포와의 춤이 이끌어내는 주의력은 세포의 개수보다 더 중요하다.

헤이의 질문은 자신의 동작에 특별한 주안점을 부여한다. 춤을 추는 그녀의 모습은 전통적인 서양 무용의 전형적인 스텝과 프레이즈를 전달하는 것과는 극단적으로 다른 방법에 의해 강렬하게 조정되고, 탐구되고, 동기를 부여받은 것처럼 보인다. 미세한 조정을 통해 그녀의 몸과 마음은 섬세한 연결 고리를 만든다. 관객은 결코 그녀가 세포를 자극하고 있음을 추측하지 못하고, 이에 따라 그녀의 원동력은 신비로 남게 된다. 헤이는 궁극적으로 의식을 안무하고 있는 것이다.

　헤이는 인간 생물학과의 연대를 통해 선형적 추론의 대안을 제시한다. 정해진 사고 패턴을 벗어던진 그녀는 사고 자체에 대한 다른 접근 방식을 암묵적으로 주장하고 있다. 그녀의 예술에 있어서 객관성은 무용수의 몸과 정신 사이의 바이오피드백biofeedback 고리가 된다.

미시 세계 엿보기

　헤이의 예술 행위는 과학적 연구는 아니지만, 가설을 세우고 검증하고 결론을 도출하는 과학적 방법과 유사성을 공유한다. 과학자들은 이 과정을 우주의 구성 물질을 발견하는 작업으로 전환시켰다.

　18세기 물리학의 가장 놀라운 발견 중 하나는 물질이 어떻게 구성되어 있는지를 밝히려는 시도에서 나왔다. 물리학자인 톰슨J. J. Thomson은 '건포도가 든 푸딩' 모형을 고안했다. 그는 양전하를 띤 푸딩 같은 물질 속에 음전하를 띤 전자가 자두처럼 떠다니는 상상을 했다. 양전하인 푸딩이 음전하인 자두를 제거하면, 전하를 띠지 않는 중성 물질이 남게 된다.

　어니스트 러더퍼드Ernest Rutherford는 이 아이디어를 검증하는 유명한 실험을 했다. 그의 연구팀은 양전하를 띤 알파 입자를 금박지를 향해 보내서 알파 입자가 금박과 어떻게 상호작용하는지 주목했다.

　이들의 실험을 이해하기 위해서는, 알파 입자의 위치에 자신을 놓는 것이 도움이 된다. 크고 어두운 방 안에 있다고 상상해보자. 방 한쪽에서 반대쪽으로 달려가면서 주변 환경을 알아보려고 할 때, 방이 아무 장애물 없이 텅 비어 있다면 경로를 변경하지 않고 이리저리 움직일 수 있다. 에어컨 바람을 지나쳐 달려도 바람은 경로에 큰 영향을 미치지 않을 것이다. 그러나 탁자에 부딪히면 수많은 방향 중 하나로 편향될 것이다. 천장에 매달린

샌드백에 부딪힐 때에는, 벽을 뚫을 수 있는 충분한 운동량을 가지고 출발했을 때에만 통과할 수 있을 것이다. 장벽이 옆으로 향한 트램펄린이라면, 오던 방향으로 되튀어 나갈 것이다. (무엇과 마주칠지 모른 채 어두운 공간에서 정신없이 달리는 것은 좋은 생각이 아니다.)

어두운 방을 안전하게 통과할 수 있다고 하더라도 원자 규모에서 물질의 본질을 조사하는 데에는 당신의 체격은 유추 이상의 역할을 수행하기에는 너무 크다. 러더퍼드 실험에 비유하자면, 알파 입자는 달리기를 하는 당신이고 금박은 탐험하려고 하는 방이다. 과학자들은 금박으로 보낸 대부분의 알파 입자가 거의 편향되지 않은 채 통과하고 대략 2만 개 중 한 개의 입자가 코스를 벗어나 되튄다는 것을 발견했다. 훗날 러더퍼드는 다음과 같이 기록했다. "그것은 내 인생에서 일어난 가장 믿을 수 없는 사건이었다. 그것은 마치 화장지에 쏜 15인치짜리 대포가 되튀어 나온 것처럼 믿을 수 없는 일이었다."[30]

이 실험을 바탕으로 등장한 새로운 원자 모형은 전 공간에 균일하게 퍼져 있는 물질 대신 원자 중심에 위치한 매우 작은 부피를 갖는 핵nucleus에 질량의 거의 대부분을 집중시키는 것이었다. 이상한 방향으로 튀어나온 낮은 비율의 알파 입자는 금박과 상호작용할 때 작고 무거운 핵을 때렸을 것이고, 나머지 대부분의 알파 입자는 빈 공간을 향해 발사되었을 것이다.

톰슨-러더퍼드 실험은 핵물리학과 입자 물리학 발전의 청사진을 제공했다. 20세기에 이르러 물리학자들은 입자 가속기와 탐지기를 포함한 정교한 연구 도구를 개발해서 더 작은 공간 규모를 탐색할 수 있게 되었다. 모든 공기가 제거된 진공에서도 이러한 가장 작은 공간 규모에서의 활동이 일어난다. 그러한 규모로 자연을 모델링하기 위해서는 뉴턴 역학으로부터 양자 역학으로 이동해야만 하는데, 양자 역학에서는 모든 것이 예측할 수 없게 된다. 물리학자들이 '양자 역학적 요동quantum mechanical fluctuation'이라고 묘사하는 과정에서, 입자는 진공으로부터 에너지를 빌려서 짧은 시간 동안 생성될 수 있다. '빈 공간'은 이처럼 비어 있지 않은 것이다.

몸의 지리학

뉴턴 법칙과 이 법칙이 예언하는 정돈된 우주가 원자 이하의 규모에서 붕괴된다는 것을 깨닫는 것은 충격일 수 있다. 무용 분야에서는 이와 같이 규모에 의해 유도되는 충격은 발견할 수 없다. 세포체를 상상할 때조차도 무용수들은 거시 세계의 운동 법칙 내에서 흔들림 없이 작업해야 하기 때문이다. 그러나 이 법칙 안에서도 인체와 겉으로 보기에 무한한 인체의 운동 잠재력은 안무가 가스 페이건Garth Fagan의 작품에서와 같이 공간을 초월해서 동시에 여러 공간 또는 일종의 **다공간**polyspace을 불러낼 수 있다.

데보라 헤이와는 크게 다른 규모로 작업을 하면서, 페이건은 인체를 **디아스포라**diaspora의 복잡하게 연결된 지도로 상상한다. 디아스포라는 이동과 변위, 특히 자발적이거나 강제적인 이주 패턴을 말한다. 이 용어는 16세기에 시작해서 아프리카 미학을 널리 퍼뜨린 대서양 횡단 노예무역으로 인한 비극적인 탈구dislocation로 특징지어지는 아프리카 디아스포라를 가리키는 데 자주 사용된다. 자메이카에서 태어나서 십대 후반에 미국으로 이주한 페이건은 개인적 디아스포라를 견디어냈다. 그는 마사 그레이엄, 캐서린 던햄, 앨빈 에일리Alvin Ailey를 포함하는 20세기 중반의 현대 무용 대가들과 춤을 연구했으며, 자신에게 주요 영향을 준 춤으로는 카리브 해와 서아프리카 춤을 꼽고 있다. 페이건은 미국 현대 무용과 아프리카–카리브 해의 춤, 그리고 고전 발레에 대한 자신의 개인 훈련에서 나온 동작들을 혼합해서 자신의 움직임을 기록한다.

그러나 페이건의 춤은 하나의 스타일에서 다음 스타일로 물 흐르듯 지나가지 않는다. 그는 하나의 춤 안에서 스타일을 자르고 다시 섞는다. 유연한 아프리카인의 몸통은 섬세한 균형의 를르베를 동반해서 산들바람에 흔들리는 갈대의 이미지를 만들고 골반의 리드미컬한 펄스pulse는 깊은 턴아웃 플리에와 쌍을 이룰 수도 있다.

페이건의 안무를 받아들일 때, 골반의 순환이 여기에서 나오거나 어깨뼈의 상승이 거기에서 나온다는 것을 지적하면서 지리적 기원에 따라 동작을 식별하는 것은 매력적인 일이다. 그러나 이러한 관행은 디아스포라가 작동하는 방식에 대한 그의 논점의 핵심을 간과하고 있다. 공간을 가로지르는 문화의 전파는 추상적이지 않다. 사람들은 어깨의 흔들림, 엉덩이 떠밀기, 춤의 균형에서 디아스포라를 체화한다. 이러한 체화를 통해 페이건은 카리브 해의 지리적 한계를 넘어 아프리카-카리브 해 문화를 옮긴다.

페이건은 예술가의 능력에 관한 논의 또한 구체적으로 제안하고 있다. 예술가는 자신이 움직일 때, 마치 자신이 문화가 적힌 빈 서판인 것처럼 단순히 영향을 받아들이지 않기 때문이다. 페이건은 자신의 목적에 맞게 문화를 바꾼다. 그의 초기 작품 중 하나인 「이전부터 From Before, 1978」에는 동작 제재에 대한 그의 지배력이 포착된다. 페이건은 시각 예술과 춤에 퍼져 있는 20세기 중반의 미학 운동인 미니멀리즘의 가치를 사용해서 아프리카-카리브 해 유산의 순수한 형식적 능력을 확대한다. 그는 발레의 정확성을 이용해서 무용수들의 힘찬 묘기를 지원하면서, 카리브 해의 춤을 폴리리듬polyrhythm, 해부학적 격리, 유동적인 척추에 이르기까지 정제한다. 페이건이 백인 예술가의 전유물로 간주되던 미니멀리즘을 자신의 것으로 주장할 때조차도 「이전부터」는 카리브인의 지식에 대한 가치를 부여한다. 그의 역사와 장소와 문화가 무용수들의 신체 안에서 충돌할 때, 페이건의 예술은 '공간'을 '다공간'으로 바꾼다.

우주 안의 무용수

가스 페이건의 예술에서는 어떤 동작이든 방대한 지형을 불러일으킨다. 공간과 춤에 대한 탐구 범위를 더 넓힐 때, 무용가는 우주 안에서 어떻게 춤을 위치시킬 수 있을까?

이 질문에 답하는 방식은 세상의 무용수들만큼이나 많다. 이제 무용수의 정신적, 육체적 전략과 기법에서 벗어나 무용수들이 살아 움직이는 현실과 상상의 공간을 만드는 쪽으로 탐구의 방향을 이동해보자. 현저하게 다른 두 가지 사례인 아메리카 원주민의 혼령 춤Ghost Dance과 루돌프 폰 라반의 키네스피어kinesphere*가 이 점을 설명해줄 것이다.

혼령 춤은 몸에 기를 불어넣어 주는 춤이자 19세기말 무렵에 범인도pan-Indian 운동이 된 아메리카 인디언의 종교이다. 종교의 중심에는 원무圓舞의 관행이 있다. 이 춤은 1870년대에 네바다 서부의 파이우트Paiute 부족의 지도자를 통해 처음 등장했으나, 그 관행은 1800년대 초기에 기록된 이전의 원무인 선지자 춤Prophet Dance과 대분지 원무Great Basin Round Dance를 포함하는 아메리카 원주민 역사의 초기에 기록되어 있다.[31] 혼령 춤은 나중에 새로운 필요와 새로운 교리를 위해 이러한 의식과 원형 대형을 조정했다. 1870년대에 등장했던 혼령 춤은 이후 사라졌다가 1880년대 후반에 우보카Wovoka라는 파우이트 부족의 선지자에 의해 부활되어 다시 등장했다.

---

* 신체가 움직여 도달할 수 있는 신체 주변 범위 안에서의 움직임 또는 운동 공간이나 개인 공간

부족 사회에서 구세주로 추앙받은 우보카는 평화의 교리와 의식 춤을 통해 제정될 밝은 미래에 대한 비전을 전파하도록 자신이 신의 부름을 받았다고 믿었다.[32]

1870년대의 원주민 목격자들은 이 춤을 일련의 동심원으로 묘사했는데, 때로는 10개에 달하는 동심원들이 모두 서로에 대해 반대 방향으로 회전했다.[33] 1890년대에는 3천 명에 달하는 남성, 여성, 어린이가 모여 의식을 수행할 거대한 장소가 필요했다. 이런 장소로는 나무와 덤불이 제거된 이상적인 평지이며, 쉽게 출입할 수 있지만 비원주민의 눈으로부터 춤을 보호하기 위해서는 외딴 곳이어야 했다.[34] 혼령 춤은 흰색 보디페인팅, '독수리, 까마귀, 암꿩, 까치 깃털', 다른 기호들과 함께 누믹Numic 동심원이 그려진 마법의 방탄 셔츠와 같은 기우가祈雨歌를 통합했다.[35]

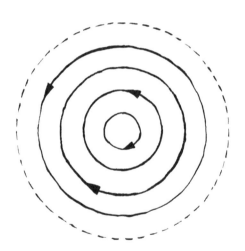

역사가들은 혼령 춤이 미국 서부 확장으로 인한 강제 이주와 토착 문화에 대한 공격의 트라우마에 대한 반응으로 나타났다는 데 대체적으로 동

의한다.[36] 그러나 당시의 미국 정부 관리들은 그 춤을 제대로 이해하지 못하고, 원주민 땅으로 유입되는 백인들을 향해 공격을 모의하는 것으로 판단했다. 1890년에 미 육군은 오늘날 운디드 니Wounded Knee 대학살이라고 부르는, 혼령 춤을 위협으로 오인하여 발생한 비극적인 사건에서 라코타 수Lakota Sioux 부족을 공격해서 2백 명이 넘는 인원을 살해했다.

아메리카 원주민의 강제적인 속박과는 달리, 혼령 춤은 경계를 알 수 없었다. 혼령 춤은 대륙 전체에 지리적으로 퍼져 나갔으며, 현세와 내세 사이의 다공성多孔性 경계로 인식되었다. 혼령 춤은 우주적 연결을 단조하여 조상들과의 연결 고리를 찾아 **푸하**의 누믹 비전Numic vision of *Puha*, 즉 아메리카 원주민이 메커니즘으로뿐만 아니라 우주의 본질로도 이해한 힘을 전달했다.[37] 원무가 부족 구성원을 우주 구석까지 퍼진 힘과 연결시켰던 것이다.

30년 후, 독일에 기반을 둔 안무가이자 이론가인 루돌프 폰 라반은 보편적인 힘을 전혀 다르게 상상했다. 라반은 안무보다는 라바노테이션Labanotation으로 알려진 춤동작 기록 체계에 대한 공헌으로 오늘날 더 기억되고 있다. 그의 동작 분석은 유클리드 기하학, 수학, 물리학 그리고 인체 해부학적 구조에 관한 지식을 바탕으로 한 춤추기와 안무하기 및 가르치기에 관한 관행에서 시작되었다. 그는 자신의 표기법을 세상의 모든 인간 운동을 옮겨 쓸 수 있는 보편적인 것으로 만들기를 갈망했다.[38]

1920년대의 안무가이자 이론가의 입장에서 인간의 동작으로부터 데이터를 추출하고 문서화하는 시스템을 개발한다고 상상해보라. 이를 도와줄 디지털 기술은 아직 출현하지도 않았다. 지금껏 고려해온 많은 문화적 다양성과 특이성을 감안할 때, 어떻게 모든 춤의 기본 특성을 정제할 수 있을까? 좋은 표기법은 동작의 모양, 특성 그리고 지속 시간을 설명해야 할 뿐 아니라 무용수와 무용수 사이의 공간적 관계 및 무용수와 환경 사이의 공간적 관계를 기록해야 한다.

라반 이전의 수 세기 동안, 많은 사람들이 춤을 인쇄하려고 시도해왔다. 이러한 시스템 중 상당수는 특정한 춤이나 장르를 문서화하기 위해 고안되었으나, 하나의 동작을 다른 동작과 차별화하는 특성, 리듬, 역동성의 차이를 충분히 처리할 수 없었다.[39] 예를 들어 18세기로 접어들면서 춤 제작자이자 표기자인 라울 오제 푀이에Raoul Auger Feuillet가 프랑스 발레 마스터인 피에르 보샹Pierre Beauchamp의 초기 노력을 바탕으로 발의 패턴을 바닥에 매핑하는 시스템을 고안했지만, 이 시스템은 무용수의 양팔과 몸통의 뉘앙스를 포착하는 데는 실패했다.[40] 라반의 방법은 다리뿐만 아니라 상체, 특히 그가 '트레이스폼스traceforms'라고 불렀던 모양 만들기를 추적하고, 기호를 사용해서 운동의 여러 측면 중에서도 노력, 에너지, 방향, 공간 모방을 기록한다.

라반은 한 가지 중요한 문제, 즉 인간의 모든 동작은 특정한 장소에서 일어나야 한다는 것과 씨름해야만 했다. 그는 시간과 공간이 밀접하게 연결되어 있다고 결론지었다. 그의 기록에 의하면, 공간은 "동작의 숨겨진 특징이고, 동작은 공간의 가시적 측면이다."[41] 라반은 오로지 인간의 동작에 대해서만 언급하고 있었지만, 우주에 대해서도 생각하고 있었을 것이다. 인간의 행동에서부터 행성의 타원 운동, 빅뱅 이후의 팽창에 이르기까지 우주의 모든 것이 움직임 덕택에 시야에 들어오기 때문이다.

라반은 개인의 사적 공간을 둘러싸고 있는 정육면체로 그려진 기하학적 조직인 키네스피어를 통해서 인간의 동작을 우주와 연결했다. 키네스피어는 공간 길이, 폭, 깊이의 기본 방향에 따라 몸 바깥으로 뻗어 나온다. 각 차원은 위와 아래, 왼쪽과 오른쪽, 또는 앞과 뒤의 두 방향으로 주어진다. 대각선은 정육면체를 통과한다. 모든 점은 정육면체의 중심에 있는 몸의 질량 중심에 수렴한다.[42] 키네스피어는 행동이 일어나는 격자를 배치함으로써 인간의 동작을 구성한다.

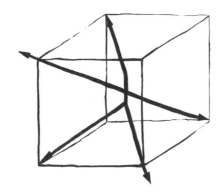

　　인체를 에워싸는 정육면체를 상상하자마자 라반은 키네스피어와 우주 사이의 연결 고리를 보았다. 그는 이것을 다음과 같이 기록했다. "우리 몸의 중심과 키네스피어에서 무수한 방향이 무한한 공간으로 퍼져 나온다."[43] 라반이 제시한 바에 따르면, 우리가 어디로 가든 키네스피어가 따라오고, 그로 인해 우리는 광대한 우주에 대한 인식을 갖게 된다. 이는 인간을 훨씬 더 광대한 현실과 연결할 때 자그마한 필멸의 존재인 우리 자신을 통해 무한한 공간을 두드릴 수 있음을 암시한다.

　　동작 분석에 대한 라반의 통합화 비전은 극적으로 변하는 정치 환경의 상황 속에서 발전했다. 그는 1920년대 후반과 1930년대에 먼저 독일의 바이마르 공화국에서 일했으며, 그 다음에는 당시 떠오르던 나치 정권하에서 일했다. 역사학자들은 나치의 민족주의 프로젝트에 라반이 공모한 것에 대해 논쟁을 벌이고 있다. 독일의 유명 예술가들이 국가에 순응해야 한다는 압박감을 느꼈을 정도에 대해서는 여전히 논쟁의 여지가 있다.[44] 라반은 결국 영국으로 탈출했고, 거기서 동작 분석에 대한 저술을 완성하고 중요한 무용 센터를 설립했다.

라바노테이션은 오늘날에도 여전히 춤을 기록하는 데 사용된다. 비디오가 쉽게 공연을 기록할 수 있게 되었음에도 그의 표기법은 카메라로는 식별할 수 없는 정보를 추출한다. 후속 안무가들도 키네스피어의 중심을 신체의 다른 부분으로 옮기고, 정육면체의 크기를 줄이며, 심지어 한 번에 여러 개의 키네스피어로 무용수의 몸을 에워싸면서 키네스피어의 개념을 포착해서 다루었다. 서양 기하학에 의해 알려진 인간 중심적 우주가 자연적으로 만들어진 것이 아니라는 것을 보여주는 라반의 공간 구성은 예술가들이 의지하고, 질문하고, 도전하는 창조적인 도구가 되었다.

라반과 혼령 춤 무용수들은 공간을 이해하는 다양한 방법을 제시한다. 둘 다 움직이는 인체로부터 지구 너머의 우주에 대한 통찰력을 얻을 수 있다고 제안한다. (만유인력 법칙을 개발하던 뉴턴도 지구에서 관측 가능한 경험으로부터 달 너머에 대해 추론했음을 기억하라.)[45] 그러나 이 둘의 공간에 대한 시각에는 중요한 차이가 있다. 라반은 하나의 정육면체에 한 사람이 들어가는 개인을 중심에 둔 우주와 보편화시키는 힘을 상상한다. 반면, 혼령 춤 무용수들은 집단적으로 공간을 구성한다. 그들이 추는 원형 춤은 산 자와 죽은 자의 참여로 함께 만들어진다.

궁극적으로 라반은 모든 문화적 형태를 기록할 수 있는 보편적인 동작 표기법을 만들려는 목표에 도달하지는 못했다. 어떤 세부 사항은 항상 기록할 수 없기 때문이다. 라바노테이션은 혼령 춤의 공간적 구성과 스텝을 문서화할 수 있었다. 그러나 내세와의 유대 관계, 성역에 대한 깊은 갈망, 미래에 대한 주장을 포함하는 패턴과 연결된 공간적 상상력은 여전히 손이

닿을 수 없다. 혼령 춤의 동심원들은 공간이 있는 곳에서는 그 공간에 대한 권력 투쟁이 있음을 상기시켜 준다. 때때로 저항은 춤의 형태를 취하기도 한다.

공간 쓰기

우리는 춤을 추면서 내부 공간이나 외부 공간에 집중할 수 있는데, 결국 내부와 외부는 서로 정보를 제공한다. 관객은 무용수의 동작을 통해서 무용수가 무슨 생각을 하고 있는지 읽을 수 있다. 무용수가 춤추는 공간은 무용수가 어떻게 움직이는가와 그에 따라 무용수가 어떤 생각을 하는지에 영향을 미친다. 이러한 생각을 동작 연습에서 어떻게 조사할 수 있을까?

움직이면서 방의 기하학적 구조를 **훑어보자**. 훑어본다는 것은 무엇을 의미할까? 이것은 안무가 윌리엄 포사이드William Forsythe의 즉흥 기법에서 빌린 훈련이다. 포사이드가 '공간 쓰기room writing'라고 부르는 이 훈련은 방 안의 형태를 움직이는 몸으로 탐색해서 표현하는 훈련이다.[46] 어떤 형태라도 상관없다. 왼쪽 팔꿈치로 원을 보고 묘사하거나 오른쪽 무릎으로 정육면체를 보고 묘사할 수도 있다. 춤 연습실에 있는 난방 환기 장치의 그물 모양의 음영을 척추로 표시하려고 시도할 수도 있다. 목표는 움직이는 몸을 통해 주변 환경을 보고 반응하는 것이다. 불연속적인 점들을 점묘화법 방식으로 표현하거나 형태를 볼 수 있도록 조사한 다음 분해시킬 수도 있다. 무엇을 선택하든 계속 움직여라.

목표는 시각적 정보가 무엇을 의미하든 간에 그것을 동작의 형태로 실현하는 것이다. 작업을 충실하게 하는 것이 중요하다. 그저 방 안의 기하 구조를 표현하라. 이를 위해서는 주의력, 관찰력, 식별한 모양을 동작 형태로 변환하는 창조적 능력이 필요하다. 자신이 어떤 형태를 변환하고 있는지에 대해 관객이 정확히 말할 수 있는지에 대해서는 걱정할 필요가 없다. 가장 중요한 것은 자신이 움직이면서 생각하고, 처리하고, 상상하는 것이다. 그런 후에 구성하라. 말하자면, 자신이 활성화시키고 있는 동작 아이디어로 무언가를 어떻게 해야 할지를 생각하라.

이 아이디어에 대해 몇 분 동안 작업한 후 시간을 다시 설정하라. 이 훈련의 두 번째 단계는 부피 탐색과 관련이 있다. 부피는 기하학에서 빌린 안무 개념으로서, 포함된 틀 안의 3차원 공간을 나타낸다. 무용수가 동작의 부피를 줄인다는 것은 실행 강도를 낮추는 것이 아니라 안무가 수행되는 공간을 줄인다는 것이다. 부피를 확대하는 것은 동작이 채워야 하는 공간의 크기가 확장되는 것이다.

자신의 신체보다 조금 더 큰 자신만의 키네스피어를 떠올리고, 그 정육면체의 중심에 자신을 위치시키는 상상을 해보라. 손가락 끝에서 발가락까지 펼쳐진 키네스피어 안에서 방의 기하 구조를 훑어보는 작업을 하라. 팔, 다리, 머리, 팔꿈치, 무릎, 발가락, 가슴, 귀로 정육면체의 지점들을 나타낼 수 있다. 자신의 동작을 지시하는 각도는 다양하다. 잠시 동안 이 작업을 계속 하라. 중요한 것은 완벽이 아니라 노력이다.

잠시 멈추고 키네스피어 안에서 자신을 중심에 다시 위치시켜라. (자신만의 상상 속 안전한 정육면체 안으로 되돌아갈 수 있다면 위로가 되지 않을까?) 이제 키네스피어가 줄어든다고 상상해보자. 이 새로운 영역은 어깨를 무릎까지 내려오게 하고, 모든 행동이 이 새로운 크기 안에서 일어나야 한다. 이렇게 작아진 부피 안에서 환경을 다시 훑어보라.

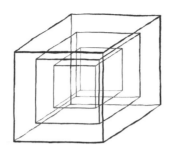

우리는 방금 라반의 무한대에 도달하기에서 더 작은 공간에 도달하기로 규모를 변경했다. 작아진 정육면체 안에서 움직이는 데에는 훨씬 더 작은 범위가 필요하므로 자신의 동작에 더 친밀한 느낌을 준다. 부피의 좌표를 설정하는 것은 궁극적으로 작성하는 사람에게 달려 있다. 부피의 좌표는 물리학에서와 마찬가지로 다른 동작의 특성과 의미를 얻기 위해 임의로 할당된다.

특수 상대론의 공리

사람들이 키네스피어 안에서 팔을 움직이는 것이 그들을 우주의 파동 속으로 밀어 넣는 것이라면, 사람들이 움직일 때 우리는 '저 바깥에' 있는 무엇을 감지하는 것일까? 우주는 무한히 넓고, 공간과 시간은 인간이 경험적 증거를 통해 추측할 수 있는 것보다 훨씬 더 뒤틀리고 상대적이다. 아인슈타인은 상대론 문제를 풀기 위해 수학이 필요했지만, 결코 운동감각을 멀리 한 적이 없다. 그는 안무가와 마찬가지로 운동감각적 상상력을 사용해서 실제 세계와 우주의 운동을 모두 포함하는 사고실험을 개발했다. 이러한 상상의 시나리오는 그의 이론화 작업에 중요한 역할을 했다.

아인슈타인의 특수 상대론은 물리학자들에게 우주 전체에 걸친 속도 제한과, 공간과 시간 사이의 근본적인 연결 고리라는 개념을 가져다주었다. 또한 절대 시간과 절대 공간에 대한 당시의 개념을 산산조각 냈다. 아인슈타인의 몇 가지 공리를 이해하고 대수학으로 탐색에 착수할 수 있다면, 우리도 아인슈타인이 내렸던 결론에 도달할 수 있다.

아인슈타인의 공리를 이해하기 위해서는 **관성 기준틀**inertial reference frame 의 개념을 먼저 이해해야 한다. 기준틀이란 무언가를 중심으로 하는 좌표계를 말한다. 조금 전 소개한, 골반을 중심으로 하는 라반의 키네스피어는 사람이 공간을 움직일 때 항상 옆에서 수반하는 기준틀이다. 주변의 모든 것은 이 정육면체와 관련이 있는데, 이 정육면체의 위치는 움직임을 통해 조정된다.

운동에 무관한 기준틀을 고려할 수도 있다. 예를 들면 춤 연습실이 그러한 기준틀이다. 이 경우, 당신은 연습실 안에서 방에 대한 모든 동작을 측정할 것이다. 바닥을 $y = 0$으로 정의하면서 천장을 향해 직접 가리키는 방향을 $+y$축으로 설정할 수 있다. 바닥 자체는 xz 평면을 구성한다. 방 안에 가만히 서 있는 경우, 연습실에서 정의한 기준틀에 대한 속도는 0이 된다. 움직이는 경우에는, 정지해 있는 방에 대한 속도와 가속도를 정의할 수 있다. 마음속으로 이 고정된 격자를 그려놓은 방을 통과하는 상상을 해보자. 상상의 격자에서 선들의 교차점에 의해 임의의 순간에 표시된 위치는 벽에 평행한 축 선들을 따르거나 축 선들을 대각선으로 자르는 선을 따라 이동할 수 있다.

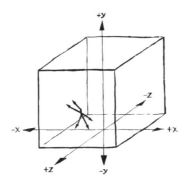

    다음 상상 훈련에서는 여러 가지 다른 기준틀을 생각할 수 있다. 연습실에서 벗어나서 우주복을 입고 지상의 춤 연습실을 바라보며 달 위에 서 있는 자신을 상상해보라. 중심이 이제는 달 위의 당신과 함께 위치하도록 기준틀을 다시 정의하라. 달과 당신은 지구의 궤도에서 고정되어 있다. 당신은 지구, 연습실 그리고 연습실 안의 무용수가 당신에 대해 천천히 회전하는 것을 볼 수 있다. 지구와 연습실에 대한 당신의 시야는 시간이 갈수록 바뀌므로 달을 중심으로 하는 당신의 기준틀에서 연습실의 속도를 측정할 수 있을 것이다.

    자신의 기준틀을 태양이 중심에 있는 기준틀로 바꿀 수도 있다. 그러면 지구에 있는 춤 연습실, 지구 그리고 달은 모두 태양 기준틀에 대해서 움직인다.

    기준틀 정의는 매우 유연하게 할 수 있기 때문에 계산을 가장 간단하게 만드는 기준틀을 선택한다. 연습실 안에서 무용수의 운동을 분석하는 경우에는 연습실을 기준틀로 설정하는 것이 합리적일 것이며, 태양 주위의 행성 운동 또는 태양의 관점에서 지구상의 춤 연습실의 운동을 분석하는 경우에는 기준틀의 중심이 태양에 위치하도록 설정하는 것이 합리적일 것이다.

관성 기준틀이란 가속하지 않는 기준틀을 말한다. 우리는 기준틀이 가속되는지 여부를 판단하는 데 탁월한 감정사이다. 아무도 밀지 않았음에도 자신이 한 방향 또는 다른 방향으로 던져질 때, 아무렇지 않게 앉아 있었던 적이 있는가? 이런 일은 우리가 타고 있는 버스, 기차, 트램, 비행기, 자동차 등이 진로를 바꾸거나, 속력이 빨라지거나, 속력이 느려질 때 발생한다. 이런 경우는 모두 가속의 순간이며, 정상적인 물리학 법칙이 깨지기 때문에 이를 감지할 수 있다. 예를 들어 브레이크를 세게 밟으면 차 바닥에 있는 물병이 차 앞쪽으로 미끄러지고, 버스가 방향을 틀면 등받이가 미끄러져 내려간다.

또 다른 예로, 언덕이 많은 풍경을 따라 놓인 곡선 트랙을 따라 빠르게 움직이는 열차가 운반하는 연습실 안에서 춤추는 것을 상상해보자. 연습실에 방음장치가 완전히 갖춰져 있고 창문이 없는데도 뭔가 다른 일이 벌어지고 있다는 것을 느낄 것이다. 어느 순간에 한 자리에 서 있던 자신이 다음 순간에 다른 방향으로 던져질 것이다. 지표면 위에 튼튼하게 지은 춤 연습실과 같은 관성 기준틀에서는 다른 무용수가 밀거나 지진 같은 것이 연습실을 가속시키지 않는 한, 갑자기 한쪽으로 휘청거리지 않는다. 연습실을 운반하는 열차가 평평한 직선 트랙을 따라 일정한 속도로 이동하는 한, 기준틀은 가속되지 않는다. 이때에는 관성 기준틀 안에 있으므로 연습실 안의 자신이 지구에 대해 움직이고 있다는 생각을 하지 않을 것이다. 그러나 열차가 회전하는 즉시 더 이상 관성 기준틀 안에 있지 않게 되며, 이로 인해 겉보기에 몸에 작용하는, 설명할 수 없는 힘을 통해 이를 감지할 수 있을 것이다.

관성 기준틀에 대한 정의에 따라 특수 상대론의 공리에 대한 준비를 마쳤다. 공리란 이론을 세우는 데 필요한 가정을 말한다. 이와 관련해서 당부하고 싶은 것은 이 공리들이 체계를 깨뜨리는 탐구의 타당한 출발점이라는 아인슈타인의 주장을 신뢰하라는 것이다.

공리 1: 물리학 법칙은 모든 관성 기준틀에서 동일하다.
공리 2: 진공 중에서 빛 속력은 모든 기준틀에서 동일하다.

이 공리들은 쏟아지는 검증을 견디어 왔다. 지금까지는 옳은 것으로 보인다. 이 공리들은 단순해 보이지만, 실제 그 의미는 몹시 놀랍다.

첫 번째 공리를 이해하기 위해 부동不動의 느낌을 생각하자. 지금 이 책을 읽고 있는 자리에서 잠시 시간을 내어 멈추어 부동의 상태를 찾아보라. 자신에게 작용하는 모든 힘이 균형을 이루고 몸이 가속되지 않는 것을 느껴보라. (지금 관성 기준틀에 있지 않다면 느끼기 어려울 것이다.)

부동의 느낌을 분명히 했지만, 실제로는 태양을 도는 행성 위에, 은하를 통과하는 태양계 안에, 우주를 통과하는 은하 안에 있다는 것을 기억하라. 우리는 얼마나 빠르게 움직이고 있을까? '무엇에 대해서'에 대한 답을 알지 못하면 이 질문에 답할 수 없다. 도로에 대해 얼마나 빠르게 움직이는가는 은하수 중심에 존재할 것으로 예측되는 블랙홀 중심에 대해서 얼마나 빠르게 움직이는가와 다른 값을 갖는다. 우주는 경계가 명확히 정의되지도 않고, 유의미한 중심도 없으며, 이에 따라 명확한 부동 지점도 없다. 모든 관성 기준틀에서 물리학 법칙이 동일하다면, 우선적인 기준틀은 존재하지 않는다. 특수 상대론의 첫 번째 공리는 진정한 부동을 정의하는 특별한 기준틀이 없다는 것을 의미한다. 모든 것이 상대적이다!

특수 상대론의 첫 번째 공리는 물리학자에게 좋은 소식과 나쁜 소식을 모두 전한다. 좋은 소식은 하나의 기준틀에서 자연의 법칙을 이해하기 위해 물리학자가 하는 일은 다른 모든 기준틀에도 적용되는 강력한 역량을 제공한다는 것이다. 그러나 이와 동시에 우리는 어느 한 지점에 고정될 수 없다. 특권을 가진 것으로 보이는 우주의 중심이나 기준틀은 존재하지 않기 때문이다.

특수 상대론의 두 번째 공리를 이해하기 위해서는 더 많은 작업이 필요하다. 이것은 측정하는 사람이 우주의 어디에 있는지와 상관없이 빛 속력은 일정하게 유지된다는 것을 의미한다. 즉 지구에 있는 사람이든 지나가는 혜성에 앉아있는 사람이든 빛 입자인 광자는 동일한 속력으로 측정된다. 이 가정의 함의를 설명하기 위한 공연을 설정해보자.

특수 상대론: 길이 수축

한 공연자가 천장에 거울이 달려 있는 어두운 춤 연습실 한 가운데에서 손전등을 들고 바닥에 엎드려 있다. 공연자가 손전등을 켠다. 스톱워치를 가진 파트너가 손전등에서 나온 빛이 천장까지 올라가고 거울에서 되튀어 방출된 원래 위치로 되돌아가는 데 걸리는 시간을 측정한다. 측정 시간을 확인하기 위해 관객이 스톱워치를 들고 연습실의 가장자리에 앉아 있다. 이 시나리오는 약간의 상상력 도약이 필요하다. 즉 이 공연 예술 작품에서 두 번째 공리의 함의를 밝히기 위해서는 스톱워치가 매우 정확하고, 공연자와 관객의 반응시간 또한 완벽하다는 가정이 필요하다.

빛은 손전등 끝에서 거울까지 갔다가 되돌아오는 거리만큼 이동했다. 손전등에서 천장까지의 거리를 d라고 하면, 빛의 총 이동 거리는 $2d$가 된다. 파트너가 측정하는 총 시간을 t_p라고 표시하자. (여기서 t는 초 단위로 측정한 시간을 나타내며, 첨자 p는 공연자의 기준틀을 나타낸다.) 광자가 얼마나 먼 거리를 이동했는지 그리고 이동 시간이 얼마나 걸렸는지를 알기 때문에 광자의 속도를 계산할 수 있다. 속도는 다음에 주어진 공식에서처럼 이동 거리를 이동 시간으로 나눈 것과 같음을 기억하라.

$$속도 = \frac{거리}{시간} \tag{71}$$

첫 번째 공연 시나리오에 해당하는 빛 속도를 v_1로 표시할 때, 빛 속도에 대한 공식은 다음과 같이 쓸 수 있다.

$$v_1 = \frac{2d}{t_p} \tag{72}$$

안무가처럼 생각하면서 공연에 또 다른 복잡성을 더해보자. 연습실을 일정한 속도로 움직이는 열차 안의 평평한 곳으로 옮기면, 공연과 계산은 훨씬 더 흥미롭게 된다. 이제 관객은 연습실 밖에 위치해서, 기차를 따라 빠르게 이동하는 연습실과 공연을 지켜보고 있다.

열차가 튀어 오르거나 회전하거나 속력이 변하지 않는다고 가정할 때, 공연자와 파트너에게는 아무것도 변한 것이 없다. 무용수들은 가속되지 않고 일정한 속도를 유지하며 연습실을 옮기는 기차 안의 관성 기준틀 안에 있게 된다. 관객도 트랙 옆의 관성 기준틀 안에 있다. 그러나 관객에게는 빛이 다른 경로를 따르는 것으로 보인다. 공연자의 관점에서 볼 때처럼 곧장 위아래로 이동하는 대신 빛은 관객 기준틀의 어느 한 점에서 방출되어 도로를 따라 얼마간 이동한 거울에 부딪히는 것으로 보인다. 빛이 손전등으로 되돌아가는 것을 볼 때 기차는 더 멀리 이동해 있다. 따라서 다음 그림에서 보듯이, 관객은 삼각형의 빗변으로 설명되는 빛의 경로를 보게 된다.

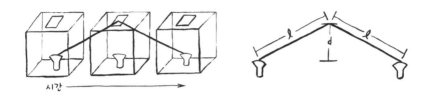

시간 →

빛이 위로 올라가는 경로를 l로 표시할 때, 그림으로부터 l이 d보다 큰 것이 분명하다. 관객이 바라본 빛의 총 이동 거리는 $2l$이다. 관객은 자신의 스톱워치로 초 단위로 시간 t를 측정한다. 이에 따라 빛이 이동하는 속도는 다음과 같다.

$$v_2 = \frac{2l}{t} \tag{73}$$

기차가 빨리 갈수록 $2l$의 값은 커진다. 빛이 왕복하는 데 걸리는 시간 동안 기차가 트랙을 따라 더 멀리 이동하기 때문이다. 기차가 빛 속력에 접근함에 따라 서로 다른 두 기준틀에서 빛이 이동하는 길이는 점점 더 현저하게 차이 나게 된다.

특수 상대론의 두 번째 공리에 의하면, $v_1 = v_2$이다. 그러나 빛이 서로 다른 관찰자에 대해 서로 다른 길이를 이동하기 때문에 이런 일은 가능하지 않을 것으로 보인다. 이러한 곤경으로부터 벗어나는 방법은 시간이 절대적이지 않다는 것을 인정하는 것이다. 완벽하게 작동하는 스톱워치를 가진 여러 명의 관찰자는 실제로 서로 다른 시간을 측정하고 있는 것이다. 잘 정립된 이 효과는 **시간 팽창**time dilation으로 알려져 있으며, 다음 장에서 집중적으로 다룰 것이다.

또 다른 기이한 현상은 춤 연습실 안에서 빠르게 움직이는 공연자를 볼 때 발생한다. 공연자의 속력이 빛 속력에 가깝다면, 관객은 공연자가 이동 방향으로 팬케이크처럼 납작해지고 춤 연습실이 짧아지는 것을 보게 된다. 이 효과는 **길이 수축**length contraction으로 알려져 있다. 이제 대수학이 등장한다.

먼저 기차의 속력 대對 트랙 옆에 있는 관객의 속력처럼, 두 관성 기준틀이 서로에 대해서 얼마나 빠르게 움직이는지와 빛 속력을 모두 고려하는 변수인 γ감마를 정의하자. 특수 상대론의 계산 과정 내내 사용되는 γ의 정의는 다음과 같다.

$$\gamma = \frac{1}{\sqrt{1 - \dfrac{v^2}{c^2}}} \tag{74}$$

여기서 v는 두 기준틀 사이의 상대 속도이고, c는 빛 속력이다. 예제에서 v는 열차의 속도이다. 그 이유는 열차의 속도가 지상 기준틀에 대한 연습실 기준틀의 속도이기 때문이다. 속도의 단위로 m/s를 사용하며, 이 단위를 사용한 빛 속력은 다음과 같다.

$$c = 2.99 \times 10^8\,\text{m/s} \tag{75}$$

γ는 어떤 값을 가질 수 있을까? 열차가 지상에 있는 관객에 대해 전혀 움직이지 않는다면, 관객 기준틀에 대한 연습실 기준틀의 속도는 0이다. $v = 0$이면 v^2/c^2도 0이고, 이에 따라 $\gamma = 1$이다. 열차의 속도가 빛 속도에 접근하는 경우, v^2/c^2도 증가한다. 그런데 기차와 춤 연습실은 질량을 가지고 있기 때문에 빛 속도까지 도달할 수 없으며, 이에 따라 v는 항상 c보다 작다. 이것은 v^2/c^2이 결코 1에 도달할 수 없음을 의미하기 때문에 중요하

다. 따라서 γ에 대한 공식에서 분모의 제곱근 안에 음수를 다룰 필요가 없다. (제곱근 안이 음수이면 허수에 대해 걱정해야 하는데, 여기서는 걱정할 필요가 없다.) γ는 1보다 크거나 같은 값을 갖는다.

이제 길이를 계산하여 길이 수축을 정량화하는 데 γ가 어떻게 이용되는지 생각해보자. 이 문제에서 우리가 추적해야 할 길이는 두 가지이다.

L_p: 연습실 안의 사람이 측정한 춤 연습실의 길이. 이 길이를 춤 연습실의 **고유 길이**proper length라고 한다. 길이는 측정 대상과 같은 기준틀에 있는 사람이 측정한 경우, 즉 측정자에 대해 측정 대상이 정지해 있는 경우 '고유한' 것이다.

L: 다른 기준틀에 있는 관찰자인 관객이 측정한 춤 연습실의 길이

L과 L_p는 다음과 같이 변수 γ를 통해 서로 연결된다.

$$L = \frac{L_p}{\gamma} \tag{76}$$

관측자가 물체에 대해 움직이면 γ가 항상 1보다 크기 때문에 관측자가 측정하는 길이 L은 물체의 고유 길이 L_p보다 항상 작다. 놀랍게도, 길거리에서 단순히 누군가를 지나쳐 걷는 것만으로도 걷는 방향을 따라 그 사람의 폭을 측정하는 데 영향을 준다. 물론 그 효과는 너무 작아서 보기 힘들 것이다. L과 L_p 사이의 차이는 상대 속도가 빛 속도에 접근할 때에만 현저해진다.

움직이는 열차 안의 춤 공연으로 돌아가서, 연습실의 길이가 20 m이고 열차의 속도가 빛 속도의 1%인 $v = 0.01\,c$라고 하자. (즉 $v = 2.99 \times 10^6\,\mathrm{m/s}$

로, 이미 시속 1,080만 km의 엄청난 속력에 달한다. 계산기에서 유효 숫자 자릿수 문제를 일으킬 수 있는 실제 값을 입력하는 대신 v를 c의 함수로 처리하면 계산이 훨씬 간단해진다.) 이 경우 γ 값은 다음과 같다.

$$\gamma = \frac{1}{\sqrt{1 - \dfrac{v^2}{c^2}}} = \frac{1}{\sqrt{1 - \dfrac{(0.01)c^2}{c^2}}} = \frac{1}{\sqrt{1 - 0.0001}} = \frac{1}{\sqrt{0.9999}}$$

$$= \frac{1}{0.99995} = 1.0001 \qquad (77)$$

다음 계산에 따르면 관객이 측정한 연습실 길이는 20 m가 아니라 대략 19.998 m이다.

$$L = \frac{L_p}{\gamma} = \frac{20.0 \,\text{m}}{1.0001} = 19.998 \,\text{m} \qquad (78)$$

이 값은 고유 길이인 20 m에 매우 가깝다. 그러나 열차가 빛 속력의 50%($v = 0.5c$ 또는 1.495×10^8 m/s)로 달린다면 훨씬 더 영향이 큼을 볼 수 있다. 먼저 두 기준틀 사이의 상대 속도에 대한 값을 계산하면 다음과 같다.

$$\gamma = \frac{1}{\sqrt{1 - \dfrac{v^2}{c^2}}} = \frac{1}{\sqrt{1 - \dfrac{(0.5c)^2}{c^2}}} = \frac{1}{\sqrt{1 - 0.25}} = \frac{1}{\sqrt{0.75}}$$

$$= \frac{1}{0.866} = 1.155 \qquad (79)$$

따라서 길이는 다음과 같이 주어진다.

$$L = \frac{L_p}{\gamma} = \frac{20.0 \text{ m}}{1.155} = 17.32 \text{ m} \tag{80}$$

특수 상대론을 이해할 필요 없이 인류의 수많은 역사가 만들어졌다는 것은 빛 속력의 적당한 비율에 도달하기 전까지는 특수 상대론의 효과가 작다는 것을 의미한다. 그러나 어떤 상황에서 무시할 수 있는 영향이 다른 상황에서는 절대적으로 중요할 수 있다. 예를 들어 입자 물리학 분야에서는 빛 속력의 상당한 비율로 움직이는 **상대론적** 입자를 매일 다루고 있다. 이 경우 특수 상대론을 고려하지 않으면 계산은 크게 틀릴 것이다.

특수 상대론은 우리에게 두 가지 힘든 인정을 강요한다. 우선 측정 길이는 우리가 물체에 대해 얼마나 빨리 움직이는가에 달려있다는 것을 받아들일 것을 요구한다. 또한 측정 시간의 길이는 측정하는 행위에 대해 우리가 움직이는 속도에 달려있다는 것을 받아들일 것을 강요한다. 다시 말해, 공간과 시간의 측정은 절대적이 아니라 상대적이라는 것이다. 길이 수축과 시간 팽창이라는 두 개념은 과학자들이 자연을 이해하는 방식에 뿌리부터 뒤흔드는 변화를 가져왔다.

절대적 안무 공간에서 상대적 안무 공간으로

외계인이 우주선을 타고 날아가면서 당신이 안무한 공연을 본다고 상상해보자. 우주선은 빛 속력에 가깝게 움직이고 있다. 이전 장에서 자신이 개발한 동작 프레이즈 중 하나를 사용해서, 우선 우주선 안의 외계인이 볼 수 있는 것과 비슷한 프레이즈의 버전을 설계해보라. (힌트: 모든 동작을 외계인이 움직이는 방향을 따라 압축할 필요가 있다.) 그 다음, 외계인이 가까이 다가와서 지상의 관객처럼 볼 수 있도록 허용하는 방식으로 동작 프레이즈를 수행해보라. (힌트:

외계인의 이동 경로를 따라 프레이즈를 확장할 필요가 있다.)

이 연습이 요구하는 바와 같이, 물리학으로부터 안무 영감을 이끌어내는 것은 상대론에 대한 이해력의 시금석이 되며, 안무 구성에 또 다른 종류의 공간적 사고를 도입하는 것이 된다. 지상에서 작업하는 안무가들은 동작 제재를 가능한 모든 수단을 동원해서 늘이고, 응축시키고, 접고, 잘라서 붙이고, 꼬아 올릴 수 있는 유연한 퍼티putty로 간주하는 경향이 있다.

안무가들은 동작 제재의 형태 조작을 통해서 공간을 실험한다. 이들은 프레이즈 내에서 무용수가 향하는 방향을 변경하거나 무용수에게 더 높거나 낮은 높이에서 동일한 동작을 수행하도록 요구한다. 프레이즈를 '펴는 것'은 모든 동작을 전진 궤도를 따라 나아가는 것을 의미하고, '압축하는 것'은 훨씬 더 비좁은 영역에서 재제를 전개하는 것을 의미하는데, 이는 무용수가 동작을 수행하는 방법을 변경하고, 이에 따라 동작의 모양과 느낌이 바뀌는 것을 의미한다. 다른 사람과 접촉하거나 무리를 지어 움직이면서 전체 프레이즈를 수행하면 어떻게 될까? 점프를 삽입하거나 무대를 가로질러 재제를 날려 보내면 어떨까? 안무가는 구성에 질감과 심도를 주는 공간적 변화를 추구한다. 무용수가 제재를 수행하는 대형을 통해서도 동작의 모양과 느낌은 바뀔 수 있다.

무용가들이 공간에 대해 생각하는 방식은 지난 100년 동안 크게 변했다. 많은 예술가들이 수십 년 동안 계속해왔던 고전 무용의 구성 전략을 여전히 사용하고 있기 때문에 이러한 변화에 대한 일반화는 어렵다. 그러나 20세기 초반의 서양 발레와 현대 무용이 무용수의 신체로 형상을 만드는 것을 강조한 반면 최신 무용은 **움직이는 이미지**를 강조하는 일이 빈번하다는 말은 할 수 있다. 이러한 움직이는 이미지는 마치 청산되지 않는 사고의 패턴을 그대로 반영하는 것처럼 일정한 흐름을 유지하지만, 점점 순간적이

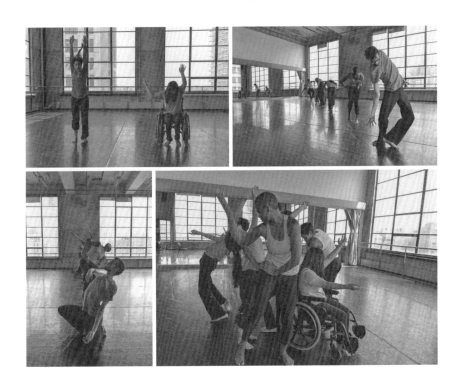

고 단편적으로 성장한다. 돌조각과 정반대인 구름 패턴을 생각해보라. 변화
가 형태가 되었다.

안무가들이 형식적 선택을 연구하는 과정 또한 바뀌었다. 서로 다른
시대의 예술가들이 자신들의 작품에 대해 이야기하는 데 사용하는 언어를
비교할 때 이러한 심미적 변화는 분명하다. 1959년에 출판된 독창적인 저
서인 《무용창작기법The Art of Making Dances》에서 도리스 험프리Doris Humphrey
는 질서와 대칭에 대한 가장 중요한 감각에 뿌리를 둔 안무 실행 이론을 제
시하고 있다. 험프리의 공간 디자인은 형태에 대한 고전적 원리에 따라 신
체 모양을 창조하는 데 중점을 두고 있다. 프로시니엄 무대의 영역은 의미

를 좌우한다. 무대 뒤쪽에서 제재를 수행하는 무용수는 보다 신神적으로 보일 것이고, 무대 앞쪽의 무용수는 보다 인간적으로 보일 것이다.[47] 험프리의 춤은 절대 시간과 절대 공간의 뉴턴의 우주에서 추는 춤이다.

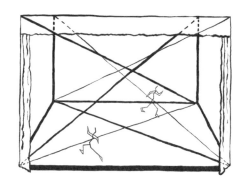

어떤 식으로든 현대 무용은 이러한 고전적 교리의 모든 측면을 전복시켰다. 이제는 험프리가 시도했던 것처럼 한 권의 책에 담기에는 너무나 많은 기술과 안무 전략이 있다. 작업 방법과 육체적 훈련, 공연 방식 그리고 관객의 관점은 모두 질문의 여지가 있다. 안무가 조나단 버로우Jonathan Burrows에 의하면, 유일한 확실성은 끊임없는 자기 성찰이다. 버로우가 2010년에 출간된 《안무가편람A Choreographer's Handbook》에 썼듯이, 공간을 상상하려면 그 공간에 도달하는 수단에 의문을 제기해야 한다. "어떤 방식으로 작업하고 있는가? 어떤 방식으로 작업하고 싶은가? 제재가 허용하는 작업 방식은 어떤 방식인가?" … "몸에서 원하는 것은 무엇이고, 몸이 주는 것은 무엇인가?"[48] 버로우의 안무 이론은 끊임없이 스스로를 깎아내는 수많은 관점과 선택을 포용하는 것이다. 험프리의 질서 정연한 우주와는 달리, 공간은 상대적이 되었다.

무대 공간

안무 제재를 공연 공간에 배치할 때, 안무가는 또 다른 고민을 해야 한다. 동작들이 어떤 각도에서 보이도록 할까? 매 순간 관객의 초점을 결정하도록 안무를 구성할 것인가, 아니면 관객에게 바라볼 곳에 대한 선택권을 줄 것인가? 전경과 배경을 어떻게 정의할까? 빈 무대 공간을 어떻게 채울까?

무대는 다양한 형태로 나타나며, 각각의 무대마다 작품이 어떻게 수행될지에 대한 자신만의 전제를 가지고 있다. 공연 무용은 일반적으로 프로시니엄 무대에서 발표되는데, 이 무대는 공연을 그림처럼 액자화하여 공연자와 관객을 구분한다. 관객은 무대와 정면으로 마주한다. 공연자가 관객 가까이에서 관객을 향해 공연해야 한다는 의무감과 '전경'과 '배경'에 대한 강한 관념 때문에 창작자는 선택에 제한을 받는다.

안무가들은 다방면에서 이런 제약에 도전했다. 공연을 원형으로 배치하여 소수의 관객에게만 친밀한 공연을 만들기도 하고, 관객을 무대 위에 배치하거나 심지어는 무대 **아래에** 배치함으로써 일반적인 극장의 방향을 뒤집기도 한다. 공연 춤은 야외 또는 박물관과 미술관 같은 특별한 장소에서 발표되기도 한다.

다음 왼쪽 그림의 프로시니엄 관점에서 오른쪽 그림의 원형 춤으로 단순히 재배치하는 것조차 관객의 관점에 근본적으로 다른 영향을 미칠 수 있다는 것에 대해 생각해보자. 역사와 문화는 제작자에게는 매우 다른 기대감을 심어주고 관객에게는 근본적으로 다른 관람 경험을 만들어내는 이러한 배치를 억압해왔다.

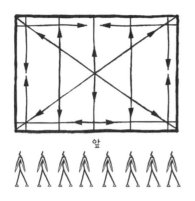 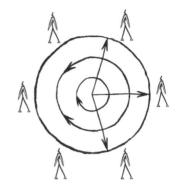

앞

위대한 예술가는 작품이 발표되는 무대 구조를 포함한 작품의 모든 측면에 대해 엄격하게 탐구한다. 콩고의 안무가인 파우스틴 링예쿨라Faustin Linyekula는 프로시니엄 무대를 자신의 콩고 원주민 춤 형태인 원무圓舞를 이용해서 '식민지 관계'의 표현으로 재해석했다.[49] 링예쿨라는 콩고 민주공화국에 위치한 카바코Kabako 연습실에서 창작 활동을 했는데, 이 연습실은 2001년에 설립되었다. 그는 국제적으로 순회공연을 하면서 상당한 찬사를 받지만, 현대적 공연을 위해 중앙아프리카 문화를 서양 형태에 맞추려고 하지 않는다. 그는 국외 거주자처럼, 외부인의 관점에서 콩고를 대표하지도 않는다. 그 대신, 그의 춤은 국민들이 지난 수십 년간의 정치적 격변과 폭력을 경험한 나라인 콩고의 공간과 시간을 충실히 반영한다. 프로시니엄 무대의 틀 안에서 작업하면서 링예쿨라는 자신의 안무 패턴으로 그 형태를 깨고, 그에 따라 콩고 예술가로서의 타협하지 않는 관점을 사용해서 서양 무대의 관습에 대해 공공연하게 반기를 들고 있다.

관점

　　　　물리학과 춤은 관점에 대한 선입관을 공유한다. 공연 무용 무대나 물리 실험실의 공간을 고려하든 우주 공간을 고려하든, 관객의 위치는 사건에 대한 해석에 영향을 미친다. 동일한 동작 프레이즈라도 무대에서의 배치와 관객의 배치에 따라 다르게 보인다. 프레이즈를 만들거나 수행하는 사람의 경우, 관점은 훨씬 더 근본적으로 다르다. 물체의 측정 길이는 관찰자의 움직임에 따라 달라진다는 특수 상대론은 관찰자의 관점이 공간에 대한 경험을 변화시킨다는 것을 확인시켜준다.

　　혁신적인 안무가는 동작을 통해 관객의 공간 경험을 왜곡시키고, 획기적인 물리학자는 우리에게 길이가 불변의 상수가 아니라는 반직관적인 현실로 나아가라고 요구한다. 안무가와 물리학자는 모두 수신자가 알려진 것과 관련해서 자신의 위치에 의문을 제기하라고 주장한다. 안무가와 물리학자는 모두 알려진 것에 의문을 제기한다.

　　무대 공간을 분산시키는 춤을 보면 특수 상대론을 새로운 방식으로 이해할 수 있을까? 그 반대로, 특수 상대론을 이해하면 새로운 방식으로 춤을 볼 수 있을까? 물리학과 춤의 결합은 두 분야에서 새로운 질문을 제기할 수 있는 잠재력을 내포한다.

9. 시간

아방가르드 연극 감독 로버트 윌슨Robert Wilson이 차기 작품을 준비한다고 상상해보자. 1976년 작곡가 필립 글래스Philip Glass와 공동으로 만든 독창적인 작품 「해변의 아인슈타인Einstein on the Beach」은 특수 상대론과 과학적 진보를 다루고 있다. 춤, 시각적 이미지, 음악을 사용해서 약 다섯 시간에 걸쳐 펼쳐지는 「해변의 아인슈타인」은 늘어난 상연 시간이 관객의 인식에 미치는 영향에 대해 탐구했다. 새로움의 충격을 끊임없이 찾던 윌슨은 기본 입자들을 주인공으로 캐스팅해서 자신의 최신작을 급진적으로 전환하기로 결정했다. (아방가르드에 대한 가장 큰 도전은 **앞장서서** 지속적으로 혁신적인 방법과 의미를 유지하는 것이다.) 오늘 그는 뮤온muon과 탑 쿼크top quark를 오디션하고 있다.

윌슨은 어두운 극장 안의 호사스런 벨벳 의자에 등을 기댄 채 앉아 있다. 조수가 몸을 숙이며 말한다. "뮤온부터 시작하겠습니다." 그가 고개를 끄덕인다. "좋아, 데려와." 그가 빈 무대를 응시한다. 아무 일도 일어나지 않자 윌슨이 조수에게 묻는다. "무슨 일이야?" 조수는 어리둥절한 표정으로 어깨를 으쓱한다. "다음 뮤온!" 윌슨이 고함을 친다. 그가 텅 빈 무대를 응시한다. "가버렸군요." 조수가 짧게 말한다. 그는 조바심이 나서 콧바람을 들이마신다. "다시 한 번 해봅시다." 조수가 헤드셋을 통해 세 번째 뮤온을 무대 위로 부른다. 윌슨이 마이크를 통해 명령한다. "뮤온, 그대로 계세요!" 잠시 후, 그가 조수에게 묻는다. "그가 거기 있어?" 두 사람은 의문을 품은 시선으로 무대를 응시한다.

한 사람이 극장 뒤에서 나와 어둠 속에서 첨단 테이블을 향해 비틀거리며 걷는다. 그녀는 뮤온을 취급하는 입자 물리학자이다. 그녀가 조수의 귀에 대고 속삭인다. 조수가 윌슨 쪽으로 몸을 기울인다. "밥, 뮤온의 수명은 10^{-6}초로 보여요." 그가 눈을 껌뻑인다. 뮤온 취급자가 말한다. "뮤온과 더 많은 시간을 보내고 싶다면, 당신이 가만히 있는 동안 뮤온을 빛 속력에 가깝게 움직일 필요가 있어요. 지구상의 당신 기준틀 관점에서 볼 때, 뮤온을 충분히 빠르게 가게 할 수 있다면 시간 팽창 효과 때문에 뮤온이 더 오래, 심지어 수 초 동안 살 거예요."

다섯 시간짜리 작품을 제작하는 예술가에게 이토록 짧은 시간은 상상할 수조차 없다. 윌슨은 저 짜증나는 것들이 살아 있는 동안 인간이 아무것도 감지할 수 없는 것을 제쳐놓더라도, 저것들이 계속 사라지면 도대체 어떤 동작이 가능할 수 있는지 궁금해 한다. 10^{-6}초 동안 **존재**한다는 것이 무엇을 의미하는 것일까? '**살아 있는**'과 같은 단어가 적용되기는 할까? 뮤온이 된 기분이 어떨까? … 그리고 관객들은 자신들이 무엇을 보고 있는지를 어떻게 알 수 있을까?

마침내 윌슨이 불쑥 말한다. "이것들을 통제할 수 있을까?" 윌슨의 아방가르드 연극의 함의는 엄청나다. 그는 자신이 뮤온을 돌아다니게 할 수 있다고 확신한다.

물론 이것은 가상의 사고 실험이다. 어떤 감독도 기본 입자를 오디션 하거나 빛 속도로 움직이는 작품을 무대에 올릴 수 없다. 이 시나리오를 사용하는 이유는 물리학과 춤, 이 두 분야를 결합해서 시간, 관점, 존재에 대한 기본 가정을 드러내기 위해서이다. 뮤온을 이용해서 연구하는 물리학자들은 실제로 윌슨의 문제, 즉 '뮤온으로 실험하기 위해서 어떻게 하면 뮤온을 더 오래 살게 할 수 있을까?'에 대한 문제를 공유한다. 실황 공연은 시간을 실험할 수 있는 페트리 접시*이고, 물리학자들은 매우 다양한 상황의 실험실에서 무언가를 한다.

사실 공간과 시간에 대한 논의를 두 장으로 분리한 것은 인위적이었다. 특수 상대론에 관해 우리가 알고 있는 것을 기반으로 볼 때, 윌슨은 뮤온이 빨리 움직일수록 더 오래 사는 것으로 보일 뿐만 아니라 뮤온의 이동 거리 역시 변한다는 것을 오디션 한 것이다. 현대 물리학에서는 시간이나 공간에 대해서 별개로 이야기하기 어렵다. 실제reality에 대해 오늘날 우리가 이해하고 있는 것을 보다 적절히 설명할 수 있는 용어는 **시공간**spacetime이다. 20세기 초반의 물리학자들은 공간, 시간, 운동하는 물체 사이의 심오한 상호관계를 나타내기 위해 이 두 단어를 결합했다.

물리학자들과 마찬가지로 20세기의 안무가들도 공간과 시간의 상호연결성을 조사하기 시작했다. 안무 훈련을 통해 이들은 시간을 다루는 것은 공간을 다루는 것과 관련이 있다는 것을 알게 되었다. 속력, 지속 시간, 리

---

* 실험용 유리 접시

듬, 부동은 관찰자의 공간적 경험과 시간적 경험을 모두 변화시킨다.

이 장에서는 두 분야를 근거로 하는 시간과 공간의 개념적 상호의존성을 명심하면서 물리학자와 무용가가 시간에 대해 작업하는 몇 가지 방법을 살펴본다.

특수 상대론: 시간 팽창

앞 장에서 특수 상대론의 두 공리를 제시할 때, 가속되지 않는 모든 관성 기준틀의 물리학은 동일하고 진공 중에서 빛 속력도 항상 동일하다고 가정했다. 이로부터 물체 길이에 대한 측정값은 관측자가 물체에 대해 얼마나 빠르게 움직이느냐에 따라 달라진다는 놀라운 결론을 내렸다. 그러나 관측자가 빛 속력에 가까운 상대 속력으로 움직일 때에야 비로소 물체가 수축되는 것을 볼 수 있다. 한 사건이 점유하는 시간의 양은 어떻게 될까? 특수 상대론은 공간을 해방시켜준 것만큼 시간도 해방시켜준다.

춤 공연과 같은 사건이 펼쳐지는 데 걸리는 시간을 측정하는 방법에 대해 생각해보자. 사건의 지속 시간을 측정하기 위해서는 사건의 시작점과 끝점이 잘 정의되어야 한다. 서로 다른 관성계 안에 있는 두 관찰자가 각각 공연 시간을 측정한다고 상상해보자. 한 사건에 대해 두 관찰자가 측정하는 상대 시간을 좌우하는 공식을 적어보자.

고유 길이 L_p가 물체에 대해 정지해 있는 관찰자가 측정한 길이였던 것과 마찬가지로 고유 시간 t_p는 사건에 대해 정지해 있는 관찰자가 측정한 시간이다. 사건에 대해 움직이는 기준틀에 있는 관찰자가 측정한 시간은 t이다. 시간 팽창에 대한 공식은 다음과 같다.

$$\Delta t = t_p \gamma \tag{81}$$

여기서 γ는 다음과 같이 주어진다.

$$\gamma = \frac{1}{\sqrt{1 - \dfrac{v^2}{c^2}}} \tag{82}$$

'차이'를 나타내기 위해서 기호 Δ를 사용한다. 즉 Δt는 다음을 의미한다.

$$\Delta t = \text{최종 시간} - \text{초기 시간} = \text{사건의 총 시간} \tag{83}$$

우리가 빛 속력보다 더 빠르게 이동할 수 없기 때문에 $v < c$이고, 이에 따라 γ는 1보다 큰 수가 된다. 이 제약 조건을 적용해서 공식 (81)을 보면, 운동하고 있는 관찰자가 측정한 사건의 시간은 사건과 동일한 기준틀 안에 있는 관찰자가 측정한 시간보다 항상 크다는 것을 알 수 있다.

이 점을 명확히 하고 Δt와 Δt_p를 물리적 상황에 대입하는 훈련으로, 앞 장의 예제였던 이동하는 기차 위의 춤 연습실에서 벌이는 손전등 공연으로 돌아가 보자.

연습실 안의 관찰자는 빛이 손전등에서 천장까지 올라갔다가 되돌아오는 데 걸리는 시간을 측정한다. 관찰자가 실험 장치(손전등과 거울)에 대해서 움직이지 않기 때문에 관찰자는 고유 시간 Δt_p를 측정한다.

철로 옆에 있는 관객은 자신의 앞을 지나가는 열차 위의 공연을 바라본다. 관객도 빛이 천정의 거울까지 갔다가 되돌아가는 데 걸리는 시간을 측정한다. 관객이 측정한 시간은 위의 공식에서 첨자가 붙지 않은 Δt이다. 길이 수축 예제에서 보았듯이, 두 관찰자가 측정한 시간 Δt_p와 Δt는 기차의 속력이 빛 속력보다 훨씬 낮을 때에는 서로 매우 가까운 값들을 갖는다. 두 기준틀 사이의 상대 속력의 차이가 증가할수록 Δt가 Δt_p보다 현저히 커지는 것을 볼 수 있게 된다.

"잠깐!" 당신은 이렇게 생각할지도 모른다. "공연자가 달리는 열차에 있다면, 어떻게 이 사람이 고유 시간을 측정하는 사람이 될 수 있지? 가만히 서 있는 사람은 철로 옆에 있는 관객이잖아!" 그러나 어느 관찰자가 고유 길이나 고유 시간을 측정하는지 결정하기 위해서는 누가 측정되는 물체나 사건에 대해 정지해 있는지를 식별해야 한다는 것을 명심하라. 어떤 것 또는 누군가에 따르면, 모든 것은 우주 공간을 헤치고 지나간다. 절대적인 의미에서 '완전히 정지해 있는' 것은 없다.

앞 장에서 두 기준틀이 빛 속력의 50%인 $0.5c$의 속력으로 상대 운동을 할 때 γ 값이 대략 1.155라는 것을 알았다. 여기서 다시 한 번 계산해보자.

$$\gamma = \frac{1}{\sqrt{1 - \dfrac{v^2}{c^2}}} = \frac{1}{\sqrt{1 - \dfrac{(0.5c)^2}{c^2}}} = \frac{1}{\sqrt{1 - 0.25}}$$

$$= \frac{1}{\sqrt{0.75}} = \frac{1}{0.866} = 1.155 \tag{84}$$

사건에 대해 공연자가 측정한 시간을 선택해서 우리의 예를 구체적으로 설명해보자. 공연자가 공연이 1초 걸린다고 측정하면, Δt_p를 1초로 설정한다. 공연자는 공연에 대해 정지해 있으므로 고유 시간을 측정하고 있다. 공연에 대해 $0.5c$로 이동하는 관찰자가 측정하는 시간 Δt는 다음과 같다.

$$\Delta t = \Delta t_p \gamma = (1\text{ s})(1.155) = 1.155\text{ s} \tag{85}$$

지면에 대한 기차의 속도가 빛 속력에 근접할수록 공연자와 관측자가 측정한 시간 차이가 커진다. 어느 시간이 옳을까? 둘 다 옳다! 시간은 거리보다 더 절대적이지 않다.

길이 수축과 시간 팽창은 각각 두 기준틀의 상대 속도를 나타내는 γ에 의존한다. 한 쌍의 관측자에 대해, 공간과 시간에 대한 상대론의 영향은 이 변수를 통해 피할 수 없이 얽혀 있다. 일단 공간과 시간이 이런 식으로 연결되어 있다는 것을 이해하면, 공간과 시간을 독립적으로 생각하는 것은 더 이상 의미가 없다. 20세기로 접어들면서 물리학자들은 계산을 하거나 말을 할 때 공간과 시간을 한데 모으기 시작했다. 시공간이 탄생한 것이다.

시공간

시공간이란 현대 물리학에서 제안한 수학적 상상만은 아니다. 공간과 시간은 우리의 일상 경험에도 깊게 연결되어 있다. 동작을 이용해서 공간과 시간을 조사할 때, 어떤 예술 형식도 춤보다 이 상호관계를 더 잘 나타낼만한 것은 없다.

선도적인 물리학자와 패러다임을 파괴하는 안무가를 나란히 생각해보자. 1917년의 일반 상대성 이론에서 아인슈타인의 논문을 요약하는 데 자주 사용되는 명제는 다음과 같다.

물질은 시공간이 휘어지는 방법을 알려주고, 휘어진 시공간은 물질이 움직이는 방법을 알려준다.[50]

그리고 머스 커닝햄은 1952년에 다음과 같이 기록한다.

춤에서 다행스러운 점은 공간과 시간을 분리할 수 없다는 것이며, 모든 사람이 이 사실을 보고 이해할 수 있다는 것이다.[51]

커닝햄은 무용수의 동작이 공간과 시간의 상호연관성을 볼 수 있게 해준다는 것을 말하고 있다. 아인슈타인의 이론은 우주적 규모에서 커닝햄과 비슷한 생각을 나타내고 있다.

두 사상가 모두에게 공간과 시간은 개념적으로 단단히 결합되어 있다. 그러나 시공간의 곡률curvature을 이해하기 위해 아인슈타인은 엄청나게 큰 천체를 사용해서 거대한 용어로 생각해야만 했다. 여기서 인지도와 측정 가능성에 대한 스케일의 중요성에 주목하라. 우리는 때때로 이 장에서 반복될 주제인 하나의 현상에 대해 더 많은 것을 알기 위해 극단적인 조건으로 이동할 필요가 있다.

안무로 표현된 커닝햄의 이론과 과학적으로 표현된 아인슈타인의 이론에서 시간에 대한 두 이론의 함의를 더 잘 이해하기 위해서는 두 이론을 보다 자세히 살펴볼 필요가 있다.

커닝햄의 '공간, 시간 그리고 춤'

커닝햄의 이론 중 상당 부분은 70년이 넘게 창작한 춤으로 표현된다. 그는 드물긴 하지만 춤에 관한 글도 썼는데, 그 글을 통해서 그의 안무를 더 잘 이해하는 데 도움이 되는 몇 가지 단서를 찾을 수 있다. 1952년에 초판이 출간된 〈공간, 시간 그리고 춤Space, Time and Dance〉이라는 짧은 에세이의 초반부에 커닝햄은 라반의 유클리드 우주에서 벗어나 춤 미학을 더욱 상대론적인 형태로 장식했다. 깔끔한 도치법을 사용해서, 그는 공연 무용에서 공간의 전통적 사용법을 해체하는 것으로 에세이를 시작하고, 시간의 측면에서 안무 혁신안을 제안하는 것으로 끝을 맺는다.

새로운 미학을 위한 길을 개척하기 위해 커닝햄은 먼저 역사적인 선례에 도전해야만 했다. (이 말은 친숙하게 들릴 것이다. 아인슈타인 역시 새로운 특수 상대성 이론을 제안하기 위해 물리학을 지배하던 가정들을 믿지 않았음을 기억하라.) 커닝햄은 공연 무용에서 공간에 대한 전통적인 사용법에 대해 도전하는 것으로 시작했다. 특히 고전 발레의 선형성 및 독일 표현주의 춤과 미국 현대 무용의 상당수에서 관찰되는 '어색한' 형태에 대해 설명하면서, 공간에 대한 이러한 평범한 처리 방법이 본질적으로 시간에 대해 정적이고 수동적인 관계를 가지고 있다고 일축한다.

커닝햄은 이 에세이에서 미학적 경로를 훨씬 더 명확하게 한다. 그는 공연에서 극적 절정이 있어야 한다는 필요성에 의문을 제기함으로써 시간과 대결했다. 많은 공연 무용의 역동적인 표현에 문제를 제기하면서 동작 프레이즈의 기본 구조에 초점을 맞추었던 것이다. 커닝햄에게 있어서, 하나의 프레이즈가 상승, 절정, 하강을 포함할 것이라는 기대감은 근거도 없이 '어떤 식으로든 찾아 왔다가 어떤 식으로든 물러가는 위기'를 암시한다. 그러나 인생에 너무나 많은 자그마한 위기와 절정이 있다는 사실 때문에 그에게 **절정** climax 은 무의미하다. 삶은 끊임없는 일련의 개별적 행위들로 진행된다. "절정은 새해 전날 휩쓸려가는 사람들을 위한 것"이라고 그는 말한다.[52] 커닝햄은 무용수들에게 삶이 느껴지는 춤을 요구하고 있다.

이러한 다양한 미학적 관습에 반대함으로써 커닝햄은 새로운 이론을 제안할 수 있게 되었다. 그의 급진적 제안은 공간에서 동작의 구조를 재창조하기 위해 시간 구조를 실험하는 것이다. 그는 다음과 같이 말한다. "공간에서 더 자유로워지는 것은 … 시간에 기초한 형식적 구조일 것이다. …

이 구조를 어떤 일련의 동작 사건에서 어떤 일이 일어날 수 있고 어떤 길이의 부동이 일어날 수 있는 시간의 공간으로 간주할 수 있다면, … 박자는 기계화를 향한 통제가 아니라 자유를 향한 지원이다."[53]

안무 구조를 '시간의 공간'으로 생각함으로써 커닝햄은 음악에 대한 시간적 의존성으로부터 동작을 해방시켰다. 그의 동작은 자체 내부 길이와 부동을 따라가며 임의의 순차적인 순서를 따를 수 있었다. 커닝햄이 '자유를 향한 원조'라고 묘사한 박자란 엄격한 시간 구조가 음악이 지시하는 구조와 무관하게 동작에 내부 응집력을 부여할 수 있음을 의미한다. 안무 구성에 대한 이러한 새로운 사고방식을 바탕으로 커닝햄은 평생 파트너인 존 케이지와 공동으로 수많은 미학 혁신을 이끌어냈다. 특히 커닝햄의 작품에서 세 가지 혁신이 중요한 의미를 지닌다.

첫 번째 혁신은 춤과 음악의 자율성에 대한 신념이다. 안무가와 작곡가는 독립적으로 작업할 수 있으며, 여전히 동시에 자신들의 작품을 발표할 수 있다. 음악을 설명할 의무에서 해방된 춤은 그 자체의 고유한 표현력을 지닐 수 있다. 커닝햄이 설명했듯이, 이러한 배열은 춤과 음악 사이의 연결이 '구조적 지점들에서 연결된 개별적 자율성 중 하나'인 것을 허용한다.[54] 춤과 음악 사이의 연결 고리는 공연이 진행되는 순간에 관객의 마음속에서 함께 섞여서 불현듯 발생한다.

이와 같은 새로운 자유로 인해 커닝햄은 춤을 지원할 시간 구조를 고안해야 했다. 1950년대부터 그의 주연 무용수 중 한 명인 캐럴린 브라운 Carolyn Brown은 커닝햄이 동작 시퀀스의 지속 시간을 정확하게 변화시켰던 구성 과정을 다음과 같이 설명한다. "하나의 프레이즈가 1분 또는 30초 또는 15초 동안 지속될 수 있었다. 시간에 대한 이러한 단순한 조작은 무용수들의 공간 경로뿐 아니라 동작의 특성까지도 변화시켰다."[55] 커닝햄의 무용수들은 춤 전체를 난해한 일련의 박자로 기억하는 방법을 터득하면서 커닝햄의 리듬을 내면화했다. 그 결과, 완벽한 현대 무용 기술을 보여주는 동안 무용수들은 마치 복잡한 수학 문제를 푸는 것처럼 열심히 집중하는 것처럼 보였다.

두 번째 혁신은 우연성 조작chance operation을 사용해서 춤을 만든 것이다. 커닝햄은 동전던지기나 모자에서 종이 꺼내기 또는 다른 장치들을 사용해서 한 동작이나 프레이즈의 지속 시간과 그것의 공간 패턴과 같은 특정 구성의 선택을 우연에 맡겼다. 이 과정은 예술가로서의 창작자를 우회해서 의사 결정의 측면을 자연으로 넘긴 것이다. 커닝햄이 우연성을 사용해서 스텝들을 구성했음에도 불구하고 안무는 여전히 설정된 상태를 유지했으며, 결코 즉흥적으로 연주되지 않았다. 커닝햄은 우연성 절차, 즉 '불확정indeterminacy'을 사용함으로써 놀라운 전환, 타이밍, 공간 조직을 만들어냈다.

마지막으로, 우연성 조작에 기인한 세 번째 혁신에서, 커닝햄은 무용수가 무대 공간을 사용하는 방법에 변화를 이끌어냈다.[56] 모든 관객이 볼 수 있는 무대 중앙에서 일어나야만 하는 '중요한' 사건 같은 것은 더 이상 존재하지 않았다. 사건은 언제 어디서나 발생할 수 있다. 그의 1952년 작품인 「우연에 의한 조곡Suite by Chance」은 개발 과정에서 우연성 과정이 적용된 최초의 춤이다. 무용수들이 예측할 수 없게 무대 위를 돌아다니도록 동작 프레이즈가 설정된 것은 공간에 대한 커닝햄의 미묘한 실험 작업의 의도를 분명케 한다. 무용수들은 관객을 향하거나 관객으로부터 멀어지는 무대 뒤쪽을 바라보는 대신 모든 방향을 바라본다. 대형이 무대 공간에 나타났다가 사라진다. 무용가들은 이것을 '탈무대화'라고 부른다. 즉 어느 지점이나 어느 방향도 더 이상 다른 지점이나 방향보다 중요하지 않다.

커닝햄이 1952년에 에세이와 작품 「우연에 의한 조곡」에서 표현한 초기 안무 이론은 그의 활동 기간 내내 유효했다. 그는 시간 조작을 통해 공간을 바꿀 수 있음을 이해했다. 시간과 공간의 상호의존성이 그의 획기적인 안무의 핵심인 것은 거의 틀림없다.

커닝햄의 춤을 보기 전까지 이 혁신들은 안무가들만의 전문 용어일 뿐이다. 행위들이 발생하고, 부동이 동작을 상쇄하고, 무용수들은 솔로나 듀엣 또는 트리오로 비동기非同期로 튀어나온다. 춤에 의해 만들어진 이미지는 잠시 동안 존재하고, 하나의 이미지는 다른 이미지로 녹아들어간다. 커닝햄의 춤은 언제 끝이 다가오는지 말하기가 어려울 수 있다. 연속적인 움직임의 감각은 극장 공연의 막이 오르내리는 타이밍에 국한되지 않고 자연에서와 같이 영구적으로 발생하는 것처럼 그의 춤에 스며들어 있다. 자연에서 행성이나 별들이 하는 것과 마찬가지로, 무용수들은 공간과 시간을 조각하는 것처럼 보인다.

일반 상대론

커닝햄의 공간과 시간에 대한 실험은 춤을 바라보는 사람들의 방식을 변화시켰다. 아인슈타인의 연구는 어떤 의미가 있을까? 그의 특수 상대론은 시간과 거리가 상대적이며 서로 연관되어 있다는 것을 의미했다. 그는 이 개념을 중력을 포함하는 자연에 대한 일관된 모델을 만들기 위한 노력으로 탄생된 일반 상대성 이론까지 이어갔다. 일반 상대론은 시공간의 필요성에 대한 또 다른 예를 보여준다.

1장에서 다루었던 중력의 물리학에 대한 논의를 상기해보자. 중력은 항상 물체를 잡아당기는 힘으로 취급되었다. 뉴턴의 만유인력 법칙에서 제시된 바와 같이, 중력의 세기는 두 물체 사이의 거리와 두 물체의 질량에 따라 달라진다.

$$F_G = \frac{GMm}{r^2} \tag{86}$$

여기서 G는 만유인력 상수이고, M과 m은 두 물체의 질량이며, r는 질량 중심 사이의 거리이다.

일반 상대론에서, 아인슈타인은 중력이 힘이라는 생각을 완전히 접고, 그 대신 시공간의 구조를 제안했다. 질량은 시공간을 휘게 한다. 질량이 클수록 시공간 곡률은 커진다. 물체의 운동은 왜곡된 시공간이 물체를 어떻게 움직이도록 유도하는지에 따라 설명될 수 있다. 이러한 새로운 묘사에서 중력은 시공간 곡률을 나타내는 것이다.

이것은 표면 위에서 중력이라는 추진력을 제공하는 굴곡진 곡면을 굴러 내려오는 물체와 함께 등고선 지도를 형성하는 질량으로 묘사될 수 있는 훌륭한 개념이다.

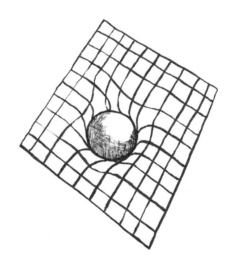

아인슈타인의 일반 상대론에는 몇 가지 혁명적인 함의가 따른다. 한 가지 의미는, 물리학 관점에서는 가속하는 기준틀과 중력장에 있는 기준틀이 동일하다는 **동등 원리**principle of equivalence 이다. 달리 말하자면, 두 경험은 동일하게 느껴진다.

1) 지상의 춤 연습실에 서 있는 사람은 $9.8 \, m/s^2$의 중력 가속도를 경험한다. 이 가속도는 사람을 위로 받치고 있는 바닥에 의해 완벽하게 상쇄된다. 무릎을 구부리면 점프를 할 수 있다.

2) 우주를 날고 있는 우주선 안의 춤 연습실에 서 있는 사람은 연습실 또는 우주선의 천장을 향해 '위'라고 정의할 수 있는 방향으로 $9.8 \, m/s^2$의 비율로 가속하고 있다. 무릎을 구부리면 점프를 할 수 있다.

두 상황에서 점프가 다르게 느껴지거나 측정 방법에서 차이가 난다고 생각할 수도 있다. 첫 번째 상황에서 감각 작용과 그에 따른 움직임은 중력을 작용하는 큰 물체에 기인한 것이고, 두 번째 상황에서 감각 작용과 그에 따른 움직임은 엔진의 추진력에 기인한 것이다. 하지만 일반 상대론에 의하면 행성 표면에 있는 것과 우주선 안에서 행성의 중력 가속도 값과 동일한 가속도로 가속되는 것을 구별할 수 없는데, 이것이 바로 일반 상대론에서 아인슈타인의 동등 원리이다.

일반 상대론에 의하면, 중력장의 세기는 시간 흐름에 영향을 준다. 특수 상대론에서 정확한 시계를 가진 두 명의 관측자가 서로에 대해 움직이면 두 시계가 다른 속도로 간다는 것을 배웠음을 기억하라. 서로 다른 중력장에 있는 두 관측자에 대해서도 똑같이 말할 수 있다. 예를 들어 지구 표면의 관측자는 달 표면의 관측자보다 더 강한 중력장에 있다. 이 때문에 지구 표면에 있는 관측자의 시계는 달 표면에 있는 관측자의 시계보다 더 느리게 간다.

수명을 연장하기 위해서 우리 모두 지구에서 가장 깊은 계곡으로 가야 할까? 두 관찰자 사이의 상대 속도에 극단적인 차이가 있을 때에만 시간 팽창에 유의미한 차이가 있다는 것을 기억하라. 이와 마찬가지로, 중력장의 세기가 극단적으로 다를 때에만 중력장의 차이로 인해 시간이 흐르는 속도에 유의미한 영향을 미친다. 또한 사람을 빛 속도에 가깝게 쏘아 올리는 것이 어렵듯이, 이 차이를 경험하기 위해 사람을 블랙홀 근처와 같이 엄청난 중력장에 가까이 다가가게 하는 것도 어렵다. 따라서 특수 상대론에 대한 검증에서와 마찬가지로 일반 상대론에 대한 검증은 빛의 곡률, 기본 입자의 거동 그리고 중력파gravitational wave와 같이 우리의 인지 범위를 벗어나는 현상에 제한된다. 그러나 특수 상대론이나 일반 상대론이 우리의 일상적인 삶과 아무런 관계가 없다고 생각하지는 말자. 예를 들어 위성항법장치GPS는 이 두 가지 효과를 보정해야만 한다.

확장된 지속 시간

시간에 대한 이론을 개발하기 위해 아인슈타인은 빛 속력, 진공, 텅 빈 우주 공간과 같은 극단적인 조건을 상상해야 했다. 예술가도 공연 시간을 연장하는 것부터 공연자의 눈 깜빡임을 늦추는 것까지 모든 것을 실험하면서 극단적인 상태까지 이동하여 시간에 대한 조사를 해왔다.

머스 커닝햄이 일상적인 활동을 좀 더 가깝게 표현하기 위해 극적인 절정을 없애버렸지만, 그 반대가 작품의 극단적인 지속 시간 동안 발생할 수 있다. 예술가들은 구성을 시간적으로 확장함으로써 가장 평범한 행동을 연출할 수 있다. 그러한 작품의 한 예가 2010년에 마리나 아브라모비치 Marina Abramović가 창작한 「예술가는 현존한다The Artist is Present」이다. 그녀는 현대 미술관의 아트리움에 놓인 작은 테이블에 가만히 앉아 침묵하고, 방문객들은 그녀의 맞은편에 앉도록 초대받아 그녀의 눈을 응시한다. 바닥에 테이프로 표시된 사각형과 더불어 테이블과 의자는 공연 기간이 아니라면 눈에 띄지 않을 설정처럼 보일 수 있다. 아브라모비치는 박물관 개관 시간 동안 3개월의 기간에 걸쳐 총 736.5시간 동안 앉아 있었다. 이 인내력은 관객들에게 공감과 더불어 병적인 집착을 야기했다. 예술이나 다른 것 때문에 그러한 상황에 자신을 놓는 사람은 그리 많지 않을 것이다.

극단적인 지속 시간 동안 연기하는 이러한 유형의 현장 예술은 인간의 인식에 부인할 수 없는 영향을 미친다. 시간에 따른 관찰이 우리가 인식하는 것을 변화시키는 것이다.

지속 시간에 대한 주제를 쉽게 다루기 위해, 인식을 조사하는 동작 연습을 해보자. 한 사람이 꼼짝하지 않고 정지해 있는 다른 사람을 관찰하는 '공연'을 설정하자. '공연자' 역할을 하는 사람은 눈이 마주치는 것을 피해야 한다.

시계를 3분 동안 맞춰라.

…

…

…

각자 3분 동안 경험한 것에 주목하라. 관찰자와 공연자 모두 방 안의 소리, 뺨의 경련, 한쪽 발에서 다른 쪽 발로의 미묘한 변화와 같은 세밀한 변화까지 알아차렸을 것이다. 시간이 지남에 따라 관찰자는 자신이 공연자의 개인적 특성에 주목한다는 것을 발견했을 수 있다. 어느 순간 관찰자는 조바심을 감출 수 없다. 또 다른 생각이 공연자의 얼굴을 투명하게 스쳐 지나가고, 불편함과 수용이 빠르게 이어진다.

공연에서 부동은 연주자가 끊임없이 움직이거나 일상적인 속도로 움직일 경우 나타나지 않을 특성을 표면으로 드러나게 한다. 일정한 시간 동안 부동자세를 유지하면 공연에서 존재감을 정제할 수 있다. 존재감이란 얼핏 보기엔 공간과 시간 속에 있는 단순한 상태로 보이지만 관찰자와 공연자 사이의 교환에서 일어나는 극적인 의미를 허용하는 상태이다.

이 3분짜리 짧은 공연은 로버트 윌슨의 저작물 중 한 오디션에서 가져왔다. 윌슨은 고도로 숙련된 무용수들과 함께 작업하지만, 그에게는 무용수들이 어떻게 움직이는지에 대한 것만큼이나 무용수들이 관찰되는 동안 얼마나 설득력 있게 단순히 **있을** 수 있는지가 중요하다.

윌슨은 부동과 느림을 사용해서 극도로 느린 속도의 연극 장면들을 개발했다. 오페라 「해변의 아인슈타인」에서 장면들은 느릿느릿하게 펼쳐진다. 연기자들은 모든 동작이 통제되는 의도적으로 양식화된 동작들을 수행한다. 그들의 조각적인 특성은 뻣뻣한 걸음걸이, 신경질적인 팔의 움찔거림, 머리의 경쾌한 움직임과 같은 행동을 증폭시킨다. 바이올린을 켜는 아인슈타인과 같은 인물이 등장한다. 여기서 아인슈타인은 공간과 시간에 대한 작품의 형식적 실험 작업에서 적절하게 포함되고 추상화된 과학적 진보의 상징이다.

시간 조작은 연출을 이끌어낸다. '기차Train'라는 생생한 장면에서, 공동 제작자이자 안무가였던 무용수 루신다 차일즈Lucinda Childs는 빠른 발놀림과 손 신호를 반복하는 프레이즈에서 대각선 방향으로 앞뒤로 건너뛰며 글래스의 음악을 충실히 반영하는 리듬을 설정한다. 동료 공연자들은 다양한 템포로, 한 사람은 기계 버튼과 풀리를 작동시키는 것처럼 보이고, 다른 사람은 신문을 읽고, 또 다른 사람은 수학 문제를 푸는 등의 고도로 추상적이고 업무와 유사한 몸짓을 실행한다. 그들은 다른 경로로 공간을 통과한다. 한 사람은 제 위치에 있고, 다른 사람은 일련의 직각 방향으로만 움직인다. 이와 같은 다층적 안무 구성의 뒤쪽의 배경에서는 커다란 열차가 오른쪽에서 불쑥 나타나서 무대를 가로질러 전진한다. 기차는 또 다른 리듬을 더하는 또 하나의 무용수이다.

오페라에는 단 한 번의 극적 절정도 없다. 전통적인 연극과 달리, 「해변의 아인슈타인」에는 과학과 기술의 진보가 인간 경험에 미치는 영향을 보여주는 이미지와 동작 및 공간과 시간이 축적되어 있을 뿐이다. 그러나 과학적 발명과 미학적 창작은 시간에 대한 우리의 경험을 미묘하게 또는 격렬하게 변화시킨다.

뮤온의 수명

아방가르드 무대에서 입자 물리학으로 돌아가서, 상황에 따라 바뀌는 시간의 능력을 과학적으로 보여주는 사례인 입자 수명의 시간 팽창에 대해 생각해보자.

20세기 초에 과학자들은 우주로부터 입자들이 지구 대기를 폭격하고 있다는 사실을 알게 되었다. 충돌로 인해 하늘에서 생성되어 쏟아져 내려오는 입자들을 **우주선**cosmic ray 이라 부른다. 소나기처럼 떨어지는 우주선 안에서 다량의 새로운 입자들이 발견되었다. 1936년에 발견되어 '뮤온'이라는 이름이 붙여진 입자는 특히 비정상적으로 보였다. 뮤온은 당시의 이론으로는 설명될 수 없었던 불안정하고 무거운 전자의 사촌이다. 물리학자 라비 I.I.Rabi 가 '누가 그걸 주문했어?'라고 불평할 정도로 뮤온은 모호한 특징을 가졌다.

뮤온의 평균 수명은 0.0000022초, 즉 2.2 μs이다. 이는 임의의 뮤온은 더 길거나 짧은 시간 동안 존재할 수 있지만, 많은 수의 뮤온 집단에 대해서는 다른 입자로 붕괴되는 데 걸리는 평균 시간이 2.2 μs라는 것을 의미한다. 우리는 상층 대기 어디쯤의 우주선 소나기 속에서 뮤온이 생성되는지 대략 알고 있다. 여기에 골칫거리가 있다. 계산에 의하면 상층 대기에서 만들어진 뮤온의 대부분은 우리에게 도달할 정도로 오래 살 수 없음에도 불구하고 지표면에서 상당수의 뮤온을 볼 수 있다. 지면에 도달하는 뮤온의 개수는 뉴턴 물리학의 계산을 무용지물로 만든다. 또 다시 특수 상대론이 구출에 나선다.

대기를 **매우** 빠르게 통과하는 상대론적 뮤온이 측정한 자신의 수명을 생각해보자. 뮤온이 측정한 자신의 수명과 지상 관찰자가 측정한 뮤온의 수명을 비교할 수 있다. 다음 식에서 누가 고유 시간 Δt_p를 측정했다고 주장할 수 있을까?

$$\Delta t = \Delta t_p \gamma \tag{87}$$

이 문제에서 사건은 뮤온이 존재하는 시간의 길이이다. 뮤온은 자신에 대해 정지해 있으므로 자신이 측정한 시간이 고유 시간이라고 주장할 수 있다.

이 뮤온이 정확히 평균 수명인 2.2 μs 동안 존재한다고 가정해보자. 뮤온이 빛 속력의 90%로 이동한다면, 지상 관찰자는 뮤온의 수명이 얼마라고 측정할까? 먼저 기준틀 사이의 상대 속도 $0.9c$를 이용해서 γ를 계산하면 다음과 같다.

$$v = 0.9c \tag{88}$$

$$\gamma = \frac{1}{\sqrt{1 - \dfrac{v^2}{c^2}}} = \frac{1}{\sqrt{1 - \dfrac{(0.9c)^2}{c^2}}} = \frac{1}{\sqrt{1 - 0.81}}$$

$$= \frac{1}{\sqrt{0.19}} = \frac{1}{0.4359} = 2.294 \qquad (89)$$

이 값들을 식에 대입해서 지상 관찰자가 측정한 시간을 계산하면 다음과 같다.

$$\Delta t = (2.2\,\mu\text{s})(2.294) = 5.047\,\mu\text{s} \qquad (90)$$

이로부터 수명에 대한 두 측정값 사이에 큰 차이가 있음을 알 수 있다.

뮤온은 자신의 수명을 $2.2\,\mu$s로 측정했다. 지상의 관찰자에게 뮤온은 평균 수명보다 2배 증가한 $5.047\,\mu$s로 보인다. 다른 뮤온들에 대해 측정해 보면 우리가 측정한 평균값이 $2.2\,\mu$s보다 훨씬 클 것임을 금방 알 수 있다.

이 모순을 해결하기 위해 길이 수축의 관점에서 뮤온의 상황을 생각해 볼 수 있다. 우선 질문을 명확히 할 필요가 있다. 뮤온의 관점에서 볼 때 뮤온 자신은 수명 안에 얼마나 멀리 이동할 수 있을까? 지상 관찰자의 관점에서 볼 때 이 길이는 얼마일까? 뮤온이 대기 상층에서 지구 중심을 향해 곧장 내려온다고 가정하자. 기준틀이 서로에 대해 상대론적 속도로 움직일 때 길이에 대한 작업을 할 수 있게 하는 공식은 다음과 같다.

$$L = \frac{L_p}{\gamma} \qquad (91)$$

뮤온과 지상 관찰자 중 누가 대기를 통과하는 거리에 대한 고유 길이 L_p를 측정할까? 지상 관찰자가 대기에 대해 정지해 있으므로 이 관찰자가 측정한 길이가 고유 길이이다. 뮤온이 측정하는 길이는 L이다.

뮤온이 빛 속력의 90%인 $0.9c$로 지표면에 대해 움직인다고 하자. 그러면 지상 관찰자의 기준틀과 뮤온의 기준틀 사이의 상대 속도는 이전 예제에서 사용했던 것과 동일한 값이며, 이에 따라 γ 값은 2.294이다.

뮤온이 $0.9c$로 $2.2\,\mu$s 동안 움직인 거리는 다음과 같이 주어진다.

$$
\begin{aligned}
L &= 0.9c \times (2.2 \times 10^{-6}\,\text{s}) \\
&= 0.9 \times (2.99 \times 10^{8}\,\text{m/s}) \times (2.2 \times 10^{-6}\,\text{s}) = 592\,\text{m}
\end{aligned} \tag{92}
$$

위의 공식의 'L'에 뮤온이 측정한 길이인 592 m를 대입한 후 L_p에 대해서 풀면, 지상 관찰자 관점에서 볼 때 뮤온이 이동한 거리를 알 수 있다.

$$
L = \frac{L_p}{\gamma} \rightarrow L_p = L\gamma \tag{93}
$$

이 식에 L = 592 m와 γ = 2.294를 대입하면 다음과 같다.

$$
L_p = (592\,\text{m})(2.294) = 1{,}358\,\text{m} \tag{94}
$$

두 계산에서 배운 것을 요약하자면, 뮤온은 "나는 $2.2\,\mu$s 동안 살면서 592 m를 이동했다"라고 주장할 것이고, 지상 관찰자는 "뮤온은 $5.047\,\mu$s 동안 살면서 1,358 m를 이동했다"라고 주장할 것이다. 둘 다 정확한 측정을 했기 때문에 모두 진실을 말하고 있다. 시간과 거리는 상대적인 것으로, 측정하고자 하는 것에 대해서 얼마나 빨리 움직이느냐에 따라 달라진다.

대기 상층부에서 우주선에 의해 만들어지는 뮤온 중 일부는 계산에서 가정했던 $0.9c$보다 더 빠르게 이동한다. 이들의 속력은 $0.999c$ 또는 그 이

상일 수 있다. 따라서 이들의 수명은 지상 관찰자 관점에서 볼 때 더 길어진다. (뮤온의 관점에서 보면 거리가 더 짧아진다.) 그 결과, 특수 상대론의 길이 수축과 시간 팽창을 고려하지 않고 예측하는 것보다 더 많은 뮤온이 지표면에 도달하게 된다. 입자 가속기 실험에서는 특수 상대론의 원리를 적용해서 단지 속력을 높임으로써 입자의 수명을 더 오래 유지하게 할 수 있다. 시간 팽창과 길이 수축은 서로 협력해서 불안정한 입자에 대한 실험을 할 수 있는 시간을 더 많이 제공한다.

이러한 방식으로 뮤온의 수명을 연장할 수 있다면, 사람의 수명도 연장할 수 있을까? 물론이다. 누군가가 우리에 대해 더 빠르게 이동할수록 그의 시간은 우리 시계에 대해 더 느리게 갈 것이다. 그러나 그는 여분의 시간을 경험하는 것이 아니라 여전히 자신의 삶에서 같은 속도로 시간이 흘러가는 것을 경험할 것이다. 두 사람의 노화 속도가 현저히 달라지려면 두 사람 사이의 상대 속도가 거의 빛 속력 근처로 가야 한다. 아직까지 사람을 빛 속력에 가깝게 가속시킬 수 있는 간단하고 안전한 방법이 없기 때문에 과학자들은 실험실 안에서 입자의 수명에 대해 집중하여 실험하고 있다.

변화의 속도

부동을 좋아하는 로버트 윌슨의 오디션에 참여하는 뮤온들을 상상해보자. 부동에 대한 윌슨의 사랑 때문에 아무도 오디션에 합격하지 못하거나, 아니면 윌슨이 공연에서의 '존재감'에 대한 매개 변수를 조정해야 할 것이다. 뮤온의 수명은 우리의 인지 능력이 작동하는 데 필요한 시간과 관련이 없다. 우리는 2.2 μs의 시간 간격 동안에 발생하는 것을 거의 인식하지 못한다. 이런 비교를 더 복잡하게 하는 것은 입자가 노화하지 않는다는 것이다. 뮤온은 불쑥 생겨났다가 사라지고 다른 입자들이 그 자리에 존재한다. 살아가고, 늙어가고, 죽어가는 과정이 없다. 변화의 내적 속도가 없는 것이다.

물리학자에게 시간이란 변화의 유무에 관계없는 측정 개념이다. 변화는 시간을 정의하기 위한 필요조건이 아니다. 이에 반해 일상적인 경험과 예술 제작에서 시간이란 변화를 의미하는 것으로 정의된다. 인간은 태어나고 나이를 먹고 세상을 떠나며, 실황 공연 또한 이 과정을 반영한다. 공연에는 시작과 끝이 있으며, 그 사이에 어떤 종류의 변화가 일어날 것이라는 기대가 있는 것이다.

변화가 일어난다면, 예술가들은 어떻게 변화를 만들어낼까? 때때로 공연에서의 변화는 전개, 절정, 해결의 고전적인 극적 구조를 설정함으로써 발생한다. 이러한 구조에 저항하는 예술가들에게 있어서 변화란 창이 열리고, 상황이 벌어지고, 다시 창이 닫히는 것과 같은 활동에 장기간 노출되는 것을 의미할 수 있다. 연기는 관객의 유무에 관계없이 활동이 계속된다는 것이다. 변화는 **변화가 없는** 상태의 장기간 노출을 통해서도 발생할 수 있다. 한 가지 행동을 하는 공연자를 지켜보면서 한 시간을 보내는 것은 관객의 인식을 변화시킨다. 이는 어린 시절에 하던 한 단어를 몇 번이고 반복하는 게임과 다르지 않다. 단어가 원래의 의미를 잃고 새로운 소리를 내기 시작하듯이, 똑같은 동작도 시간이 지남에 따라 낯설어질 수 있다. 관객은 이전에 익숙했던 행동에서 새로운 차원을 느끼기 시작한다.

실황 공연 제작자들의 고민은 다음과 같은 것들이다. 상황을 얼마나 오래 지속시켜야 할까? 무엇을 바꾸어야 할까? 변하기까지 시간을 얼마나 걸리게 해야 할까? 이러한 것들은 구성이 얼마나 빠르게 또는 느리게, 얼마나 갑작스럽게 또는 인지할 수 없게 변하는지를 다루는 변화의 속도로 이어진다. 변화의 속도를 조작하면 내러티브narrative를 생성할 수 있다. 내러티브란 시간에 따라 발전하는 이야기 또는 일련의 행위와 관계를 언급하기 위해 공연에서 사용하는 용어로, 사실적일 수도 있고 추상적일 수도 있다. 변화의 속도와 줄거리 전개 사이의 상호작용에 대해 더 잘 이해하기 위한 동작 연습을 해보자.

이 작업에는 두 명의 연기자와 한 명의 관찰자가 필요하다. 첫 번째 연기자가 수평선을 향해 시선을 집중한 채 가만히 서 있다. 두 번째 연기자가 첫 번째 연기자를 마주보며 2.5 m 정도 떨어진 지점으로부터 일정한 속도로 첫 번째 연기자에게 3분 만에 도달하도록 서서히 걸어간다. 관찰자는 그저 지켜보기만 하면 된다. 시계를 3분으로 설정하고 해보자.

...

...

...

이 작업은 연기자가 특정 역할을 연기하지도 않고 자신의 삶의 궤적을 상세히 설명하지 않는다는 의미에서 추상적이다. 그러나 이 단순한 요소들에서 내러티브를 볼 수 있다. 공간을 공유하는 두 사람, 조심스레 변조되는 변화의 속도 그리고 다른 연기자를 향한 한 연기자의 경로가 극적 관계를 암시한다.

3분 동안 다음과 같은 질문을 하는 자신을 인식했을 수도 있다. 왜 한 사람이 다른 사람을 향해 걸어갈까? 왜 서 있는 사람은 반응하지 않을까? 각자 원하는 것은 무엇일까? 걸어가는 사람은 3분이 표시된 순간에 서 있는 사람에 닿았을까, 아니면 방향을 바꿔 지나쳤을까? 지시는 의도적으로 이 시나리오의 결론을 모호하게 남겨두었다. 지시를 알더라도 설정은 신비감을 만들어낸다. 두 연기자의 관계는 불분명한 상태로, 지침이 진행됨에 따라 관계도 이동한다. 이것은 위협의 상황인가, 아니면 지원 상황인가? 관찰자는 매 순간 다른 시나리오를 읽을 수 있다.

세계적인 무용가인 에이코와 코마Eiko & Koma는 시간의 흐름을 늘린 모호한 내러티브를 만들어낸다. 에이코와 코마는 매 순간의 신체 움직임을 완벽하게 나타내도록 훈련하면서 자신들의 이미지를 '지질학적 규모를 암시하는' 속도로 바꾼다.[57] 1960년대와 1970년대에 일본에서 성장한 이들은 탁월한 스승인 가즈오 오노Kazuo Ohno와 함께 부토butoh*를 연구했다. 에이코와 코마가 만연한 느림의 미학에서부터 인간의 본질에 대한 관심에 이르기까지 시간을 사용하는 것에서 오노의 영향을 엿볼 수 있다. 움직이는 동안 그들의 몸은 속이 빈 껍질인 동시에 생명으로 가득 찬 것처럼 보인다. 깃털, 흙, 나뭇잎의 조각 설치 작업을 실내나 야외 강가 등 다양한 환경에서 수행하면서 에이코와 코마는 인간과 자연 사이의 경계, 인공적인 것과 인간이 만든 것 사이의 경계를 해체시킨다.[58]

1989년의 작품 「녹Rust」에서 에이코와 코마는 머리는 바닥에 대고 다리는 철조망을 따라 눌린 채 알몸으로 거꾸로 뒤집혀 있다. 공연이 진행되는 동안 이들은 서로 연결이 끊어진 망을 따라 천천히 몸을 움직인다. 코마의 접근 방식은 에이코를 위협하는 것처럼 보이지만, 코마가 에이코에 다다를 때 이야기가 바뀌고, 코마가 마치 벤치나 침대인 듯 에이코의 몸을 지탱하면서 그녀의 아래로 움직인다. 이들이 몸으로 창작한 시각 디자인은 모호한 연출을 만들어낸다. 그들이 어떻게 거기에 도달했는지는 불분명하다.

에이코와 코마의 공연은 장르를 무시한다. 그들의 공연은 설치 작품일까, 조각 작품일까, 아니면 춤이나 연극 작품일까? 각각의 장르는 시간에 대한 관객의 경험에 대해 기대감을 가지고 있다. 많은 설치 작품이나 조각 작품은 확장된 관람을 허용하고 관객이 예술품 주변을 걸어 다닐 수 있게 하지만, 춤과 연극은 흔히 관객의 관람 위치와 평균 한 두 시간 길이로 고정시킨다. 에이코와 코마의 시간에 대한 관심은 동작으로 구체화되어 이러한 분야의 경계를 해체시킨다. 예를 들어 「녹」은 무대에서 발표되지만, 조

---

* 일본 무용가 '히지카타 다쓰미Hijikata Tatsumi'를 중심으로 형성된 아방가르드 무용 형식의 예술

각 관람 시간만큼의 시간을 제공한다. 이러한 형식과 시간 형태의 혼합은 이들의 작품에 변화무쌍한 특성을 준다. 어느 한 순간에 그들의 몸은 모든 선과 도형으로 보인다. 1분 후에는 동일한 몸이지만 추락에서 회복하고 있는 천체인 것처럼 보인다.

공간과 시간에 대한 심도 있는 탐구로부터 에이코는 다음과 같은 사실을 언급한다. "무대 위의 공간은 시간에 의해 닦여진다." 이 말은 공연 속에서 살아온 삶을 통해 표현되는 시공간에 대한 명확한 표현처럼 들리는 생각이다.[59]

중력파

일반 상대론의 예측 중 하나는 질량이 시공간 자체의 팽창과 압축인 중력파를 방출해야 한다는 것이다. 중력파가 당신을 통과한다면, 당신의 몸은 형태를 변화시키는 진동 서커스 거울에 걸린 것처럼 왜곡될 것이다. 거의 100년 동안 중력파는 실험으로 검증할 수 없는 예측일 뿐이었다. 과학자들이 라이고LIGO, 레이저 간섭계 중력파 관측소 실험을 개발하기 전까지는 시공간의 팽창과 압축의 정도가 너무 작아서 가장 민감한 장치로도 감지할 수 없었다. 지난 수십 년 동안의 업그레이드와 미세 조정을 통해 라이고는 필요한 민감도를 달성할 수 있게 되었다.

중력파가 감지되기 위해서는 두 가지 기준이 필요하다. 첫째, 탐지하려는 특정한 중력파가 장비에 검출되기 위해서는 엄청난 양의 에너지가 있어야 한다. 그러한 파동에 대한 후보는 우주 어딘가에서 공전하고 있는 두 개의 블랙홀이 병합하여 생성된 파동일 것이다. 두 블랙홀이 하나의 블랙홀로 융합될 때 엄청난 양의 에너지가 방출될 것이다.

두 번째 기준은 양성자 지름보다 작은 크기의 시공간 팽창과 압축을 감지할 수 있는 매우 민감한 측정 도구이다. 라이고는 두 방향으로 길이가 4 km인 경로를 따라 빛을 보내고 거울 사이를 앞뒤로 되튀게 함으로써 이 기준을 만족시킨다. 거울 사이 거리의 미세한 팽창 또는 압축으로 인해 두 빛의 경로가 동기화되지 않으면 라이고가 이를 감지할 수 있는 것이다.

2015년 9월, 라이고 실험자들은 10억 년 전에 발생한 거대한 두 블랙홀이 병합된 것으로 예상되며 시공간 구조의 물결로 묘사되는 현상을 발견했다. 그 이후 이들은 더 많은 중력파를 목격했다. 일반 상대론의 예측이 발견되기까지 100년 이상이 걸렸다. 이를 예측했던 아인슈타인조차 탐지가 불가능할 것이라고 생각되었던 현상이었다. 이제 과학자들은 중력파를 '듣는' 능력이 있기 때문에 우주를 탐색할 때 사용할 새로운 도구가 생긴 것이다. 라이고 공동작업자들과 우주론 이론가들은 이를 발견한 공로로 2017년 노벨 물리학상을 수상했다.

고스트캐칭

물리학과 춤은 시간이 한 방향으로만 흐르는 우주의 독특한 골칫거리를 공유한다. 사건은 절대로 정확히 반복적으로 발생될 수 없다. 탐지기가 두 개의 블랙홀이 비정상적인 진동수로 충돌하는 것을 포착한다. 이는 10억 년 된 춤에 대한 표기법과 같은 우주의 기록이다. 유사한 도전을 1840년대 아프리카 춤의 거장인 마스터 주바Master Juba의 공연을 본 사람들의 글과 증언을 통해 그의 춤을 재현하려는 시도에서 볼 수 있다. 물리학자가 탐지기에서 얻은 자료를 해석할 때와 마찬가지로 무용사학자는 아카이브에 남아 있는 흔적을 통해 사건을 재구성한다. 과거 사건의 잔향은 오늘날에도 느낄 수 있지만, 사건은 결코 동일한 형태로 다시는 일어나지도 않고, 일어날 수도 없다.

마스터 주바의 동영상은 존재하지 않는다. 그러나 20세기에 영화와 비디오의 등장과 함께, 위대한 무용수 중 일부는 운이 좋게도 스크린에 포착될 수 있었다. 지난 125년에 걸쳐 축적된 동영상 기술은 학자들이 춤 아카이브를 보강하는 데 도움이 되었다. 비디오카메라에서부터 스마트폰과 모션 캡처 실험에 이르기까지의 장비들은 정지, 되감기, 점프 컷, 극한의 극한까지 시간 늦추기 등을 선보이고 있다. 이 장비들은 심지어 인체가 없는 인간 동작의 본질을 기록할 수도 있다.

　　최신 컴퓨터 기술인 모션 캡처는 이미지가 2차원이 아니라 3차원인 또 다른 종류의 춤 복제를 만들어낸다. 이러한 시스템을 이용해서 1999년에 폴 카이저Paul Kaiser, 셸리 에쉬카Shelley Eshkar, 안무가 빌 존스Bill T. Jones가 공동으로 디지털 예술의 획기적인 작품인「고스트캐칭Ghostcatching」을 제작했다. 모션 캡처 시스템은 인체에 부착된 감지기를 추적한다. 컴퓨터는 각 감지기에서 얻은 데이터로 의학에서 디지털 애니메이션과 다른 예술 작품에 이르기까지 수많은 분야에 적용될 수 있는 동작의 시각적 표현을 구성한다. 수많은 연구 세션에서 존스는 감지기와 어우러져 다양한 춤 동작을 즉흥적으로 수행했다. 존스, 카이저, 에쉬카는 함께 프레이즈들을 다듬고, 이를 카이저와 에쉬카가 손으로 그린 선들로 편집하고 처리했다. 최종 비디오에 나오는 형상 이미지들은 증식하여 다시 결합한다. 배경은 실제 세계가 아니라 존스의 모습을 형성하고 그가 통과하는 침전물 같은 층을 생성하는 아름답게 표현된 선들로 이루어진 검고 추상적인 세계이다.

　　「고스트캐칭」은 의심의 여지없이 공간에 대해 실험하지만, 시간의 대부분을 목적에 대해 말하는 형식적 연극이다. 이 비디오는 카이저가 '조상 인물'이라고 부르는 것으로 시작한다. 조상 인물은 등장하는 다른 모든 무용수들을 만들어낸다. 이들 모두는 손으로 그린 존스의 변형들이다.[60] 동작 프레이즈는 존스의 실황 즉흥 공연에서 잘라내어 재구성되었다. 디지털 예술을 통해 제작자가 완전히 새로운 인물들과 새로운 내러티브를 만들어낸 것이다.

존스를 포함한 많은 무용작가들은 「고스트캐칭」에는 땀이 빠져 있다고 지적해왔다. 존스가 관찰한 바와 같이 모션 캡처는 어렵게 얻은 춤의 찰나적 특성을 제거한다.[61] 시스템은 위치와 속력을 나타내는 일련의 데이터 포인트로 동작을 전환한다. 그러나 이 기술이 기록하는 것에는 빠진 것들도 있다. 인물들은 이질적인 물리적 조건하에서 뛰고, 펼치고, 기어간다. 그들의 행동은 너무 가볍고 너무 기운차다. 지구상의 몸이 아니라 디지털 에테르digital ether 속의 몸이다. 카이저와 에쉬카는 존스의 정확한 공연을 보존하는 것보다 인터미디어intermedia* 번역과 그림에 관심이 있었다. 디지털 방식으로 제작된 그들의 라인 드로잉에는 무용학자 앤 딜스Ann Dils가 존스의 '아니무스animus'로 묘사한 그의 생명력을 잃어버리는 동안 강력한 새로운 예술을 만들어낸다.[62]

소리로만 그의 아니무스를 느낄 것이다. 존스는 콧노래를 부르고, 이야기를 단편적으로 하고, 영성을 불러일으키는 어린이 노래를 부른다. 녹음은 지상의 소리 물리학을 포착한다. 존스의 성대 주름이 진동하고, 그 진동은 음파로 공기를 통과하는 고밀도 및 저밀도 패턴으로 공기를 밀어낸다. 존스의 목소리는 화면에서 끝나는 그의 운동 궤적과는 반대로 「고스트캐칭」의 진정한 유령이다. 생생한 경험에 더 익숙하고 물리적인 힘과 관계를 맺음에 있어서 인체에 더 진실한 무언가가 기록되기 때문이다. 디지털화가

---

* 무용, 음악, 미술 등 여러 장르의 경계를 허물고 융합하여 새로운 예술 표현을 하려는 움직임으로, 1960년대에 미국의 아방가르드 예술가들에 의해 시작된 운동

복잡해지면서 지구의 물리학은 존스가 한 번도 버린 적이 없는 아프리카계 미국인의 역사와 정체성을 표현한다. 그 물리학을 버리면, 존스의 아니무스뿐 아니라 인간의 역사 자체도 증발하는 것처럼 보인다.

사건과 그 사건의 기록 사이의 간격을 일종의 고스트캐칭으로 간주할 때, 아카이브에 각인된 것을 무엇이고, 잊은 것은 무엇일까? 수십억 년 전에 일어난 행성과 별의 운동에 대한 데이터를 읽을 때, 과학자들이 훨씬 더 큰 규모로 놓친 '아니무스'는 무엇일까? 우리는 어떻게 **생동감**과 **생명력**을 인본주의적 탐구와 과학적 탐구의 가교架橋로 간주할 수 있을까?

다른 어떤 종류의 질문을 더 해야 할까?

우주 이야기

예술가는 이야기를 함으로써 시간을 형성한다. 그런데 우주에 대한 이야기를 어떻게 만들 수 있을까? 시작이 있었고 끝이 있을 것인가, 아니면 우리는 영원히 반복되는 순환 과정의 한가운데 있는 것일까?

물리학에서 우주에 대한 현재의 견해는 우주가 약 140억 년 전의 빅뱅으로 시작되었다는 것이다. 과학자들은 빅뱅의 원인은 알지 못하며, 그것이 처음 일어난 일인지 여부도 알지 못한다. 더 넓게는, 인간이 지금까지 존재해온 유일한 우주에 살고 있는지, 아니면 다른 우주가 현존하는지에 대해서도 알지 못한다. 지구의 나이가 대략 45억 년이고 수십억 년 이내에 태양에 삼켜질 것이라고 믿게 만드는 강력한 증거도 있다. (따라서 과학적 탐사를 계속 한다면 인류가 은하계 여행을 해결할 시간은 충분하다.) 7장에서 설명했듯이, 과학자들은 우주가 가속 팽창을 하고 있다는 증거를 가지고 있는데, 이는 우주에 끝이 있다면 그 끝은 아마도 춥고 어두울 것이고 정의하기 어려울 것임을 의미한다.

우리로부터 점점 더 멀리 떨어진 물체를 바라볼수록 시간을 더욱 거슬러 볼 수 있게 된다. 하늘의 달을 볼 때, 우리가 보고 있는 달은 지금 존재하는 달이 아니라, 약 1초가 지난 이미지를 보고 있는 것이다. 달 표면에서 반사된 빛이 지구상에 있는 우리 눈에 도달하는 데 그만큼의 시간이 걸린다. 우리가 보고 있는 태양의 이미지는 8분 전의 것이다. 태양이 달보다 더 멀리 떨어져 있기 때문에 빛이 우리 눈에 도달하는 데 그만큼 더 많은 시간이 걸린다. 북극성은 우리로부터 수백 광년 떨어져 있기 때문에 밤하늘에 보이는 이 별의 이미지는 수백 년 전의 이미지이다. 우주를 더 멀리 들여다볼수록 우리는 더 먼 시간을 되돌아보는 것이다. 우리에게로 달려오는 빛의 갈라짐을 상세히 설명할 수 있다면, 우주의 역사가 펼쳐지는 것을 볼 수 있을 것이다. 현대의 망원경은 확실히 인간의 눈보다 훨씬 더 민감하다. 어떤 망원경으로는 수십억 년 전 여행을 시작한 빛에 접근할 수도 있다.

우주의 진화 과정에 대한 이해는 도구가 성숙해짐에 따라 계속 진화하고 있으며, 이야기는 아직 끝나지 않았다.

인지

예술가와 물리학자는 모두 우리가 자연 세계의 리듬을 집중하여 듣는 데 도움이 되는 구조를 만들어낸다. 뮤온의 수명에 의지하는 물리학 실험을 통해서든 또는 분 단위로 관객의 관심을 끄는 공연을 통해서든, 우리는 우리가 살고 있는 공간과 시간을 인지하기 위해 애쓰고 있다.

물리학과 춤에서 시간을 헤아리려고 노력하는 것은 해답보다 더 많은 질문을 야기한다. 공간과 시간에 대한 다양한 방식의 지식은 어떻게 진리의 개념을 특징지을 수 있을까? 문화적 힘은 우리의 인식에 어떻게 영향을 미칠까? 다른 시간 차원이나 공간 차원은 존재할까? 있다면 어떻게 인지할 수 있을까? 우주에서 우리가 경험하는 이 거대한 공연은 어떻게 시작되었고, 우주는 어떤 방식으로 얼마나 빠르게 변할까? 우리가 알고 있는 또 다른 가설들에는 어떤 것들이 있고, 이 가설들에는 어떻게 도전할 수 있을까?

이런 질문들은 독자들이 생각하도록 남겨두겠다. 21세기의 위대한 과학과 예술의 협력은 인류의 본성을 더욱 완벽하게 탐구하기 위한 미학적, 수학적, 과학적, 체화된 추론의 형태로 결합될 것이다.

맺는말

이제 이 책의 마지막에 도착했다. 그러나 이것이 물리학과 춤을 한데 모을 수 있는 기회의 마지막은 아니다. 머스 커닝햄의 춤과 같이, 과학과 예술의 학제적 연구는 공연의 막이 오르내리는 것과 무관하게 무한한 조합으로 계속될 수 있다. 그 이유는 실제로 예술과 과학을 하나로 묶는 규격화된 방법이 존재하지 않기 때문이다. 그렇기는커녕 물리학과 춤의 주고받기는 개개의 프로젝트와 참여하는 사람에 따라 달라진다. 두 분야의 도구를 모두 갖춘다면, 연구자로서의 당신은 질문과 그에 대한 답을 찾는 방법을 구체화할 수 있을 뿐 아니라 탐구를 통해 계산 결과를 내놓을지, 안무 작품을 내놓을지, 또는 한꺼번에 둘 다 내놓을지를 결정할 수 있다. 목표는 두 분야의 공통 조명을 찾는 것, 즉 두 분야가 교환을 통해 새로운 방식으로 생산적으로 보이는 접촉 지점을 찾는 것이다.

새로운 시각을 찾는 것은 우리 자신의 배경을 자연스럽게 확장하는 것이다. 우리 두 사람은 20세기 중반에 혁신을 촉진하기 위해 만들어진 기관에서 전문적으로 성장했다. 하버드 대학교와 로체스터 대학교에서 물리학을 전공하는 동안 사라 데머스의 연구는 고에너지 물리학 실험을 촉진하기 위해 1967년에 설립된 페르미연구소의 테바트론^{TeVatron}에 의지했다. 그녀는 나중에 스탠퍼드 대학교 선형가속기센터의 박사후 연구원이 되었고, 1954년에 설립된 CERN유럽핵입자물리연구소의 ATLAS 실험에 합류하여 우주를 구성하는 기본 입자에 대해 연구했다. 2009년에 예일 대학교 교수진에 합류한 그녀는 CERN의 ATLAS 공동 작업과 페르미연구소의 Mu2e 공동 작업을 통해 입자 물리학 연구를 계속하고 있다.

아메리칸 발레 스쿨 출신인 에밀리 코츠는 조지 밸런친의 엄청난 안무 재능을 육성하기 위해 1948년 설립된 뉴욕 시티 발레단의 일원으로 경력을 쌓기 시작했다. 발레단에서 그녀는 말년의 제롬 로빈스와 긴밀히 일할 수 있었는데, 로빈스는 1949년에 발레단의 예술 부감독이 된 이후 50년 이상 자리를 지켰다. 밸런친과 로빈스의 발레를 하면서, 코츠는 고전 발레와 같은 미적 유산은 현대 예술가들의 손에 의해 바뀌어야 하고, 바뀔 수 있음을 알게 되었다. 이후 그녀는 무용의 역사와 예술 형식의 수정에 크게 기여한 예술가이자 그녀의 안무 작업과 교육에 계속적인 영향을 미친 미하일 바리슈니코프, 트와일라 타프, 이본 레이너와 함께 공연했다. 예일 대학교의 교수가 된 그녀는 예일 대학교의 교육법을 접목시킨 무용학 교육 과정을 개설하고 이를 통해 영문학과 문화사, 역사, 정치학, 자신의 전문적 경력에 필요한 체화된 지식을 연구했다.

이 모든 것이 말하는 것은 데머스가 얼음 위에서 미끄러지는 것과 같은 평범한 현상을 아원자 물리학을 통해 설명하는 반면 코츠는 세상을 안무 형식의 관점에서 바라본다는 것이다. 우리 두 사람은 자신의 영향력하에서 혁신 정신을 받아들이고, 심미적 지식과 과학적 지식을 하나로 모아 다른 방향으로 분사한다.

우리의 배경은 다른 방향에서는 우리의 고민을 보여준다. **춤**에 관해, 우리는 주로 대중 앞에서 발표되는 안무인 공연 무용을 주로 언급하고 있으며, 이 책에 나오는 예제들은 주로 탁월한 서양 발레, 현대 무용 및 포스트모던 안무가들로부터 나온다. 실험적인 예술가 또는 아방가르드 예술가들에 대해서도 자주 언급하는데, 이는 그들이 춤의 형식과 기법에 대해 가장 많이 의문을 제기하는 경향이 있기 때문이다. 이 책에 언급된 예술가들 이외에도 훌륭한 무용가들은 매우 많다. 마찬가지로, 물리학 측면에서는 춤과의 대화를 위한 방편으로 범위를 좁히고 주제를 나누어야만 했다. 물리학만 다루는 책에서 주제의 순서와 그에 대한 설명은 다르다. 우리 작업의 효시로는 고전 역학을 통해 고전 발레를 전문적으로 분석한 케네스 로스 Kenneth Laws의 여러 책들이 있다. 우리의 작업은 다양한 춤 형식, 안무 연습 그리고 현대 물리학의 개념들에 대한 렌즈를 개방함으로써 보다 넓은 그물을 던지고 있다.

물리학과 춤의 결합의 생산성이 무너지는 지점이 있다. 분석을 위해 신체를 단순화할 때, 물리학은 성별, 인종, 성적 취향, 계층에 따라 인체의 움직임을 받아들이는 방식을 설명할 수 없을 뿐 아니라 사람들이 왜 춤을 추는지도 표현할 수 없다. 춤은 물리학에 대한 토론을 제공하는 데 많은 도움이 되지만, 물리학이 인체에 대해 지각할 수 있는 것에는 한계가 있다. 특정 현상에 접근하는 데 있어서 정확한 수학적 설명과 과학적 도구를 통해 확장된 인간 감각을 대체할 수 있는 것은 없다.

그럼에도 불구하고 우리는 서로를 연구 파트너로 진지하게 받아들임으로써 얻을 수 있는 모든 것을 가지고 있다. 중력 퍼텐셜 에너지를 통한 피나 바우슈의 극적인 낙하 또는 랄프 레먼의 안무 형식 파괴를 통한 아인슈타인의 $E = mc^2$을 생각하면, 새로운 동작의 개념을 이해하고 느끼기 시작할 수 있다.

일찍이 우리는 우리의 공동 작업을 안내해줄 '물리학과 춤을 위한 선언문'을 개발했다. "물리학과 춤은 창의적이고, 엄격하며, 지적 연구 능력을 공유한다"라는 선언문의 첫 줄은 우리의 원칙이 되었다. 이 믿음으로 무장하고 앞으로 나아가자.

감사의 글

이 책의 상당수 아이디어들은 예일 대학교에서 물리학과 춤이라는 강좌를 공동 강의하는 동안 개발되었다. 8년 전 학제적 과정을 제안한 당시의 과학 교육학과장인 빌 세그레이브스Bill Segraves와 우리가 함께 모이게 도와준 당시의 예술학과장인 수잔 카한Susan Cahan에게 감사한다. 인연이 어떻게 이어질지 우리는 누구도 알지 못했다.

2011년부터 4차례 동안의 강의를 수강한 85명의 학생들에게도 깊이 감사하고 있다. 그들의 모험심과 예술성은 우리의 학제적 탐구에 영감을 불어넣었다. 재능 있는 입자 물리학자이자 무용가인 마리엘 페티Mariel Pettee 교수는 한 사람이 두 분야의 지식을 실제로 보유할 수 있다는 것을 학생들에게 증명했다.

현 학과장과 전임 학과장인 메리 어리Meg Urry, 폴 팁턴Paul Tipton, 마크 로빈슨Marc Robinson, 다니엘 해리슨Daniel Harrison 및 물리학과와 연극학과의 동료들을 포함한 대학 내의 많은 동료들이 우리의 작업에 귀중한 지원을 해주었다. 휘트니 인문 센터의 게리 톰린슨Gary Tomlinson, 마크 바우어 Mark Bauer, 노마 톰슨Norma Thompson, 과학과 인문학의 프랑크Franke 프로그램이 중요한 플랫폼을 제공했다. 마크 아론슨Mark Aronson, 파올라 베르투치 Paola Bertucci, 라시나 쿨리발리Lacina Coulibaly, 스티븐 데이비스Stephen Davis, 미라지 데사이Miraj Desai, 캐서린 더들리Kathryn Dudley, 제니퍼 프레드릭Jennifer Frederick, 스티븐 거빈Steven Girvin, 인더팔 그레왈Inderpal Grewal, 이렌 홀먼

Iréne Hultman, 에드워드 카이리스Edward Kairiss, 카우리 쿠세라Kaury Kucera, 앤드류 미랜커Andrew Miranker, 프리야 나타라잔Priya Natarajan, 니킬 파드마나반Nikhil Padmanabhan, 르네 로빈슨Renee Robinson, 브라이언 세이버트Brian Seibert, 로라 웩슬러Laura Wexler와의 대화 및 학제적 과학 예술 연구 그룹 그리고 조나단 버터워스Jonathan Butterworth, 엘리자베스 존슨Elizabeth Johnson, 라시카 칸나Rasika Khanna, 김영기Young-Kee Kim, 다니엘 렙코프Daniel Lepkoff, 리즈 러먼Liz Lerman, 브라이언 스튜어트Brian Stewart 그리고 레지 윌슨Reggie Wilson은 우리의 사고방식에 새로운 방향을 제시했다. 비범한 조류학자인 리처드 프럼Richard Prum은 우리의 협업 전반에 걸친 친밀한 대화 상대이자 후원자였다.

예일 대학교 동창회, 예일 대학교 강연회, 피어슨 대학교, 마거릿 클락Margaret Clark과 트럼불 대학교, 신디 클레어Cindy Clair와 그레이터 뉴 헤븐Greater New Haven 예술위원회, 국제 예술 및 아이디어 축제, 노스캐롤라이나 대학교의 조이 캐슨Joy Kasson, 더글러스 크림프Douglas Crimp와 로체스터 대학교, 브렌트 헤이즈 에드워즈Brent Hayes Edwards와 컬럼비아 대학교의 헤이먼Heyman 인문학센터, 아일린 길루리Eileen Gillooly, 마샤 셀스Marcia Sells, 파멜라 스미스Pamela Smith 그리고 체화 인지 연구 그룹, 웨슬리안 대학교의 파멜라 타지Pamela Tatge, 예일 대학교 물리학과에서 주최한 물리학 클럽, CERN의 ATLAS 물리학자, 특히 스티브 골드파브Steve Goldfarb를 포함한 많은 개인과 기관들이 우리 작업을 공공 영역으로 확장시킬 기회를 제공해주었다. 우리 작업의 1부를 기초로 에밀리 코츠가 창작한 공연의 일부 또는 전부를 선보이게 해준 구겐하임의 댄스페이스Danspace 프로젝트, Works & Process와 워즈워드 학술진흥기관, 발레 및 예술센터의 지휘자들과 직원들에게 감사한다. 제나이 커쳐Jenai Cutcher, 요하네스 데영Johannes DeYoung, 조 킨젤Joh Kinzel, 리즈 다이아몬드Liz Diamond는 특정 프로젝트에 도움이 되었으며, 이본 레이너는 초청연사, 공연자, 독자, 고문 및 옹호자의 여러 역할을 해주었다. 입자 물리학자인 멜리사 프랭클린Melissa Franklin, 마이크 힐드레스Mike Hildreth, 아담 마틴Adam Martin, 도요코 오리모토Toyoko Orimoto, 스티븐 세쿨라Stephen Sekula, 마이크 터츠Mike Tuts, 다니엘 화이트슨Daniel Whiteson은 우리의 2013년도 영화 「힉스와 댄스의 세 가지 관점Three Views of the Higgs and Dance」에 기꺼이 참여해주었다.

생각을 글로 바꾸는 작업은 완전히 새로운 차원의 협력을 필요로 한다. 이 과정에서 중요한 지원을 해준 사람들 중에서 우리에게 처음으로 저술을 제안한 예일 대학교 편집부 수석편집자인 조셉 칼라미아Joseph Calamia에게 가장 감사드린다. 그의 지혜와 유머 그리고 우리의 작업에 대한 끊임없는 신뢰는 우리의 노선을 유지하게 해주었다. 프로젝트 초기에 지지를 해준 수석편집장인 장 톰슨 블랙Jean Thomson Black, 출판에 관한 세부 사항을 지원한 에바 스큐즈Eva Skewes, 표지 디자인 작업을 한 소니아 섀넌Sonia Shannon, 복사본이 밸런친의 안무 기술 수준에 필적할만한 수준인 수잔 레이티Susan Laity에게도 감사드린다. 프렌치 호른 연주자이자 작곡가인 윌 오르조Will Orzo는 이 책의 초고에 대해 귀중하고도 재미있는 피드백을 제공하여 우리의 생각을 명확하게 하고 언어를 단순화하도록 해주었다. 듀크 대학교의 토마스 드프란츠Thomas DeFrantz와 바너드 대학교의 케이티 글랜서Katie Glanser는 원고를 꼼꼼하게 읽고 의견을 줌으로써 격려해주었다. 이들의 전문성에 감사드린다.

이 책에서 우리가 설명한 동작과 힘에 대해서는 제시카 토드 하퍼Jessica Todd Harper의 사진과 에리 지아주 리Eric Jiaju Lee의 그림 없이는 상상하기가 훨씬 쉽지 않았을 것이다. 두 예술가와 더불어 존 케이지와 머시 커닝햄 스튜디오의 뛰어난 자연광 아래에서 사진 촬영을 하도록 허락해준 바리

감사의 글

슈니코프 아트센터에도 감사드린다. 재학생과 졸업생들인 리암 애플슨Liam Appleson, 루나 벨러 타이어Luna Beller-Tadiar, 데릴 디마티니Derek DiMartini, 니콜 펭Nicole Feng, 크리스티나 김Christina Kim, 김서영Suh Young Kim, 인드라니 크리슈난-루콤스티Indrani Krishnan-Lukomski, 마리엘 페티Maiel Pettee, 엘리자베스 콴더Elizabeth Quander, 홀리 테일러Holly Taylor 그리고 미카엘라 비타글리아노Michaela Vitagliano로 구성된 무용수들이 이틀 동안 열정적으로 사진 촬영에 합류했던 것에도 감사드린다. 중국 서예 방식으로 잉크와 붓으로 그린 리의 그림은 하퍼의 사진과 함께 책에서 설명된 기본적인 힘들을 볼 수 있도록 한다. 이 이미지들은 도론 웨버Doron Weber의 지원과 알프레드 슬로언Alfred P. Sloan 재단의 지원금으로 만들어졌다.

우리의 작업은 부모, 형제, 가족 그리고 친구들의 사랑으로 크게 고무되었다. 우리의 가장 오래된 팬인 103세의 이모할머니 마리 밈스Mary Mimms는 현대 물리학이 대중적 담론에 들어간 것을 본 사람의 관점을 제시해 주었다. 램지 코츠Ramsey Coates의 은혜 덕에 이 글을 쓸 수 있었다. 우리의 배우자인 스티브 코네즈니Steve Konezny와 윌 오르조에게 특별한 감사를 표한다. 그들은 지성과 관용으로 육아에서 맹목적 지지에 이르기까지 수많은 방법으로 협업을 지원해주었다. 이 책을 쓰는 동안 아이들은 점점 커갔고 한 명의 아이가 태어나기까지 했다. 이들이 상상하고 이에 따라 될 수 있는 가능성을 넓히기 위해 이 글을 쓰고 있다.

워크북

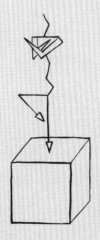

물리학 문제

중력 연습 문제

1. 물체의 무게는 지구가 물체에 작용하는 중력 끌림을 말하는 것으로, 뉴턴 단위 또는 파운드 단위로 표시할 수 있는데, 1 N은 약 0.22 lb에 해당한다. 500 N은 몇 파운드인가? 또, 150 lb는 몇 뉴턴인가?

2. 질량이 각각 75 kg인 두 무용수의 질량 중심 사이의 거리가 1 m일 때, 두 무용수 사이의 중력 끌림의 크기를 계산하라. 각각의 무용수가 느끼는 지구의 중력 끌림은 얼마인가? 지구와 무용수 사이에 작용하는 힘에 대한 무용수와 무용수 사이에 작용하는 힘의 비는 얼마인가? 단, 지구의 질량과 반지름은 각각 6×10^{24} kg과 6.4×10^6 m이다.

3. 물체의 무게는 물체가 놓인 행성의 질량과 크기에 따라 달라지며, 뉴턴의 만유인력 법칙에 의해 주어지는 힘의 크기를 나타낸다. 질량이 80 kg인 물체의 지구에서의 무게와 달에서의 무게는 각각 얼마인가? 뉴턴 단위와 파운드 단위로 답하라. 단, 지구의 질량과 반지름은 각각 6×10^{24} kg과 6.4×10^6 m이고, 달의 질량과 반지름은 각각 7.3×10^{22} m와 1.7×10^6 m이다.

4. 120 kg의 사람이 반지름이 9×10^6 m인 새로운 행성에 도착했다. 행성 표면에서 사람의 무게가 400 lb일 때, 이 행성의 질량은? (힌트: 일관된 단위를 사용하기 위해 파운드로 주어진 무게를 뉴턴 단위의 힘으로 변환해야

한다.)

5. 뉴턴의 만유인력 법칙을 배운 안무가가 개개의 질량이 다른 모든 질량에 의해 끌어당겨진다는 중력의 개념을 즉시 이해한다. 이 안무가는 지구의 중력 끌림에 대항하는 에펠탑의 중력 당김을 이용해서 무용수들의 도약 높이와 도약 거리를 증가시킬 목적으로 에펠탑 아래 야외에서 공연을 개최하려고 한다. 안무가가 당신에게 70 kg의 무용수와 에펠탑 사이의 중력 끌림에 의해 하늘 방향으로 작용하는 힘의 크기를 계산해줄 것을 부탁한다. 에펠탑은 질량이 대략 7.3×10^6 kg이고 높이는 300 m가 넘지만, 질량 대부분이 지표면 근처에 집중되어 있다는 것을 알고 있는 당신은 에펠탑의 질량 중심이 지표면으로부터 80 m 위에 있을 것으로 추정한다. 이 가정하에서, 에펠탑이 무용수를 끌어당기는 중력의 크기를 계산하고, 이를 무용수를 잡아당기는 지구의 중력의 크기와 비교하라. 무용수는 눈에 띌 만큼 더 높이 점프할 수 있을까?

6. 다음과 같이 x축 상에 배치된 세 물체의 질량 중심을 계산하라.
   물체 1: 50 kg, x축의 −3.5 m인 위치
   물체 2: 80 kg, x축의 0.0 m인 위치
   물체 3: 75 kg, x축의 4.0 m인 위치

7. xy 좌표계를 그린 후 다음과 같이 주어지는 두 물체 A, B의 위치를 표시한 다음 두 물체로 이루어진 계의 질량 중심의 x축 성분과 y축 성분을 각각 계산하라. 물체 A의 질량과 위치는 5 kg과 $(x, y) = (1.0 \text{ m}, -1.0 \text{ m})$이고, 물체 B의 질량과 위치는 2 kg과 $(x, y) = (0.0 \text{ m}, 1.0 \text{ m})$이다.

8. 팔과 상체를 앞으로 뻗는 동안 한 발로 균형을 잡는 시도를 하자. 1장에서 배운 균형에 필요한 조건을 이용해서, 이 동작을 하는 동안 균형 유지를 위

해 팔과 반대 방향으로 다리를 뻗는 것이 도움이 되는 이유를 설명하라.

9. 당신을 포함한 네 명의 무용수가 무대 위에 펼쳐진 4면 타워 구조물에 오르는 연습을 하고 있다. 연습할 때마다 무용수들이 오르기 시작하면 구조물이 뒤집어진다. 당신은 감독에게 이 문제는 (a) 네 명 모두 한 면에 오르는 대신 네 면을 동시에 오르게 하거나 (b) 구조물을 더 무겁게 만든 후 네 명 모두가 한 면에 오르게 하면 해결될 수 있다고 제안한다. 질량 중심과 균형 조건에 대해 배운 내용을 이용해서 각각의 제안이 타당한 이유를 설명하라.

10. 80 kg의 무용수가 푸앵트 자세로 완벽하게 균형을 잡고 있다. 그녀의 질량 중심은 마루와 닿는 신발 중심의 연직 위에 있다. 푸앵트 슈즈의 접촉면은 지름이 5 cm인 원형이라고 가정하자. 무용수는 왼손은 질량 중심과 바닥을 잇는 연직선 앞의 0.3 m인 곳까지 뻗어 있다. 누군가가 그녀의 손에 3 kg의 물체를 놓을 때, 그녀는 몸을 움직이지 않고 균형을 유지할 수 있을까? 균형 조건은 그녀의 질량 중심이 버팀 면적 위에 놓이는 것임을 명심하라.

힘 연습 문제

11. 스케이터 A와 B가 아이스 링크 위에 있다. 미끄럼방지용 신발을 신고 있는 A는 자신은 움직이지 않은 채 B에게 수평 힘을 가할 수 있는 반면, 미끄러운 신발을 신고 있는 B는 밀리면 미끄러진다. 다음 각 문제에서 B의 자유 물체 도형을 그린 다음 A의 미는 힘에 의한 B의 가속도를 계산하라.

(a) A가 55 kg의 B를 100 N의 힘으로 민다.

(b) A가 55 kg의 B를 200 N의 힘으로 민다.

(c) A가 110 kg의 B를 100 N의 힘으로 민다.

(d) A가 110 kg의 B를 200 N의 힘으로 민다.

12. 문제 11의 (a)~(d)와 동일한 상황에 대해서, 중력, 얼음의 수직 항력, 미끄럼방지용 신발과 얼음 사이의 마찰력, B와의 접촉에 기인한 반작용력을 모두 고려해서 A의 자유 물체 도형을 그려라. A는 움직이지 않으므로 가속도가 0임을 상기하라.

13. 무용수 A가 무용수 B를 공중으로 들어 올린 상황을 상상하자. A와 B의 자유 물체 도형을 각각 그려라. 두 자유 물체 도형을 나란히 보면서 뉴턴의 운동 제3 법칙의 짝힘들이 작용하는 지점을 표시하라. (짝힘이란 접촉면에서 존재하는 크기가 같고 방향이 반대인 두 힘을 말한다.)

14. 연습실 한가운데 서 있는 무용수의 자유 물체 도형을 그려라. 무용수가 수직 점프하여 공중에 떠 있을 때의 자유 물체 도형을 그려라. 무용수가 올라가는 도중의 힘 도형은 정점에 도달한 순간이나 내려오는 도중의 힘 도형과 다를까?

15. 두 무용수가 얼음과의 마찰을 무시할 수 있는 미끄러운 신발을 신은 채 얼음 위에 서 있다. 두 무용수가 서로 밀칠 때, 다음 중 가장 정확한 것은? 뉴턴의 운동 제2 법칙과 제3 법칙을 이용해서 답하라.
(a) 힘이 더 센 무용수가 더 큰 가속도로 가속된다.
(b) 힘이 더 약한 무용수가 더 큰 가속도로 가속된다.
(c) 질량이 더 큰 무용수가 더 큰 가속도로 가속된다.
(d) 질량이 더 작은 무용수가 더 큰 가속도로 가속된다.

16. 450 N의 힘으로 바닥을 민 무용수가 5 m/s^{2}으로 가속될 때, 이 무용수의 질량은 얼마인가?

17. 50 kg의 무용수가 플리에 동작의 가장 낮은 자세에서 바닥을 밀어서 질량 중심을 위쪽으로 가속시킨다. 가속은 순간적으로 발생하여 빠르게 일정한 속도에 도달한 후 몸이 거의 완전히 펼쳐질 때까지 유지되며, 이 순간부터 빠르게 감속이 시작된다. 다음 물음에 답하라.

(a) 바닥을 민 무용수가 0.25초 동안 2 m/s^2의 가속도로 가속된다. 무용수가 가속되기 위해 바닥에 가해야 하는 힘은 얼마인가?

(b) 플리에 동작의 정점 근처에서 0.25초 동안 2 m/s^2의 가속도로 감속된다. 감속되는 동안 무용수의 발과 바닥 사이의 힘은 얼마로 측정될까? 이 순간에 무용수에게 작용하는 알짜 힘 계산에 도움이 되는 자유 물체 도형을 그려라.

(c) (a)에서와 같이 2 m/s^2으로 0.25초 동안 가속된 후, 0.5초 동안 일정한 속도를 유지한 다음, (b)에서와 같이 2 m/s^2으로 0.25초 동안 감속하는 운동에 대해서 무용수와 바닥 사이에 작용하는 힘을 시간의 함수로 그려라.

18. 60 kg의 무용수 A가 점프를 하고 80 kg의 무용수 B가 상승과 하강 전반에 걸쳐 A를 보조한다. 점프 과정 내내 A와 B는 접촉을 유지한다.

(a) B가 A에 75 N의 위로 향하는 힘을 작용할 때 B와 바닥 사이의 힘의 크기는 얼마인가?

(b) B가 공중에서 A를 완전히 지탱한 상태에서 A가 더 이상 가속되지 않을 때 B와 바닥 사이의 힘의 크기는 얼마인가?

(c) A와 B의 질량이 각각 80 kg와 60 kg인 경우에 대해서 (a)와 (b)를 반복하라.

19. 서 있는 무용수가 움직이는 장벽에 기대려고 한다. 무용수가 장벽과 접촉하자 장벽이 움직이고, 무용수가 넘어진다. 이 경우, 뉴턴의 운동 제3 법칙은

깨지는가? 무용수와 장벽 사이에 작용하는 힘과 무용수가 넘어지는 동안 장벽과 바닥 사이에 작용하는 힘에 대해 설명하라. 잠시 후, 이 무용수가 무용 연습실의 실제 벽을 향해 매우 빠르게 움직여서 벽 위의 석고가 움푹 들어갈 정도의 큰 힘으로 벽에 부딪힌다. 이 경우, 뉴턴 제3 법칙은 깨지는가? 석고가 부서질 때 무용수와 벽 사이에 작용하는 힘에 대해 설명하라.

20. 뉴턴의 운동 법칙을 사용하여 다음 질문에 답하라.
    (a) 춤 연습실에서 콘크리트 바닥 대신 나무 바닥을 사용하는 이유를 설명하라.
    (b) 스펀지와 거품 바닥이 있는 춤 연습실에서 무용수가 빠른 가속을 필요로 하는 안무를 실행하는 데 있어서의 문제점을 설명하라.

마찰 연습 문제

21. 다음을 정적 마찰, 운동 마찰, 또는 둘 모두의 예로 분류하고, 대답을 정당화하라.
    (a) 양말과 바닥: 미끄러운 바닥에서 양말을 신고 추는 춤
    (b) 신발과 고무바닥: 운동화를 신고 고무 표면 위에서 하는 달리기
    (c) 들어올리기: 손을 단단히 움켜잡고 들어올리기를 하는 두 명의 무용수
    (d) 구두와 얼음: 밑창이 미끄러운 구두를 신고 얼음 위에서 하는 달리기

22. 두 물체 사이의 운동 마찰 계수 μ_k가 아래의 (a), (b), (c)와 같이 주어질 때, 두 물체 사이에 작용하는 수직 항력 F_N이 100 N이라면 두 물체 사이의 운동 마찰력 F_k의 크기는 얼마인가?
    (a) 0.4
    (b) 0.8

(c) 1.0

23. 미끄러운 두 재료 사이의 정지 마찰 계수 μ_k가 0.1이다. 두 재료 사이의 수직 항력 F_N이 40 N이라면, 두 재료가 미끄러지기 전까지 견딜 수 있는, 접촉면에 나란한 최대 힘은 얼마인가?

24. 4장에서 해결된 예제에서 고무창 운동화를 신고 콘크리트 위에 서 있다가 지면에 대해 40°의 방향으로 600 N의 힘을 주어서 밀면, 이 힘의 지면에 평행한 성분이 최대 정지 마찰력 $F_{s,\,max}$보다 크기 때문에 운동화가 미끄러졌다. 다음 물음에 답하라.

(a) 600 N 대신 400 N의 힘을 가해도 동일한 결과를 얻었을까?

(b) 각이 45°이었어도 여전히 미끄러졌을까?

(c) 각이 50°이었어도 여전히 미끄러졌을까?

25. 몸무게가 800 N인 사람이 운동 마찰 계수 μ_k가 0.2인 바닥에서 양말을 신은 채 서핑 연습을 하고 있다. 다음 물음에 답하라.

(a) 서핑 도중에 작용하는 마찰력 F_k는 얼마인가?

(b) (a)에서 구한 답은 한 발로 균형을 맞추느냐 두 발로 균형을 맞추느냐에 따라 달라질까?

(c) (a)에서 구한 답은 서핑 속도에 따라 달라질까?

26. 몸무게가 800 N인 사람이 양말을 신은 채 광택 나는 나무 바닥이 있는 방에서 미끄러지고 있다. 양말과 바닥 사이의 운동 마찰 계수 μ_k는 0.25이다. 미끄러지는 도중에 운동 마찰력 F_k는 얼마인가? 이제 누군가 다가와 무게가 150 N인 상자를 건네준다. 상자를 들고 미끄러질 때 F_k는 얼마인가?

27. 공연 도중에 기울어지는 플랫폼에 서서 공연을 하고 있다. 플랫폼은 처음에 수평이었다. 플랫폼의 어떤 기울기 각에서 플랫폼에 정지해 있던 발이

미끄러지기 시작한다. 공연이 끝난 후에 플랫폼에서 발도 들지 않고 꼼짝 않고 서 있다가 자발적으로 움직이기 시작하는 방법을 알고 싶어 하는 관객이 찾아온다. 수직 항력 F_N과 마찰력을 사용해서 어떻게 이런 일이 일어나는지 자유 물체 도형을 그리고 설명하라.

28. 겨울 폭풍과 가파른 경사면이 많은 지역에 사는 사람들은 다음과 같은 예방 조치를 취할 수 있다. 앞에서 배운 마찰에 대한 식과 관련된 논의를 사용해서 아래의 각 수정 사항에 대해 설명하라.
    (a) 사람들이 자동차 타이어에 체인을 감는다.
    (b) 사람들이 차 트렁크에 흙 봉투를 넣는다.
    (c) 사람들은 가파른 빙벽을 오르기 위해 나갈 때 옷이나 장비를 챙긴다. 이에 대한 예를 들어보라.

29. 바닥을 따라 물건을 당겨야 하는 공연을 하고 있다. 맨발로 하는 리허설에서는 가끔 물건을 끌려고 할 때 물건이 꼼짝하지 않을 때도 있었지만 모든 게 잘 되었다. 의상 제작자는 공연 중간에 미끄러짐이 있을 것이란 것과 그것이 생각만큼 잘 되지 않았다는 이야기를 들었다. 이에 따라 의상 제작자가 공연에서 신을 양말을 가져온다. 운동 마찰과 정지 마찰과 관련된 논의를 통해 의상 디자이너에게 왜 양말이 미끄러짐을 악화시키는지를 설명하고 필요한 것이 무엇인지를 명확히 하는 설명문을 작성하라.

30. 운동 마찰력 F_k는 하나의 값을 갖는데 반해 정지 마찰력 F_s는 최댓값을 갖는 이유는 무엇인가?

운동 연습 문제

31. 이 문제를 풀고 있는 자신의 자유 물체 도형을 그려라. 어떤 물체에 손을 짚거나, 앉거나, 무언가에 기대어 있다면, 그 결과 발생하는 모든 힘을 고려하라.

32. 알짜 힘과 그에 따른 알짜 가속도를 포함하는 다음 상황에서 무용수의 자유 물체 도형을 그려라. 무용수에게 작용하는 힘이 하나 이상이면 어느 힘이 더 커야 하는지에 유의하라.

(a) 무용수가 한 발로 점프를 시작하기 직전에 땅 위에 있다.

(b) 무용수가 (a)에서 점프하여 도약한 후 공중에 떠 있다.

33. 다양한 물체에서 능숙하게 뛰어 오르내리는 것으로 알려진 무용수가 공연에서 6 m/s보다 더 큰 속도로 땅에 착지하지 않는다는 조건을 요구했다. 이 조건을 그가 기꺼이 뛰어내릴 최대 높이로 변환하면 얼마인가?

34. 바닥으로부터 0.5 m 높이의 상자에서 뛰어내린다. 수직(y) 방향으로 초기 속도가 없다고 가정할 때, 발이 바닥에 닿는 순간의 속력은 얼마인가? 떨어지는 데 걸리는 시간은 얼마인가? (발바닥이 지면에 닿을 때까지 무릎을 구부리기 시작하지 않는다고 가정한다.)

35. 안무가가 악보로 작업을 하면서 음악에 맞춰 무용수들을 점프하도록 줄을 세우려고 하고 있다. 주어진 점프 시간의 절반은 올라가는 데 쓰이고 나머지 절반은 내려오는 데 쓰이는 것을 명심하면서 다음 물음에 답하라.

(a) 첫 번째 시도에서 안무가가 각 무용수들에게 0.2초 동안 공중에 떠 있을 것을 주문했다. 이를 달성하기 위해서 무용수는 얼마나 높이 뛰어올라야 하는가? +y 방향으로 지상에서 떠나는 순간의 속력은 얼마이어야 하는가?

(b) 이제 안무가가 훨씬 느린 템포의 다른 음악을 사용한다. 새로운 음악에 맞추기 위해서 무용수들은 1초 동안 공중에 떠 있으라는 주문을 받았다. 1초 동안 공중에 떠 있기 위해서 무용수들은 얼마나 높이 뛰어야 하는가?

36. 동등한 힘을 가진 두 무용수가 한 번의 점프로 가능한 한 무대 위에서 멀리 도약하려고 한다. 무용수 중 한 명은 제자리 뛰기를 하고 다른 한 명은 도움닫기를 한다. 발사체 운동 방정식을 이용해서, 두 무용수가 공중에 떠 있는 시간이 같더라도 왜 도움닫기를 하는 무용수가 더 멀리 뛰는지를 설명하라.

37. 더 높이 뛰어오르길 원하는 한 무용수가 땅에 더 많은 힘을 가하기로 했다. 이에 필요한 힘을 얻기 위해서 무용수가 무거운 돌을 많이 들고 점프를 했다. 물리학과 춤의 지식을 이용해서 왜 이 무용수의 기술이 높은 점프를 이끌지 못했는지 설명하라.

38. 최대 점프 높이를 측정하기 위해 사용할 수 있는 두 가지 방법에 대해 설명하라. (손에 들고 있는 재료나 장비에만 의존하도록 노력하라.) 몸동작의 다양성과 필요한 측정의 정확성 관점에서 각 방법의 약점에 대해 논의하라.

39. 앞의 질문을 위해 고안된 실험 중 하나를 수행하라. 설정, 전체 자료 세트, 결과 측정 그리고 예상되는 불확실성에 대한 설명과 도표를 포함하라.

40. 뉴턴의 운동 법칙과 발사체의 운동 방정식을 이용해서, 지상에서 뛰어오를 때보다 트램펄린 위에서 뛰어오를 때 더 높이 뛰어오를 수 있는 이유를 설명하라.

운동량 연습 문제

41. 75 kg의 무용수가 2.5 m/s의 속력으로 직선을 따라 이동한다.

    (a) 무용수의 운동량의 크기는 얼마인가?

    (b) 무용수가 2배의 운동량으로 다시 방을 가로질러 움직이려고 한다. 이를 돕기 위해 친구가 20 kg의 물체를 건네준다. 이 물체를 운반하면서 운동량을 (a)에서의 2배로 늘리기 위해서 무용수가 내야 할 속력은 얼마인가?

42. 춤 연습실에서 당신이 +x축을 따라 3 m/s의 속도로 이동하고 있다. 질량이 당신의 2배인 무용수가 반대 방향으로 움직이는 당신과 같은 크기의 운동량을 갖기 위해서는 얼마나 빠르게 움직여야 하는가?

43. 연습실에서 빠르게 움직이다가 순간적으로 운동량을 0으로 만들려고 갑자기 멈춰 서지만, 발이 제자리에 멈추는 동안 몸은 움직이는 방향으로 기운다. 왜 이런 일이 일어나는지 설명하라.

44. 우주 공간에서 당신은 들고 있던 손전등을 던져 우주선으로 돌아가려는 시도를 하려고 한다. 우주복을 포함한 당신의 질량은 80 kg이고, 손전등의 질량은 1 kg이다. 당신이 손전등을 10 m/s의 속력으로 우주선에서 곧장 멀어지는 방향으로 던진다.

    (a) 던져진 손전등의 운동량은 얼마인가?

    (b) 손전등을 던진 후 우주복을 포함한 당신의 운동량은 얼마인가?

    (c) 당신은 우주선을 향해 얼마의 속력으로 움직이는가?

    (d) 당신이 이동해야 할 거리가 10 m라면, 이동하는 데 걸리는 시간은 얼마인가?

45. 25 m/s의 속력으로 손전등을 던졌다고 가정하고 앞의 문제를 반복하라.

46. 70 kg의 사람이 얼음으로 덮인 연못 한가운데 앉아 있다. 연못의 가장자리로 가야 하지만 얼음이 너무 미끄러워 신발에 견인력을 줄 수가 없다. 이 사람은 간식용으로 배낭에 0.2 kg의 사과 한 개를 가지고 있었는데, 이를 연못 가장자리를 향해 추진할 수 있는 운동량 보존 춤의 파트너로 사용할 수 있다는 것을 깨닫는다. 다음 물음에 답하라.

(a) 0.25 m/s의 속력으로 움직이기 위해서는 사과를 얼마나 빠르게 던져야 하는가?

(b) 이 속력을 mph(마일/시간)로 변환하라. 계산된 속도가 달성 가능하다고 생각하는가, 아니면 배낭 속의 뭔가를 사과와 함께 던져야 한다고 생각하는가? (메이저 리그 투수가 던지는 공의 빠르기가 시속 90 mile 정도임에 유의하라.)

47. 미끄러운 아이스링크 위에서 100 kg의 무용수와 80 kg의 무용수가 마주 보고 서 있다. 두 무용수가 서로를 밀쳐서 얼음 위에서 멀어지기 시작한다. 무용수와 얼음 사이에 마찰이 없어서 운동량이 보존된다고 가정하자. 두 무용수가 정지해 있던 순간을 초기 순간으로, 두 무용수가 떨어져서 멀어지는 순간을 최종 순간으로 택하여 다음 문제에 대해 답하라. 답에 도표를 포함하라.

(a) 두 무용수가 포함된 계의 초기 운동량은 얼마인가?

(b) 두 무용수가 포함된 계의 최종 운동량은 얼마인가?

(c) 100 kg인 무용수의 속력이 4 m/s이면, 80 kg인 무용수의 속력은 얼마인가?

(d) 두 무용수가 서로를 밀어낸 직후, 각 무용수의 운동량은 크기가 얼마이고 방향은 어느 방향인가? (답에서 인용한 방향이 다이어그램과 일치하는지 확인하라.)

48. 질량이 각각 60 kg과 75 kg인 무용수 A와 B가 얼음 위에서 서로에게 다가가 팔을 함께 쥐고 그들이 만나는 곳에 움직이지 않고 머무르기를 원한다. A가 B를 향해 1 m/s의 속력으로 움직일 때, B가 A쪽으로 얼마의 속력으로 이동해야 A와 B가 만나는 지점에서 정지하게 될까?

49. 무용수들이 대형 트램펄린 위에서 공연하고 있다. 공중에 떠 있는 동안, 무용수들에게 작용하는 유일한 외력은 중력이기 때문에 무용수 집단의 수평 방향 운동량은 보존될 것이라고 가정할 수 있다. 질량이 각각 60 kg인 두 무용수가 공중에서 0.5 m/s의 속력으로 한 방향으로 움직일 때, 질량이 80 kg의 무용수가 반대 방향으로 얼마나 빠르게 움직여야 세 명이 충돌한 후 한 덩어리가 되어 수평 운동량이 0이 될까?

50. 안무가가 무용수 그룹에게 얼음 위에서 작품을 연기하도록 요청했지만 링크를 대여하기에는 공연 예산이 충분하지 않았다. 따라서 무용수들은 실제로는 나무로 만든 무대 바닥 위에서 얼음 위에 있는 것처럼 움직여야 했다. 무용수들이 얼음 위에 있는 것처럼 보이기 위해서는 서로 간에 상호작용하는 방법과 바닥과 상호작용하는 방법에 대해서 무용수들에게 어떤 지시를 내려야 할까? 이 지시에 운동량 보존의 개념을 사용하고, 혼자 움직이는 경우와 무용수들이 서로 접촉하는 경우에 대한 지침을 포함하라.

회전 연습 문제

51. 물체의 관성 모멘트를 변화시키지 않은 채 물체에 가하는 토크를 두 배로 증가하면, 각가속도가 증가할까, 감소할까, 아니면 동일하게 유지될까? 각가속도가 변한다면 얼마나 변할까?

52. 물체의 관성 모멘트를 두 배로 증가하고, 이 물체에 가하는 토크도 두 배로 증가할 때, 각가속도는 증가할까, 감소할까, 아니면 동일하게 유지될까? 각가속도가 변한다면 얼마나 변할까?

53. 너트를 풀기 위해 길이가 25 cm인 렌치의 끝에 150 N의 힘을 가한다.

(a) 렌치의 길이 방향에 대해 90°의 각으로 힘이 가해질 때 작용하는 토크는 얼마인가?

(b) 렌치의 길이 방향에 대해 45°의 각으로 힘이 가해질 때 작용하는 토크는 얼마인가?

(c) 렌치의 길이 방향에 대해 45°의 각으로 힘이 가해질 때, (a)에서와 같은 크기의 토크가 가해지려면 힘의 크기는 얼마이어야 하는가?

54. 나무판자와 쐐기를 이용해서 만든 지렛대로 무거운 바위를 들어 올리려고 한다.

(a) 바위를 들어올리기 위해 가하는 힘에 의한 토크가 최댓값을 갖기 위해서는 쐐기를 바위 가까이에 두어야 할까, 아니면 손 가까이에 두어야 할까? 6장에서 정의된 토크 공식을 사용해서 답하라.

(b) 나무판자의 길이가 1.5 m이고, 바위의 질량은 60 kg이며, 쐐기는 바위로부터 0.5 m 떨어진 점에 놓여 있다. 판자의 반대편 끝(쐐기로부터 1.0 m 떨어진 지점)에 얼마의 힘을 가해야 중력으로 인한 토크와 크기가 같아질 수 있을까?

55. 질량이 각각 1 kg인 물체 세 개가 xy평면에 놓여 있는 계를 고려하자. 세 물체의 위치는 각각 (1.0 m, 1.0 m), (0.0 m, 1.0 m), (1.0 m, 1.0 m)이다.

(a) xy 평면의 (0.0 m, 0.0 m)인 점을 통과하는 z축에 의해 정의된 회전축에 대한 계의 관성 모멘트는 얼마인가?

(b) xy 평면의 (0.0 m, 0.0 m)인 지점에 1 kg의 물체를 추가하면 이 회전축

에 대한 계의 관성 모멘트가 변할까? 변한다면, 얼마나 변할까? 변하지 않는다면, 왜 그럴까?

56. 6장에서 설명된 기법을 이용해서 고전 러시아 피루엣의 시작 위치에 있는 무용수의 오른팔에 대한 관성 모멘트를 계산하라. 이 무용수는 평균 크기를 가진 60 kg의 여성이다. 본문의 도형에서와 같이, 팔뚝이 위쪽 팔과 직각을 이룬다고 가정한다. 계산 결과를 밸런친 기술에 대한 계산 결과와 비교하라.

57. 곧고 단단한 플랭크 자세를 유지하면서 몸을 앞으로 기울여 쓰러지기 시작하면, 질량 중심에 작용하는 중력에 의한 토크를 몸을 회전시키는 토크로 생각할 수 있다.

(a) 질량이 75 kg이고, 키가 2 m이며, 질량 중심이 발바닥과 머리 끝 사이의 정 중앙에 위치한다고 가정할 때, 몸이 연직 방향으로부터 5° 기울어진 순간 몸에 작용하는 중력에 의한 토크는 얼마인가?

(b) 몸이 연직 방향으로부터 10° 기울어진 순간 몸에 작용하는 중력에 의한 토크는 얼마인가?

58. 당신은 공원의 턴테이블 위에 서 있고, 친구 중 한 명이 초기 회전을 주기 위해 턴테이블을 민다. 턴테이블의 회전에서 마찰은 무시한다.

(a) 턴테이블의 회전 운동을 늦추고 싶다면 턴테이블의 중심을 향해 걸어가야 할까, 아니면 가장자리를 향해 걸어가야 할까? 6장에서 정의한 물리량을 이용해서 답하라.

(b) 잠시 후 느려진 턴테이블의 회전 속력을 다시 높이기 위해서는 어느 방향으로 걸어가야 할까? 회전 속력이 최대가 되기 위해서는 턴테이블의 어느 지점에 서 있어야 하나? 다시 한 번, 6장에서 정의한 물리량으로 답하라.

59. 아이스 스케이팅의 일반적인 기술은 회전축에 대해 팔다리를 가까이 가져 가거나 멀리 가져감으로써 회전 속도를 변화시키는 것이다. 팔다리가 펼쳐 진 자세와 오므린 자세 사이의 양적 차이를 감지하기 위해, 50 kg의 사람 이 한쪽 다리를 연직선에 대해 90°로 몸에서 펼쳤을 때의 관성 모멘트와 다 리가 연직선과 나란하게 몸에 당겨졌을 때의 관성 모멘트 차이를 계산하 라. 계산 과정에서 사람이 펼쳐지지 않은 다리를 축으로 회전하고, 펼쳐진 다리는 총 체중의 20%라고 가정한다. 계산 과정에서 추가되는 모든 가정 들에 대해 설명하라.

60. 6장에서 설명한 회전 물리학 원리를 이용해서 효율적이고 강력한 회전을 설계하고, 토크, 관성 모멘트, 각운동량 등의 언어를 사용해서 설계를 정당 화하라. 회전축이 반드시 발을 통과할 필요는 없다. 즉 이 질문에 답할 때, 피루엣과 다른 구성으로 신체의 회전을 생각할 수 있다.

물리학 문제 해답

중력 연습 문제

1. $1\,N = 0.22\,lb$이므로 $1\,lb = \dfrac{1}{0.22}\,N = 4.54\,N$이다. 따라서
   $500\,N = 500 \times 0.22\,lb = 110\,lb$이고, $150\,lb = 150 \times 4.54\,N = 681\,N$이다.

2. 두 무용수 사이의 중력:
   $$F = G\frac{m_1 m_2}{r^2} = (6.67 \times 10^{-11}\,Nm^2/kg^2)\frac{(75\,kg)(75\,kg)}{(1\,m)^2}$$
   $$= 3.75 \times 10^{-7}\,N$$

   무용수와 지구 사이의 중력:
   $$F' = G\frac{m_1 m_2}{r^2} = (6.67 \times 10^{-11}\,Nm^2/kg^2)\frac{(75\,kg)(6 \times 10^{24}\,kg)}{(6.4 \times 10^6\,m)^2}$$
   $$\simeq 7.33 \times 10^2\,N$$

   두 힘 사이의 비: $\dfrac{F}{F'} \simeq 5.12 \times 10^{-10}$

3. 물체의 무게, 질량, 중력 가속도, 행성의 반지름을 각각 W, m, g, R라고 놓자.

   무게 = 만유인력 크기이므로 $W = F \rightarrow mg = G\dfrac{mM}{R^2} \rightarrow g = \dfrac{GM}{R^2}$

   지구의 중력 가속도는
   $$g = \frac{(6.67 \times 10^{-11}\,Nm^2/kg^2)(6 \times 10^{24}\,kg)}{(6.4 \times 10^6\,m)^2} \simeq 9.77\,m/s^2$$
   $\therefore$ 지구에서의 무게는 $W = mg = (80\,kg)(9.77\,N) \simeq 782\,N$ 또는 $172\,lb$

달의 중력 가속도는

$$g = \frac{(6.67 \times 10^{-11}\,\text{Nm}^2/\text{kg}^2)(7.3 \times 10^{22}\,\text{kg})}{(1.7 \times 10^6\,\text{m})^2} \simeq 1.68\,\text{m/s}^2$$

∴ 달에서의 무게는 $W = mg = (80\,\text{kg})(1.68\,\text{m/s}^2) \simeq 134\,\text{N}$ 또는 $29.6\,\text{lb}$

4. 무게를 뉴턴 단위로 환산하면 $400\,\text{lb} = 400 \times 4.54\,\text{N} = 1{,}816\,\text{N}$

중력 가속도는 $g = \dfrac{W}{m} = \dfrac{1{,}816\,\text{N}}{120\,\text{kg}} = 15.13\,\text{m/s}^2$

따라서 행성의 질량은

$$M = \frac{gR^2}{G} = \frac{(15.13\,\text{m/s}^2)(9 \times 10^6\,\text{m})^2}{6.67 \times 10^{-11}\,\text{Nm}^2/\text{kg}^2} \simeq 1.84 \times 10^{25}\,\text{kg}$$

5. 에펠탑이 무용수에 작용하는 중력:

$$F = G\frac{m_1 m_2}{r^2} = (6.67 \times 10^{-11}\,\text{Nm}^2/\text{kg}^2)\frac{(70\,\text{kg})(7.3 \times 10^6\,\text{kg})}{(80\,\text{m})^2}$$

$$\simeq 5.33 \times 10^{-6}\,\text{N}$$

지구가 무용수에 작용하는 중력:

$$F' = G\frac{m_1 m_2}{r^2} = (6.67 \times 10^{-11}\,\text{Nm}^2/\text{kg}^2)\frac{(70\,\text{kg})(6 \times 10^{24}\,\text{kg})}{(6.4 \times 10^6\,\text{m})^2}$$

$$\simeq 684\,\text{N}$$

$\dfrac{F}{F'} \simeq 7.79 \times 10^{-9}$이므로 무용수는 눈에 띌 만큼 더 높이 점프할 수 없다.

6. 물체 1, 2, 3의 질량을 각각 m_1, m_2, m_3이라 하고, 위치를 각각 x_1, x_2, x_3이라고 하면

세 물체의 질량 중심은

$$x_{\text{CM}} = \frac{m_1 x_1 + m_2 x_2 + m_3 x_3}{m_1 + m_2 + m_3}$$

$$= \frac{(50\,\text{kg})(-3.5\,\text{m}) + (80\,\text{kg})(0.0\,\text{m}) + (75\,\text{kg})(4.0\,\text{m})}{50\,\text{kg} + 80\,\text{kg} + 75\,\text{kg}} \simeq 0.61\,\text{m}$$

7. A와 B의 질량 중심의 x 좌표:

$$x_{CM} = \frac{m_1 x_1 + m_2 x_2}{m_1 + m_2} = \frac{(5\,\text{kg})(1.0\,\text{m}) + (2\,\text{kg})(0.0\,\text{m})}{5\,\text{kg} + 2\,\text{kg}} = \frac{5}{7}\,\text{m}$$

$$\simeq 7.1 \times 10^{-1}\,\text{m}$$

A와 B의 질량 중심의 y 좌표:

$$y_{CM} = \frac{m_1 y_1 + m_2 y_2}{m_1 + m_2} = \frac{(5\,\text{kg})(-1.0\,\text{m}) + (2\,\text{kg})(1.0\,\text{m})}{5\,\text{kg} + 2\,\text{kg}} = -\frac{3}{7}\,\text{m}$$

$$\simeq -4.3 \times 10^{-1}\,\text{m}$$

8. 팔과 상체를 앞으로 뻗는 동작은 질량 중심을 앞쪽으로 이동하는 효과를 주므로 균형을 무너뜨리는 역할을 한다. 다리를 뒤로 뻗는 동작은 질량 중심을 뒤쪽으로 이동하는 효과를 주므로 팔과 상체에 의한 효과를 상쇄시키는 역할을 한다.

9. 네 명의 질량이 같거나 비슷하다고 할 때 (a)에 의한 방법은 서로 반대 면을 동시에 오르는 무용수에 의한 질량 중심 변화가 상쇄되므로 구조물의 질량 중심은 연직 축 위에 있게 되며 이에 따라 균형이 유지된다. (b)의 경우, 무용수 때문에 구조물의 질량 중심이 무용수 쪽으로 이동하지만 구조물의 질량이 무용수의 질량의 합보다 매우 큰 경우 이 효과가 매우 작기 때문에 구조물의 질량 중심은 버팀 면적 안에 놓여 균형을 유지할 수 있다.

10. 팔이 뻗은 방향을 축이라 할 때, 물체를 올려놓기 전의 질량 중심의 x축 성분은 $x = 0.0\,\text{m}$이다. 3 kg의 물체를 팔 끝에 올려놓았을 때의 x축 상의 질량 중심은 다음과 같다.

$$x_{CM} = \frac{(80\,\text{kg})(0.0\,\text{m}) + (3\,\text{kg})(0.3\,\text{m})}{80\,\text{kg} + 3\,\text{kg}} \simeq 0.011 = 1.1\,\text{cm}$$

새로운 질량 중심은 접촉면의 반지름인 2.5 cm보다 작으므로 무용수의 질량 중심은 버팀 면적 안에 있게 되므로 균형을 유지할 수 있다.

힘 연습 문제

11. (a) $a = \dfrac{F}{m} = \dfrac{100\,\text{N}}{55\,\text{kg}} \simeq 1.82\,\text{m/s}^2$

   (b) $a = \dfrac{F}{m} = \dfrac{200\,\text{N}}{55\,\text{kg}} \simeq 3.63\,\text{m/s}^2$

   (c) $a = \dfrac{F}{m} = \dfrac{100\,\text{N}}{110\,\text{kg}} \simeq 0.91\,\text{m/s}^2$

   (d) $a = \dfrac{F}{m} = \dfrac{200\,\text{N}}{110\,\text{kg}} \simeq 1.82\,\text{m/s}^2$

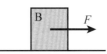

12. A에 작용하는 외력, 지면과의 마찰력, 중력(무게), 수직 항력을 각각 F, f, W, N이라고 하면 A의 자유 물체 도형은 다음과 같다. 여기서 A가 움직이지 않으므로 $F = f$, $W = N$이다.

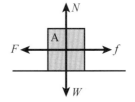

13. B가 공중에서 정지해 있다고 가정하면 $F_A = F_B$, $F_A = W_B$, $N_A = W_A + F_B$가 성립한다. 여기서, F_A : A가 B에 가한 힘(들어 올린 힘), F_B : B가 A에 가한 힘(F_A의 반작용력), W_A : A의 무게, W_B : B의 무게, N_A : 바닥의 수직 항력이다.

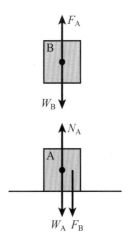

14. 발바닥이 바닥에서 떨어지는 순간 수직 항력은 0이 되며($N = 0$), 이 경우 올라가는 도중이나 정점에 도달한 순간이나 내려오는 도중 무용수에 작용하는 알짜 힘은 무용수의 무게밖에 없으므로 힘 도형은 모두 동일하다.

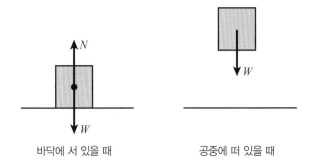

바닥에 서 있을 때   공중에 떠 있을 때

15. 뉴턴의 운동 제3 법칙에 따라 두 무용수가 서로에게 가하는 힘의 크기는 서로 같다. 따라서 (a)와 (b)는 옳지 않다. 뉴턴의 운동 제2 법칙에 따라, 일정한 힘이 작용할 때 질량이 작을수록 가속도가 크다. 따라서 정답은 (d)이다.

16. $m = \dfrac{F}{a} = \dfrac{450\,\text{N}}{5\,\text{m/s}^2} = 90\,\text{kg}$

17. (a) $F = ma = (50\,\text{kg})(+2\,\text{m/s}^2) = +100\,\text{N}$

(b) 위 방향의 수직 항력을 N, 아래 방향의 중력(몸무게)을 W라고 하면 뉴턴의 운동 제2 법칙에 의해 $N - W = -ma$가 된다. 따라서 무용수의 발바닥과 바닥 사이에 작용하는 수직 항력은

$N = W - ma = (50\,\text{kg})(9.8\,\text{m/s}^2) - (50\,\text{kg})(2\,\text{m/s}^2) = 390\,\text{N}$

(c) 처음에 가속되는 경우 수직 항력은 $N = W + ma = 590\,\text{N}$이고 일정한 속도를 유지하는 경우에는 $N = W = 490\,\text{N}$이므로, 0에서 0.25초 동안에는 590 N, 0.25초부터 0.75초까지는 490 N, 0.75초부터 1초까지는 390 N의 수직 항력이 작용한다.

18. 60 kg의 무용수 A의 몸무게는 $(60\,\text{kg})(9.8\,\text{m/s}^2) = 588\,\text{N}$이고, 80 kg의 무용수 B의 몸무게는 $(80\,\text{kg})(9.8\,\text{m/s}^2) = 784\,\text{N}$이다.

(a) 뉴턴의 운동 제3 법칙에 따라 A가 B에 가하는 아래로 향하는 힘은 75 N이다. 따라서 B에 작용하는 아래로 향하는 알짜 힘은 $784\,\text{N} + 75\,\text{N} = 859\,\text{N}$이다. 그런데 B는 평형 상태를 유지하고 있으므로 바닥이 B에 가하는 힘도 859 N이다.

(b) A가 더 이상 가속되지 않는 경우 A가 B에 가하는 아래 방향의 힘은 자신의 몸무게인 588 N이다. 따라서 B에 작용하는 아래로 향하는 알짜 힘은 $784\,\text{N} + 588\,\text{N} = 1{,}372\,\text{N}$이다. B가 여전히 평형 상태를 유지하므로 바닥이 B에 가하는 힘도 1,372 N이다.

(c) 바뀐 질량에 대해서 (a) 663 N, (b) 1,372 N이다.

19. 뉴턴의 운동 제3 법칙은 어느 경우에도 깨지지 않는다. 장벽에 기대려는 무용수와 장벽이 접촉해 있는 동안은 항상 무용수가 장벽에 가하는 힘과 장벽이 무용수에 가하는 힘은 크기가 서로 같고 방향은 서로 반대 방향이 된다. (즉 작용–반작용이 성립한다.) 무용수가 장벽이 가하는 힘의 방향이 아니라 장벽의 운동 방향 쪽으로 넘어지기 때문에 뉴턴의 운동 제3 법칙이 깨지는 것으로 오해될 수 있는데, 이는 지면에 닿은 무용수의 발을 중심으로 하는 토크 개념을 생각하면 쉽게 이해할 수 있다. 무용수가 장벽에 '기대는' 동작은 두 개의 토크가 작용하는 데, 하나는 무용수의 무게에 의한 토크이고 다른 하나는 장벽이 무용수에게 가하는 힘에 의한 토크이며, 두 토크는 서로 반대 방향으로 작용한다. 무용수가 장벽 이동 방향으로 넘어지는 것은 무게에 의한 토크가 외력에 의한 토크보다 크기 때문에 나타나는 현상일 뿐이지 운동 제3 법칙에 위배되는 현상은 아니다. 고정된 벽에 부딪혀서 석고가 부서지는 충돌에서도 뉴턴의 운동 제3 법칙은 깨지지 않

는다.

20. (a) 발바닥과 나무 바닥 사이의 마찰 계수가 발바닥과 콘크리트 바닥 사이의 마찰 계수보다 작아서 움직이기 수월하기 때문이다.

(b) 바닥이 스펀지로 되어 있으면 바닥이 무용수에게 가하는 수직 항력이 작아지므로 마찰력이 작아지는 효과가 생긴다. 여기에 거품이 있으면 발바닥과 바닥 사이의 마찰 계수가 작아지므로 마찰력은 더욱 작아지게 되어 움직이기가 매우 어렵게 된다.

마찰 연습 문제

21. (a) 양말이 바닥에 대해 운동하므로 운동 마찰에 해당된다.

(b) 신발이 고무바닥에 대해 운동하므로 운동 마찰에 해당된다.

(c) 연직 방향으로 움직이므로 정지 마찰에 해당된다.

(d) 달리기 한다는 것은 움직인다는 뜻이므로 운동 마찰에 해당된다.

22. (a) $F_k = \mu_k N = (0.4)(100\,\text{N}) = 40\,\text{N}$

(b) $F_k = \mu_k N = (0.8)(100\,\text{N}) = 80\,\text{N}$

(c) $F_k = \mu_k N = (1.0)(100\,\text{N}) = 100\,\text{N}$

23. $F_{s,\,\text{max}} = \mu_s N = (0.1)(40\,\text{N}) = 4\,\text{N}$

24. 수직 항력은 $F_N = W \sin\theta$, 최대 정지 마찰력은 $F_{s,\,\text{max}} = F_N \mu_s$, 콘크리트에 가해지는 평행 힘은 $F_P = W \cos\theta$로 주어진다.

(a) $\theta = 40°$인 경우$(\sin 40° = 0.643,\ \cos 40° = 0.766)$,

$F_N = (400\,\text{N})(0.643) = 257.1\,\text{N}$,

$F_{s,\,\text{max}} = (256\,\text{N})(1.0) = 256\,\text{N},\ F_P = (400\,\text{N})(0.766) = 306.4\,\text{N}$이므

로 $F_P > F_{s, \text{max}}$이다. 즉 미끄러진다.

(b) $\theta = 45°$인 경우($\sin 45° = \cos 45° = 0.707$),

$F_N = (400\,\text{N})(0.707) = 282.8\,\text{N}$, $F_{s, \text{max}} = (282.8\,\text{N})(1.0) = 282.8\,\text{N}$,

$F_P = (400\,\text{N})(0.707) = 282.8\,\text{N}$이므로 $F_P = F_{s, \text{max}}$이다. 즉 막 미끄러지려는 순간에 해당한다.

(c) $\theta = 50°$인 경우($\sin 50° = 0.766$, $\cos 50° = 0.642$),

$F_N = (400\,\text{N})(0.766) = 306.4\,\text{N}$, $F_{s, \text{max}} = (306.4\,\text{N})(1.0) = 282.8\,\text{N}$,

$F_P = (400\,\text{N})(0.642) = 256.8\,\text{N}$이므로 $F_P = F_{s, \text{max}}$이다.

즉 $F_P < F_{s, \text{max}}$이므로 미끄러지지 않는다.

25. (a) $F_k = \mu_k N = (0.2)(800\,\text{N}) = 160\,\text{N}$

(b) 마찰력은 접촉면의 넓이와 무관하므로 달라지지 않는다.

(c) 마찰력은 속도와 무관하므로 달라지지 않는다.

26. $F_k = \mu_k N = (0.25)(800\,\text{N}) = 200\,\text{N}$

$F_k = \mu_k N = (0.25)(950\,\text{N}) = 237.5\,\text{N}$

27. 플랫폼이 수평면에 대해서 θ만큼 기울어진 경우, 물체에 작용하는 수직항력은 $F_N = W \cos \theta$로 주어진다. (W는 물체의 무게이다.) 따라서 물체와 플랫폼 사이의 최대 정지 마찰력은 $f_{s, \text{max}} = \mu_s F_N = \mu_s W \cos \theta$로 주어진다. 한편, 기울어진 플랫폼에 나란한 방향의 무게 성분은 $F_P = W \sin \theta$로 주어진다. 따라서 미끄러지지 않기 위한 조건 $F_P < f_{s, \text{max}}$로부터 $\tan \theta < \mu_s$를 얻을 수 있으며, 이로부터 $\theta < \tan^{-1}(\mu_s)$를 만족하는 경사각에 대해 미끄러지지 않고 서 있을 수 있다.

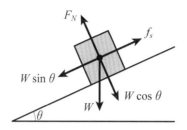

28. (a) 체인을 감음으로써 체인과 바닥 사이의 마찰이 증가하게 된다.

    (b) 차량의 무게가 증가할수록 수직 항력이 증가하고, 수직 항력이 증가할
    수록 마찰력이 커지게 된다.

    (c) (a)에서와 같은 원리로 뾰족한 갈퀴처럼 생긴 손도구나 징 박힌 신발
    등을 구비하여 손발과 접촉면 사이의 마찰을 최대화하도록 한다.

29. 각자 작성해 볼 것

30. 물체가 정지해 있는 경우, 그 물체의 정지 마찰력은 물체에 가해지는 외력
    에 비례해서 변하기 때문에 움직이기 직전의 정지 마찰력이 최댓값을 갖는
    다. 움직이는 경우, 운동 마찰력은 물체의 속도와 무관하므로 하나의 값을
    갖는다.

운동 연습 문제

31. 각자 그려볼 것

32. **14**번 문제의 자유 물체 도형을 고려할 것

33. 최대 높이를 H라고 할 때, 에너지 보존 법칙에 의해 $mgH = \dfrac{1}{2}mv^2$

$$\rightarrow H = \frac{v^2}{2g} = \frac{(6\,\text{m/s})^2}{2(9.8\,\text{m/s}^2)} \simeq 1.84\,\text{m}$$

34. 에너지 보존 법칙으로부터 $mgH = \frac{1}{2}mv^2$

$$\rightarrow v = \sqrt{2gH} = \sqrt{2(9.8\,\text{m/s}^2)(0.5\,\text{m})} \simeq 3.13\,\text{m/s}$$

1차원 등가속도 운동이므로

$$H = \frac{1}{2}gt^2 \rightarrow t = \sqrt{\frac{2H}{g}} = \sqrt{\frac{2(0.5\,\text{m})}{9.8\,\text{m/s}^2}} \simeq 0.32\,\text{s}$$

35. (a) 최고점에서 바닥으로 자유 낙하하는 데 0.1초가 소모되므로

$$H = \frac{1}{2}gt^2 = \frac{1}{2}(9.8\,\text{m/s}^2)(0.1\,\text{s})^2 = 0.049\,\text{m}$$

에너지 보존 법칙에 의해

$$\frac{1}{2}mv^2 = mgH$$

$$\rightarrow v = \sqrt{2gH} = \sqrt{2(9.8\,\text{m/s}^2)(0.049\,\text{m})} = 0.98\,\text{m/s}$$

(b) $H = \frac{1}{2}gt^2 = \frac{1}{2}(9.8\,\text{m/s}^2)(0.5\,\text{s})^2 = 1.225\,\text{m}$

36. 체공 시간은 무용수의 y 방향 속도의 크기에 의해 결정된다. 제자리 점프와 도움닫기 점프의 초기 속도의 x, y 성분을 각각 $v_{0,x}$, $v_{0,y}$와 $V_{0,x}$, $V_{0,y}$라고 할 때, y 방향의 초기 속력은 같고($v_{0,y} = V_{0,y}$), x 방향의 초기 속력은 $V_{0,x} > v_{0,x}$이다. 한편, 체공 시간은 최고점 도달 시간의 2배인 $2v_{0,y}/g$이고, 이 시간 동안 수평 이동 거리는 x 방향의 초기 속력에 체공 시간을 곱한 값인 $2v_{0,x}v_{0,y}/g$와 $2V_{0,x}V_{0,y}/g$가 된다. 따라서 도움닫기를 한 경우 더 멀리 뛰게 된다.

37. 최고 점프 높이 H는 무용수 발이 지면에 떨어지는 순간의 초기 속도의 y 성분 $v_{0,y}$에 의해 결정된다. 즉, $H = v_{0,y}^2/2g$이다. $v_{0,y}$는 발이 지면에 점프 추진력을 가하는 순간부터 발이 지면에서 떨어질 때까지의 가속 운동에 의

해 결정되며, 점프 추진력은 무게 및 수직 항력에 무관하고, 무용수의 신체 능력에 의해 좌우된다. 무용수가 지면에 추진력을 가해 가속 운동을 할 때, 질량이 클수록 가속도가 작아지고, 이에 따라 지면을 떠나는 순간의 속도가 작아지게 된다. 따라서 돌을 들고 점프하는 경우의 초기 속도가 돌 없이 점프하는 경우보다 작아지고, 이에 따라 최고 높이도 낮아지게 된다.

38. 각자 설명해 볼 것

39. 각자 수행해 볼 것

40. **36**번 및 **37**번과 마찬가지로, 트램펄린 위에서 뛰어오를 때가 지상에서 뛰어오를 때보다 연직 방향의 초기 속도의 크기가 더 크기 때문이다.

운동량 연습 문제

41. (a) $p = mv = (75 \text{ kg})(2.5 \text{ m/s}) = 187.5 \text{ kg m/s}$

(b) $v = \dfrac{p}{m} = \dfrac{375 \text{ kg m/s}}{95 \text{ kg}} \simeq 3.9 \text{ m/s}$

42. $(m)(3 \text{ m/s}) = (2m)(v \text{ m/s}) \qquad \therefore \ v = 1.5 \text{ m/s}$

43. 뉴턴의 운동 제1 법칙, 즉 관성 때문에 벌어지는 현상이다.

44. 우주선에서 곧장 멀어지는 방향을 $-x$ 방향으로 놓자.

(a) $p = mv = (1 \text{ kg})(-10 \text{ m/s}) = -10 \text{ kg m/s}$

(b) 운동량 보존 법칙에 의해 $+10 \text{ kg m/s}$

(c) $v = \dfrac{p}{m} = \dfrac{10 \text{ kg m/s}}{80 \text{ kg}} = \dfrac{1}{8} \text{ m/s}$

(d) $t = \dfrac{d}{v} = \dfrac{10 \text{ m}}{\dfrac{1}{8} \text{ m/s}} = 80 \text{ s}$

45. (a) $p = mv = (1\,\text{kg})(-25\,\text{m/s}) = -25\,\text{kg m/s}$

(b) 운동량 보존 법칙에 의해 $+25\,\text{kg m/s}$

(c) $v = \dfrac{p}{m} = \dfrac{25\,\text{kg m/s}}{80\,\text{kg}} = \dfrac{5}{16}\,\text{m/s}$

(d) $t = \dfrac{d}{v} = \dfrac{10\,\text{m}}{\dfrac{5}{8}\,\text{m/s}} = 16\,\text{s}$

46. (a) 운동량 보존 법칙에 의해 $0 = m_{\text{사람}}v_{\text{사람}} + m_{\text{사과}}v_{\text{사과}}$

$\rightarrow v_{\text{사과}} = -\dfrac{m_{\text{사람}}}{m_{\text{사과}}}v_{\text{사람}} = -\dfrac{70\,\text{kg}}{0.2\,\text{kg}}(0.25\,\text{m/s}) = -87.5\,\text{m/s}$

(b) $1\,\text{mph} = \dfrac{1\text{마일}}{1\text{시간}} = \dfrac{1{,}609.3\,\text{m}}{3{,}600\,\text{s}} = 0.447\,\text{m/s} \leftrightarrow 1\,\text{m/s} = 2.237\,\text{mph}$

따라서 $v_{\text{사과}} = -87.5\,\text{m/s} = (-87.5)(2.237\,\text{mph}) = -195.7\,\text{mph}$

이 정도 속도로 던질 수 있는 사람은 없다.

47. (a) 두 무용수 모두 정지해 있으므로 계의 초기 운동량은 0이다.

(b) 운동량 보존 법칙에 의해, 최종 운동량도 0이다.

(c) $(100\,\text{kg})(4\,\text{m/s}) + (80\,\text{kg})v = 0 \rightarrow v = -5\,\text{m/s}$

(d) 두 운동량은 크기가 같고 방향은 반대 방향이다.

48. $(60\,\text{kg})(1\,\text{m/s}) + (75\,\text{kg})v = 0 \rightarrow v = -0.8\,\text{m/s}$. 즉 B는 A와 반대 방향으로 $0.8\,\text{m/s}$의 속력으로 이동해야 한다.

49. $2(60\,\text{kg})(0.5\,\text{m/s}) = (80\,\text{kg})v \rightarrow v = 0.75\,\text{m/s}$

50. 각자 생각해 볼 것

회전 연습 문제

51. 각가속도는 토크에 비례하고 관성 모멘트에 반비례하므로, 토크만 증가시키면 그에 비례해서 각가속도가 증가한다. 따라서 토크를 2배로 증가했으므로 각가속도도 2배로 증가한다.

52. 각가속도는 토크에 비례하고 관성 모멘트에 반비례하므로, 토크와 관성 모멘트를 각각 2배로 증가하면 각가속도는 변하지 않고 동일하게 유지된다.

53. 물체에 가해지는 토크는 $\tau = rF \sin \theta = (0.25 \text{ m})(150 \text{ N}) \sin \theta$로 주어진다.

(a) $\theta = 90°$이므로 $\tau = (0.25 \text{ m})(150 \text{ N})(1) = 37.5 \text{ N}$

(b) $\theta = 45°$이므로 $\tau = (0.25 \text{ m})(150 \text{ N})(0.707) = 26.5 \text{ N}$

(c) $(0.25 \text{ m})(150 \text{ N})(1) = (0.25 \text{ m})(F)(0.707) \rightarrow F = \dfrac{150 \text{ N}}{0.707} = 212.2 \text{ N}$

54. $\tau = r_\perp F$로 주어지는데, $r_\perp = r \sin \theta$는 쐐기로부터의 거리이다. 일정한 힘 F가 작용할 때, 토크는 쐐기로부터의 거리에 비례한다.

(a) 쐐기를 바위 가까이에 놓아야 한다.

(b) $(1.0 \text{ m})F = (0.5 \text{ m})(60 \text{ kg} \times 9.8 \text{ m/s}^2) \rightarrow F = 294 \text{ N}$

55. 세 질량을 각각 m_1, m_2, m_3 원점으로부터의 거리를 각각 r_1, r_2, r_3라고 하면, $m_1 = m_2 = m_3 = 1 \text{ kg}$이고 $r_1^2 = 2 \text{ m}^2$, $r_2^2 = 1 \text{ m}^2$, $r_3^2 = 2 \text{ m}^2$으로 주어진다.

(a) $I = m_1 r_1^2 + m_2 r_2^2 + m_3 r_3^2 = 5 \text{ kg m}^2$

(b) 추가된 물체의 원점으로부터의 거리는 $r_4 = 0 \text{ m}$이므로 관성 모멘트에 기여하지 못한다. 따라서 (a)에서 구한 관성 모멘트는 변하지 않는다.

56. 상박, 전박, 손의 질량 중심의 좌표는 각각

$(15.00 \text{ cm}, 11.68 \text{ cm})$, $(0.62 \text{ cm}, 27.51 \text{ cm})$, $(-23.40 \text{ cm}, 27.51 \text{ cm})$

으로 주어지므로 회전축에서 각 좌표까지의 거리는

$$r_1 = \sqrt{(15.00 \text{ cm})^2 + (11.68 \text{ cm})^2} = 19.01 \text{ cm} = 0.1901 \text{ m}$$

$$r_2 = 27.52 \text{ cm}, \ r_3 = 36.12 \text{ cm}$$

로 주어진다. 따라서 관성 모멘트는 다음과 같다.

$$I = I_{손} + I_{전박} + I_{상박}$$

$$= (0.34 \text{ kg})(0.3612 \text{ m})^2 + (0.83 \text{ kg})(0.2752 \text{ m})^2 + (1.53 \text{ kg})(0.1901 \text{ m})^2$$

$$= 0.16 \text{ kg m}^2$$

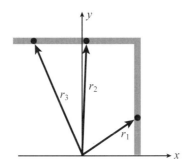

57. 중력에 의한 토크는

$$\tau = rF \sin \theta = (1.0 \text{ m})(75 \text{ kg} \times 9.8 \text{ m/s}^2)\sin \theta = (735 \text{ N})\sin \theta$$

로 주어진다.

(a) $\theta = 85°$이므로 $\sin 85° = 0.996 \rightarrow \tau = 732.2 \text{ N}$

(b) $\theta = 80°$이므로 $\sin 80° = 0.985 \rightarrow \tau = 723.8 \text{ N}$

58. 각운동량 보존에 의해 $I_i\omega_i = I_f\omega_f \rightarrow \omega_f = \left(\dfrac{I_i}{I_f}\right)\omega_i$

(a) 가장자리를 향해 걸어가야 한다. 이 경우 $I_f > I_i$이므로 $\omega_f < \omega_i$가 된다.

(b) 턴테이블의 중심을 향해 걸어가야 한다. 이 경우 $I_f < I_i$이므로 $\omega_f > \omega_i$가 된다. 회전 속력이 최대가 되기 위해서는 가능한 한 중심 가까이 접근해야 한다.

59. 다리를 연직선에 바짝 당겼을 때의 관성 모멘트를 0으로 놓으면, 다리를 연직선에 대해 $90°$로 펼쳤을 때의 관성 모멘트는 질량 $M(= 20\,\text{kg})$, 길이 L인 막대가 막대의 한쪽 끝을 회전축으로 회전할 때의 관성 모멘트에 해당하고, 그 값은 $ML^2/3$으로 주어진다.

60. 각자 설계해 볼 것

안무 연구

다음에 나오는 안무 연구는 물리학 정보를 동작을 생성하기 위한 창조적인 도구로 변환시킨다. 대부분의 연구는 여러분이 하나의 그룹으로 작업하는 것을 가정한다. 각 연구의 목적은 안무 방법을 안내하는 동시에 이와 관련된 물리학에 대한 이해를 높이도록 하는 것이다. 여기에서 가르치는 방법은 서양 포스트모던 무용과 현대 무용에서 공통적으로 사용하는 방법으로, 공간과 시간 정보를 포함하는 동작의 배열인 동작 프레이즈 개발을 수반한다. 이러한 동작 프레이즈들은 더 큰 작품을 만들기 위해 다루어지고 조립된다. 프레이즈란 안무 연구에서 알려지지 않은 것에 도전하는 데 동반되는 알려진 것이다.

안내 과정은 세 단계로 구성된다. 첫 단계는 서로 다른 제재로부터 운동 프레이즈를 생성하는 것이고, 두 번째 단계는 에너지와 공간과 시간에 대한 안무 조작을 이용해서 그 제재를 연구하는 것이며, 세 번째 단계는 결과 제재를 이용해서 다양한 형태를 취할 수 있는 춤을 구성하는 것이다.

안무 연구에서 안무 구성으로 옮겨가면 시퀀싱sequencing, 전환, 구성의 테두리 그리고 전반적 리듬 구성 등과 같은 새로운 사항들을 고려해야 한다. 하나의 춤 안에서 프레이즈의 위치를 의미하는 배경은 이해력에 영향을 미친다. 춤과 관객과의 관계도 고려해야 할 또 다른 대상이다.

최종 작품에 남아 있는 물리학은 무엇인가? 구성을 시작할 때 있었던 물리학 중에서 얼마나 최종적인 춤에 나타날까?

특정 시점부터 안무 연구가 우세해진다. 물리학을 '설명해야' 할 필요를 느끼지 못하는 대신 동작에서 관찰하는 강력한 특성을 개발하는 데 집중한다. 이러한 특성은 매우 다양할 수 있다. 안무가처럼 보는 방법을 배우도록 하자.

연구에 착수하도록 했던 물리학의 잔여물은 최종 작품에서 어떤 형태로든 남아 있을 것이다. 이 책을 읽지 않은 사람은 물론 읽은 사람에게도 분명하지 않겠지만, 물리학은 여전히 존재한다. 새로운 기법에서도 물리학에 대해 생각해야 할 것이고, 이러한 생각은 또 다른 반향을 불러일으킬 것이다.

이 과정에서 보다 생산적인 질문은 창작자로서 물리학에 관심을 기울임으로써 무엇을 얻을 수 있느냐는 것이다. 안무 악보를 찾아라. 즉 동작 제제에 적용할 수 있는 에너지와 공간과 시간에 관한 아이디어나 실험할만한 가치가 있는 것으로 눈에 띄는 것들을 찾아보라. 이 과정에서 물리학은 당신이 움직이기를 원하고 당신에게 창조하는 데 영감을 주는 아이디어의 공급원으로 변한다. 저자로서의 당신은 그 정보를 책임지고 있다.

춤과 과학을 연계하는 작품에는 과도한 사실주의, 클리셰cliché, 과학에 대한 관심 부족을 포함하는 위험이 도사리고 있다. 그러나 틀을 잘 짜면 이런 위험 중 일부는 실제로 흥미로운 결과를 낳을 수도 있다.

미세하게 조정되는 관찰 기술을 개발하는 것은 안무 연구와 물리학 모두에서 필수적이다.

이 안무 연구는 아이디어 제공을 목적으로 하므로 언제든 자신만의 안무를 설계할 수 있다.

직각 좌표계: x, y, z

질량 중심을 조종하는 운동 프레이즈를 만든다. 프레이즈는 다음 사양을 만족하는 다섯 개의 연결된 자세로 구성되어야 한다.

> 제1 자세: 위치를 선택하고, 질량 중심의 x, y, z 성분을 대략적으로 파악한다.
>
> 제2 자세: 질량 중심의 y, z 성분은 일정하게 유지한 채 x 성분을 변경한다.
>
> 제3 자세: 질량 중심의 x, y 성분은 일정하게 유지한 채 z 성분을 변경한다.
>
> 제4 자세: 질량 중심의 x 성분은 일정하게 유지한 채 y, z 성분을 변경한다.
>
> 제5 자세: 제1 자세로 복원한다.

주어진 축을 따라 질량 중심을 변경하거나 보존하기 위해 팔다리를 이동하는 창의적인 방법을 개발하라. (다리와 몸통뿐 아니라 몸의 각 부위가 움직일 수 있다는 것을 기억하라!) 다섯 가지 자세를 파악한 후에는 이들을 운동감각적으로 연결하라. A에서 B로 이동하는 데 얼마나 많은 선택권이 있는지 알면 놀랄 것이다. 자세와 자세 사이에 어떤 전환이 이루어질 것인지를 분명히 하라.

속력, 가속도 그리고 속도

다음 기준에 따라 다섯 개 자세의 직각 좌표 프레이즈를 여섯 가지 방법으로 다룬다.

	속도	가속도
1	0	0
2	+	0
3	+	+
4	+	−
5	−	0
6	−	−

정역학과 동역학

　　　　　이 연구는 둘 이상의 그룹으로 행해져야 한다. 다음 지침에 따라 여섯 개의 자세로 구성된 프레이즈를 만든다.

- 그룹의 각 구성원마다 서로 다른 프레이즈를 개발한다.
- 자신의 프레이즈 내에서 같은 자세를 일부 공유하도록 선택할 수 있다. 전부 공유하는 것은 안 된다.
- 여섯 개의 자세 중 네 개는 안정적이어야 한다.
- 여섯 개의 자세 중 두 개는 불안정해야 한다.
- 정적이고 안정적인 네 개의 자세 중 두 개는 동료 무용수에게 기대는 지원을 필요로 한다. (엉덩이, 머리, 발, 어깨, 허벅지를 생각하라. 손은 지탱하기 위해 사용할 수 있는 유일한 신체 부위가 아니다.)
- 이 자세들을 하나의 그룹으로서 원활하게 순서를 정할 방법을 생각한다.
- 디자인이나 역학의 측면, 또는 두 가지 모두의 측면에서 자세의 진행을 최대화하는 그룹 전체의 대형을 찾는다.

운동량

운동량에 최소한 두 번의 변화가 있는 단순 반복적인 프레이즈를 설계한다. 핵심은 반복되는 프레이즈를 만드는 것이다. 프레이즈 내에서 속도 조작을 기반으로 그룹의 각 구성원마다 다른 악보를 만든다. (예를 들어 무용수 A는 v의 속력으로 앞으로 2초 동안 움직인 후 반대 뒤로 2초 동안 움직이고, 무용수 B는 v의 속력으로 앞으로 1초 동안 움직인 후 뒤로 3초 동안 움직인다.) 이와 같이 다양한 악보를 가진 프레이즈를 동시에 실행하는 연습을 수행한다.

회전하기

바닥에 대한 몸의 방향을 이용해서 새로운 회전을 설계한다. 회전축을 정의하고 회전 중인 사람을 스케치한다. 관성 모멘트와 마찰의 관점에서 회전을 시작하는 토크와 저항을 고려한다.

에너지

(a) 에너지 조작을 통해서 연구 #1에서 만든 프레이즈를 재구성한다. 서로 다른 에너지를 갖는 동작들을 삽입한다. 이는 유동적이고 진동하는 특성을 혼합하거나 어딘가에 부동의 순간을 더함으로써 달성할 수 있다. 모든 동작 특성뿐 아니라 조종하기 위해 선택할 수 있는 물리적 개념, 즉 중력 퍼텐셜 에너지, 탄성 퍼텐셜 에너지, 운동 에너지의 개념과 그 공식에 대한 이해력을 사용할 수 있다는 것을 기억하라.

(b) 동일한 동작 프레이즈를 사용해서, 다른 무용수와 대화하면서 제재를 설정하는 '에너지 반응' 개념을 사용하는 듀엣을 설계하라. 파트너와 함께 대조 에너지나 대응 에너지, 또는 두 에너지를 혼합한 에너지를 동원

할 수 있다. 중요한 것은 한 요소의 변화가 다른 요소에 어떤 영향을 미치는지 생각하는 것이다. 이 연구는 1분 30초에서 2분 정도 걸리도록 하라.

공간

직선을 따라 전진함으로써 동작 프레이즈 중 하나를 조정한다. 짝을 이루어 새롭게 구성된 프레이즈를 다른 댄서와 함께 실행한다.

시간

동작 프레이즈 중 하나를 선택한다. 다음 방법을 따라 동작 또는 자세 사이의 내적 전환을 조작함으로써 다섯 가지의 새로운 프레이즈를 만든다.

- 연속적으로: 가능한 한 부드럽게 프레이즈를 실행한다. 개별 자세 사이의 구분을 지운다.
- 민첩하게: 시퀀스를 진행하면서 자세를 정하고 유지함으로써 프레이즈를 개별 조각들로 나눈다. 임의의 자세를 완전히 잡거나 잡는 도중에 행동을 멈출 수 있다.
- 빠르고 느리게: 개별 자세로 빠르게 이동하여 두 박자 정도 자세를 유지한 후 서서히 자세를 해체한다. 자세가 완전히 해체되면 다음 자세로 빠르게 이동한다.
- 느리고 빠르게: 자세 사이의 전환을 느리게 진행하고, 개별 자세에 도달하는 순간 속도를 올린다.
- 끈끈하게: 이미지의 윤곽을 지우고 끈끈한 내부 이미지만 수행한다.

이제 다양한 장르의 음악에 대해 이러한 변형들을 수행한다. 음악이 동작 특성을 조절하도록 하면서 수정된 프레이즈의 완전한 상태를 유지하도록 한다.

최종 프로젝트
고전 물리학과 현대 물리학 사이의 인지적 이동을 탐구하는 안무 구성을 만든다.

고전 물리학과 현대 물리학에서 각각 하나의 개념을 선택해서 더 깊이 있는 연구를 시작한다. 이해력을 높이기 위해 교과서, 저널리즘, 학술 논문, 현장 발전 보고서, 비전문가를 위한 주제에 관한 서적을 포함한 일련의 공급 제재를 활용할 수 있다. 참고문헌을 개발하라.

그 다음은 움직여라! 연구에서 어떤 식으로든 파생된 동작 프레이즈를 개발한다. 수학 공식과 그 의미를 창의적인 탐구를 위한 유용한 출발점으로 생각하고, 안무 제재를 알리기 위해 사용할 수 있는 안무 악보나 안무 구조를 검색한다.

이러한 프레이즈들로 안무를 구성한다. 시작과 중간과 끝을 만들고, 관객 배치를 고려하며 공연 공간 내에 제재를 설정한다. 이 책에서 다루는 안무 전략과 당신이 알고 있거나 고안한 안무 전략을 그려본다.

참고자료

1 Lacina Coulibaly, "Sigini: Study of Movement (Foundation and Efficiency)" (in Emily Coates's possession, May 14, 2018).

2 Isadora Duncan, "The Dance of the Future," in *Dance as a Theatre Art: Source Readings in Dance History from 1581 to the Present*, ed. Selma Jeanne Cohen (Princeton, NJ: Princeton Book, 1992), 124.

3 Ann Daly, *Done Into Dance: Isadora Duncan in America.* (Middletown, CT: Wesleyan University Press, 2002), 12.

4 Anthea Kraut, "Between Primitivism and Diaspora: The Dance Performances of Josephine Baker, Zora Neale Hurston, and Katherine Dunham," *Theater Journal*, 55, no. 3 (October 2003), 433–450.

5 Kariamu Welsh-Asante, "In Memory of Pearl Primus," in *African Dance: An Artistic, Historical, and Philosophical Inquiry*, ed. Kariamu Welsh-Asante (Trenton, NJ: Africa World Press, 1996), x.

6 Pearl Primus, "African Dance," in *African Dance*, 6–7.

7 Pearl Primus *Spirituals*, Jacobs Pillow Interactive, accessed November 4, 2017, https://danceinteractive.jacobspillow.org/pearl–primus/spirituals/.

8 "From MR's Archives: Yvonne Rainer and Aileen Passloff in Conversation with Wendy Rerron," Critical Correspondence, Movement Research, accessed November 4, 2017, http://old.movementresearch.org/criticalcorrespondence/blog/?p=10835.

9 *Serway Physics for Scientists and Engineers*, 4th ed. (Orlando, FL: Harcourt Brace College Publishers, 1994), 126.

10 즉흥접촉에 대한 심도 깊은 연구는 Cynthia Jean Novak, *Sharing the Dance: Contact Improvisation and American Culture* (Madison, WI: University of Wisconsin Press, 1990)를 참조하라.

11 Chute (1979), *Videoda Contact Improvisation Archive: Collected Edition 1972-*

1983, DVD.

12 *World's Most Talented*, W Channel, published on YouTube April 15, 2015, accessed May 29, 2018, https://www.youtube.com/watch?v=EZfVAxG2-h4.

13 Elizabeth Kendall, *Balanchine and the Lost Muse: Revolution and the Making of a Choreographer* (New York, Oxford University Press: 2013), 43-44.

14 Suzanne Farrell, with Toni Bentley, *Holding On To the Air: An Autobiography* (New York: Simon and Schuster, 1990), 94-95.

15 밸런친이 제4 자세에서 뒷발을 곧게 펴도록 처음 가르친 사람은 아니다. Fernau Hall, *Olga Preobrazhenskaya: A Portrait* (New York: M. Dekker, 1978), 134를 참조하라. 엘리자베스 에밀리 코츠에게 2018년 5월 30일에 보낸 이메일도 참조하라. 그의 혁신은 길고, 낮고, 깊은 런지였다.

16 Robert Enoka, *The Neuromechanics of Human Movement* (Champaign, IL: Human Kinetics Publishers, 2015), Table 2.5.

17 *Tordre*, choreographed by Rachid Ouramdane, Baryshnikov Arts Center, October 14, 2016.

18 Katherine Profeta, *Dramaturgy in Motion: At Work on Dance and Movement* (Madison, WI: University of Wisconsin Press, 2015), 40.

19 Ibid., 81.

20 Royona Mitra, "Akram Khan: Dance as Resistance," in *Seminar*, December 6, 2015, accessed January 30, 2018, http://www.akramkhancompany.net/wp-content/uploads/2015/12/Royona-Why-Dance-piece.pdf.

21 Susan Foster, "Dancing Bodies: An Addendum, 2009," *Theater* 40, no. 1 (2010), 27.

22 Lynnette Young Overby and Jan Dunn, "The History and Research of Dance Imagery: Implications for Teachers," *The IADMS Bulletin for Teachers* 3, no. 2 (2011), 9.

23 Deborah Friedes Galili, "Gaga: Moving Beyond Technique with Ohad Naharin in the 21st Century," *Dance Chronicle* 38, no. 3 (2015), 370.

24 Yvonne Rainer, "A Quasi Survey of Some "Minimalist" Tendencies in the Quantitatively Minimal Dance Activity Amidst the Plethora, or an Analysis of *Trio A* " in *Rainer, A Woman Who: Essays, Interviews, Scripts* (Baltimore, MD: Johns Hopkins University Press, 1999), 33.

25   Joellen A. Meglin, Jennifer L. Conley and Dakin Hart, "Ruth Page and Isamu No-
     guchi's *Expanding Universe* (1932, 1950, 2017)," Lecture Demonstration, Dance
     Studies Association Inaugural Conference, Columbus, OH, October 21, 2017.

26   Deborah Hay, *Using the Sky: A Dance* (New York: Routledge, 2016), 8, 14.

27   Ibid., 15.

28   *Deborah Hay, not as Deborah Hay, A Documentary*, by Ellen Bromberg (2011),
     accessed November 11, 2017, https://vimeo.com/36519099.

29   Hay, *Using the Sky*, 14.

30   Edward Neville Da Costa Andrade, *Rutherford and the Nature of the Atom* (Garden
     City, NY: Doubleday, 1964), 111.

31   James Mooney, "Preface," *The Ghost Dance Religion and the Sioux Outbreak of
     1890* (Lincoln: University of Nebraska Press, 1991), xxi; Alex K. Carroll, M.
     Nieves Zedeño and Richard W. Stoffle, "Landscapes of the Ghost Dance: A Car-
     tography of Numic Ritual," *Journal of Archaeological Method and Theory* 11, no.
     2 (June 2004), 137.

32   Mooney, "Preface," x.

33   A. L. Kroeber, "A Ghost Dance in California," *Journal of American Folklore* 17,
     no. 64 (January–March 1904), 32–35.

34   Carroll, Zedeño, and Stoffle, "Landscapes," 143–144.

35   Carroll, Zedeño, and Stoffle, "Landscapes," 140–141.

36   Mooney, "Preface," xvi; Russell Thornton, *We Shall Live Again: the 1870s and
     1890s Ghost Dance Movements as Demographic Revitalization* (New York: Cam-
     bridge University Press, 1986), 12–13.

37   Carroll, Zedeño, and Stoffle, "Landscapes," 129.

38   Brenda Farnell, "Movement Notation Systems," in *The World's Writing Systems*, ed.
     Peter T. Daniels and William Bright (New York: Oxford University Press, 1996),
     866.

39   Ibid., 855.

40   Ibid., 858.

41   Rudolf Laban, *Choreutics*, ed. Lisa Ullman (Alton, Hampshire, UK: Dance Books
     Ltd., 2011), 4.

42   Ibid., 10–11.

43   Ibod., 17.

44   Marion Kant, "German Dance and Modernity: Dont Mention the Nazis," in *The Routledge Dance Studies Reader: 2nd ed.,* ed. Alexandra Carter and Janet O'Shea (New York: Routledge, 2010), 113.

45   Rob Iliffe, ed. *Early Biographies of Isaac Newton, 1665-1880, vol. 1* (London: Pickering and Chatto, 2006), 258.

46   "Room Writing," *William Forsythe Improvisation Technologies: A Tool for the Analytical Dance Eye*, directed by William Forsythe (Karlsruhe: ZKM, 1999).

47   Doris Humphrey, *The Art of Making Dances* (New York: Rinehart, 1959), 80.

48   Jonathan Burrows, *A Choreographer's Handbook* (New York: Routledge, 2010), 100.

49   Brian Seibert, "Faustin Linyekula: Remember His Name (and Country and Past)," *New York Times*, September 5, 2017, accessed November 11, 2017.

50   "Einstein's Spacetime." *Gravity Probe B: Testing Einstein's Universe*, accessed May 31, 2018, https://einstein.stanford.edu/SPACETIME/spacetime2.html.

51   Merce Cunningham, "Space, Time and Dance", in *Merce Cunningham: Dancing in Space and Time: Essays 1944-1992*, ed. Jack Anderson and Ric Kostelanetz (Chicago: A Cappella Books, 1992), 37.

52   Ibid., 39.

53   Ibid.

54   Ibid.

55   Carolyn Brown, *Chance and Circumstance: Twenty Years with Cage and Cunningham* (New York: Alfred A. Knopf, 2007), 40−41.

56   Ibid., 40.

57   Suzanne Carbonneau, "Naked: Eiko and Koma in Art and Life," *Time Is Not Even, Space Is Not Empty*, ed. Joan Rothfuss, (New York: D.A.P./Distributed Art Publishers, 2011), 19.

58   Olga Viso, "Foreword," *Time Is Not Even, Space Is Not Empty*, 14.

59   Eiko Otake, "Like A River, Time is Naked," presented as part of a 24−Hour Program on the Concept of Time, Solomon R. Guggenheim Museum, New York City, January 7, 2009, Eiko & Koma website, accessed November 11, 2017. http://eikoandkoma.org/index.php?p=ek&id=1989.

60 Paul Kaiser, "Steps," OpenEndedGroup website, accessed November 12, 2017, http://openendedgroup.com/writings/steps.html.

61 Danielle Goldman, *I Want to Be Ready: Improvised Dance as a Practice of Freedom* (Ann Arbor, MI: University of Michigan Press, 2010), 124–125.

62 Ann Dils, "The Ghost in the Machine: Merce Cunningham and Bill T. Jones," *Performing Arts Journal 70* (2002), 101.

찾아보기

물리, 춤을 만나다

초판 인쇄 2020년 01월 05일
초판 발행 2020년 01월 10일

지은이 에밀리 코츠, 사라 데머스
옮긴이 오기영
펴낸이 조승식
펴낸곳 도서출판 북스힐

등록 1998년 7월 28일 제22-457호
주소 서울시 강북구 한천로 153길 17
전화 02-994-0071
팩스 02-994-0073
홈페이지 www.bookshill.com
이메일 bookshill@bookshill.com

ISBN 979-11-5971-247-0
정가 18,000원